Schnelleinstieg in das SAP® Produktkosten-Controlling (CO-PC)

Andreas Jansen

Willkommen bei Espresso Tutorials!

Unser Ziel ist es, SAP-Wissen wie einen Espresso zu servieren: Auf das Wesentliche verdichtete Informationen anstelle langatmiger Kompendien – für ein effektives Lernen an konkreten Fallbeispielen. Viele unserer Bücher enthalten zusätzlich Videos, mit denen Sie Schritt für Schritt die vermittelten Inhalte nachvollziehen können. Besuchen Sie unseren YouTube-Kanal mit einer umfangreichen Auswahl frei zugänglicher Videos:

https://www.youtube.com/user/EspressoTutorials.

Kennen Sie schon unser Forum? Hier erhalten Sie stets aktuelle Informationen zu Entwicklungen der SAP-Software, Hilfe zu Ihren Fragen und die Gelegenheit, mit anderen Anwendern zu diskutieren:

http://www.fico-forum.de.

Eine Auswahl weiterer Bücher von Espresso Tutorials:

- Andreas Unkelbach, Martin Munzel: Schnelleinstieg ins SAP® Controlling (CO) *http://4004.espresso-tutorials.com/*
- Stefan Eifler: Schnelleinstieg in die SAP®-Ergebnisrechnung (CO-PA) *http://5001.espresso-tutorials.com*
- Martin Munzel: New SAP® Controlling Planning Interface *http://5011.espresso-tutorials.com*
- Robin Schneider: Investitionsmanagement mit SAP® *http://5002.espresso-tutorials.com*
- Ingo Brenckmann & Mathias Pöhling: The SAP® HANA Project Guide *http://5009.espresso-tutorials.com*
- Thomas Bauer, Ralf Pieper-Kaplan, Martin Munzel, Christian Sass, Eckhard Moos: Planung mit SAP ERP, BW und BPC – das richtige Werkzeug auswählen *http://4038.espresso-tutorials.com*
- Paul Ovigele: Reconciling SAP® CO-PA to the General Ledger *http://5040.espresso-tutorials.com*
- Ulrich Fahrnschon: Kundenauftrags-Controlling in SAP® ERP CO-PC *http://5083.espresso-tutorials.com*

Bibliografische Information der Deutschen Bibliothek
Die Deutsche Bibliothek verzeichnet diese Publikation in der Deutschen Nationalbibliografie; detaillierte bibliografische Daten sind im Internet über http://dnb.ddb.de abrufbar.

Andreas Jansen
Schnelleinstieg in das SAP® Produktkosten-Controlling (CO-PC)

ISBN: 978-3-945170-51-9

Lektorat: Anja Achilles

Korrektorat: Christine Weber

Coverdesign: Philip Esch, Martin Munzel

Coverfoto: Fotolia # 65594302 Roman Gorielov

Satz & Layout: Johann-Christian Hanke

1. Aufl. 2016, Gleichen

URL: *www.espresso-tutorials.de*

Feedback:
Wir freuen uns über Fragen und Anmerkungen jeglicher Art. Bitte senden Sie diese an: *info@espresso-tutorials.com*.

Inhaltsverzeichnis

Einleitung

Dieses Buch beschäftigt sich mit dem Aufbau einer Produktkostenrechnung innerhalb des Systems SAP ERP ECC 6.0. Gerade in Zeiten zunehmenden Wettbewerbs und Preisdrucks auf vielen Absatzmärkten legen immer mehr Unternehmen ein verstärktes Augenmerk auf die Höhe und die Zusammensetzung ihrer Herstellkosten und suchen nach Möglichkeiten, diese zu reduzieren, ohne dabei Abstriche an der Qualität ihrer Produkte in Kauf nehmen zu müssen.

Um derartige Potenziale identifizieren zu können, ist es zunächst einmal notwendig, vollständige Transparenz bzgl. der Herstellkosten zu schaffen. Dabei stehen nicht nur die standardisierten (Plan-)Herstellkosten, wie sie durch eine Erzeugniskalkulation ermittelt und ausgewiesen werden, im Fokus. Der Blick sollte sich darüber hinaus verstärkt auf das tatsächliche Kostenverhalten im Produktionsablauf richten.

Folglich befasse ich mich in diesem Buch mit den beiden zentralen Werteströmen der Produktkostenrechnung: der *Produktkostenplanung* und der *Kostenträgerrechnung im Ist*.

Im ersten Kapitel werde ich Ihnen zunächst einige grundlegende Organisationseinheiten und Stammdaten vorstellen, die für den Aufbau einer Produktkostenrechnung erforderlich sind. Dabei betrachten wir nicht nur die im Rechnungswesen angesiedelten Objekte, wie Kostenarten und Kostenstellen. Ich werde Ihnen überdies die wesentlichen Stammdaten der Logistik vorstellen, die Sie ebenfalls für die Produktkostenrechnung benötigen. So lernen Sie in diesem Kapitel auch Einzelheiten zum Aufbau wichtiger logistischer Objekte wie Arbeitsplänen und Stücklisten kennen.

Das zweite Kapitel widmet sich der Produktkostenplanung. Sie erfahren, welche Bestandteile erforderlich sind, um eine Erzeugniskalkulation aufzubauen. Außerdem sehen Sie, wie Sie eine Erzeugniskalkulation für ein einzelnes Material oder innerhalb eines umfangreichen Kalkulationslaufs anlegen und welche Auswertungsmöglichkeiten

Ihnen zur Verfügung stehen. Obwohl der Schwerpunkt der Darstellung auf der Beschreibung der Erzeugniskalkulation liegt, wird auch auf die Unterschiede zur Auftragsvorkalkulation eingegangen.

Im dritten Kapitel wende ich mich der Kostenträgerrechnung im Ist zu. Sie können verfolgen, wie bestimmte Produktionsvorgänge in der Logistik, wie etwa Warenverbräuche, die Verrechnung innerbetrieblicher Leistungen oder die Ablieferung der produzierten Materialien an das Lager, unmittelbar zu Kosten auf einem Produktionsauftrag führen. Außerdem zeige ich Ihnen hier, welche Analysemöglichkeiten Ihnen im Rahmen des Produktionscontrollings für diese Produktionsaufträge zur Verfügung stehen und welche Bearbeitungsschritte Sie im Rahmen des Monatsabschlusses durchführen sollten.

Die Kafferösterei

Ich habe für die Darstellung ein durchgängiges Beispiel gewählt, an dem die einzelnen Arbeitsschritte exemplarisch gezeigt werden. Bei meiner Beispielfirma handelt es sich um eine kleine Kaffeerösterei, die aus Rohkaffee verkaufsfertig abgepackte Röstkaffeepackungen herstellt.

Die einzelnen Produktionsstufen sind die folgenden:

1. Zunächst beziehen wir den Rohkaffee unterschiedlicher Sorten und aus verschiedenen Anbaugebieten.
2. Dieser Rohkaffe wird dann im zweiten Schritt geröstet,
3. danach werden die einzelnen Röstkaffees gemischt, gemahlen und
4. schließlich verpackt.

Das Buch wendet sich an all diejenigen, die zwar schon in dem einen oder anderen Bereich des Systems SAP ERP (ECC 6.0) gearbeitet haben, für die das Thema »Produktkosten-Controlling« jedoch bislang ein Buch mit sieben Siegeln war oder – wie es auf Neudeutsch heißt – Neuland ist.

Spezielle Vorkenntnisse aus den Bereichen Kostenrechnung und Controlling brauchen Sie als Leser nicht mitzubringen. Es erleichtert jedoch das Verständnis des Buches sehr, wenn Sie die grundlegenden Prinzipien und Zusammenhänge des betrieblichen Rechnungswesens kennen.

Der Zweck eines Tutorials wie diesem kann natürlich nicht darin bestehen, jede einzelne Schaltfläche und jedes Kontextmenü der vorgestellten Funktionen und Bildschirme im Detail zu erklären. Ich habe daher die Darstellung bewusst auf die grundlegenden Techniken sowie auf die relativ einfachen Anwendungsfälle der Werkstattfertigung beschränkt, um die prinzipiellen Zusammenhänge und Abhängigkeiten innerhalb der Produktkostenrechnung verständlich zu machen. Sollten Sie an weiteren Details zu dem einen oder anderen der hier vorgestellten Themen interessiert sein, kann ich Sie nur ermuntern, einfach einmal auf die jeweils in den Bildschirmen angebotenen Buttons, Icons oder Kontextmenus zu klicken und die Ergebnisse zu studieren, ganz nach der bekannten Devise: »Versuch macht kluch.« (Dies sollte nur nicht direkt in einem produktiven System geschehen, reservieren Sie sich hierfür ein Testsystem!)

Es bieten sich zum Thema »Produktkosten-Controlling« noch eine Fülle weiterer Sonderthemen an, die eine eingehendere Erörterung verdienten. Zu nennen wären hier in erster Linie die Kundeneinzelfertigung und immaterielle Kostenträger sowie besonders das Thema »Material Ledger«, dem in letzter Zeit auch innerhalb Europas eine immer größere Bedeutung in den betriebswirtschaftlichen Anwendungen zukommt. Eine Aufnahme all dieser Themen hätte den Rahmen des vorliegenden Werks jedoch über das vertretbare Maß hinaus gesprengt.

Ich wünsche Ihnen nun eine anregende Lektüre und bin Ihnen für Kommentare, Ergänzungen und Kritik dankbar.

Im Text verwenden wir Kästen, um wichtige Informationen besonders hervorzuheben. Jeder Kasten ist zusätzlich mit einem Piktogramm versehen, das diesen genauer klassifiziert:

Hinweis

Hinweise bieten praktische Tipps zum Umgang mit dem jeweiligen Thema.

Beispiel

Beispiele dienen dazu, ein Thema besser zu illustrieren.

Warnung

Warnungen weisen auf mögliche Fehlerquellen oder Stolpersteine im Zusammenhang mit einem Thema hin.

Zum Abschluss des Vorwortes noch ein Hinweis zum Copyright: Sämtliche in diesem Buch abgedruckten Screenshots unterliegen dem Copyright der SAP SE. Alle Rechte an den Screenshots liegen bei der SAP SE. Der Einfachheit halber haben wir im Rest des Buches darauf verzichtet, darauf unter jedem Screenshot gesondert hinzuweisen.

1 Organisationsstrukturen und Stammdaten

In diesem Kapitel stelle ich Ihnen die wesentlichen Organisationseinheiten und Stammdaten vor, die Sie für den Aufbau und die Durchführung einer Produktkostenrechnung benötigen. Neben den zentralen Objekten des Rechnungswesens lernen Sie auch einige wesentliche Organsationseinheiten und Stammdaten der Logistik wie Stücklisten und Arbeitspläne kennen, die für eine Kalkulation mit Referenz auf das Mengengerüst der Produktionsplanung (PP) notwendig sind.

In Darstellungen zu Funktionen des SAP-Systems ist es allgemein üblich, mit der Vorstellung der beteiligten Stammdaten und Organisationseinheiten zu beginnen. Auch für die vorliegende Beschreibung verlangt das Gebot der Vollständigkeit, diese einzelnen Objekte im Folgenden noch einmal kurz darzulegen, obwohl ich davon ausgehe, dass die Begriffe und Konzepte den meisten Lesern dieses Buches bereits vertraut sein werden.

1.1 Organisationseinheiten für die Kostenrechnung

1.1.1 Mandant

Die oberste Instanz innerhalb eines SAP-Systems bildet der *Mandant*. Dieser wird eingerichtet, um darin ein komplettes Unternehmensszenario mit all seinen Geschäftsaktivitäten abzubilden. SAP liefert eine Reihe von Mandanten aus, die bereits vordefinierten Zwecken dienen. Daneben können Sie über die Funktion der *Mandantenkopie* die operativen Mandanten erzeugen, in denen die tatsächlichen Geschäftsvorfälle schließlich verbucht werden.

So sind beispielsweise die Mandanten 000 und 066 in der Standardauslieferung eines jeden Systems vorhanden; Mandant 000 fungiert als Importquelle für bestimmte vordefinierte Objekte, während Mandant 066 der SAP einen Remote-Systemzugriff ermöglicht, um eventuell auftretende Probleme im laufenden Betrieb analysieren zu können.

Wenn Sie sich in einem SAP-System als Benutzer anmelden, geschieht das immer in einem bestimmten Mandanten. Sie haben dadurch lediglich Zugriff auf diejenigen Daten, die innerhalb dieses Mandanten geführt werden. In vielen Unternehmen findet man eine Umgebung vor, in der ein Mandant einzig und allein dafür vorgehalten wird, das System zu konfigurieren, ohne dass hierin operative Geschäftsvorfälle erfasst werden. Man bezeichnet diesen als *Konfigurations-*, *Entwicklungs-* oder *Customizing-Mandanten.*

Für die eigentlichen Buchungen ist ein (selten sind es auch mehrere) weiterer Mandant vorgesehen, in den die Systemeinstellungen aus dem Entwicklungsmandanten mittels Transporten hineinkopiert werden. Die weitaus meisten der in diesem Buch vorgestellten Systemeinstellungen (sogenanntes Customizing) sind mandantenabhängig; das bedeutet, sie gelten genau für denjenigen Mandanten, in dem sie angelegt oder in den sie hineintransportiert wurden.

Es existieren aber, insbesondere in den Bereichen Materialwirtschaft und Ergebnisrechnung, auch einige zentrale Einstellungen, die systemweit, also mandantenübergreifend gelten. Ich werde auf diese Einstellungen, sofern sie für unser Thema relevant sind, an den jeweiligen Stellen explizit hinweisen.

1.1.2 Buchungskreis

Der *Buchungskreis* ist die zentrale Organisationseinheit des externen Rechnungswesens (Financial Accounting, FI). Auf der Ebene des Buchungskreises werden die gesetzlich notwendigen (Jahres-)Abschlüsse erstellt. Das bedeutet, dass jede rechtlich selbstständige wirtschaftliche Einheit, die einen eigenen Einzel- oder Gruppenabschluss anfertigt, auch in einem eigenen Buchungskreis abgebildet werden muss. Es ist technisch durchaus möglich, eine rechtlich bilanzierende Gesellschaft in mehrere SAP-Buchungskreise aufzusplitten und deren Konten im Rahmen der Jahresabschlussarbeiten dann wieder zu einer gesamten Bilanz bzw. Gewinn- und Verlustrechnung (GuV) zusammenzuführen. Im Einzelfall mag es hierfür auch gute Gründe geben, beispielsweise bei neu zusammengefassten Gesellschaften, die zunächst als selbstständige Buchungskreise weiterbetrieben werden. Üblicher ist hingegen die Abbildung einer Gesellschaft in genau einem Buchungskreis in einer 1:1-Beziehung. Der entgegengesetzte Ansatz, nämlich mehrere bilanzierungspflichtige Gesellschaften zu einem Buchungskreis zusammenzufassen, ist hingegen keinesfalls zulässig.

Ein Buchungskreis wird im SAP-System durch einen eindeutigen vierstelligen, alphanumerischen Schlüssel definiert. Darüber hinaus werden einige Steuerparameter benötigt, um mit dem Buchungskreis arbeiten zu können, von denen ich Ihnen die zwei wichtigsten im Folgenden vorstellen werde.

Steuerparameter für Buchungskreise

▶ 1. Kontenplan

Der erste dieser Parameter ist der *Kontenplan*. Er ist das Verzeichnis aller in einem Unternehmen benutzten Sachkonten, auf denen die anfallenden Geschäftsvorfälle verbucht werden. Es ist möglich, in einem SAP-System und in einem Mandanten mehrere parallele Kontenpläne anzulegen und diese gleichzeitig zu benutzen. Allerdings muss jedem Buchungskreis ein Kontenplan eindeutig als sogenannter *Operativer Kontenplan* zugewiesen werden. Das bedeutet, dass alle Buchungen innerhalb dieses Buchungskreises auf den Konten des operativen Kontenplans vorgenommen werden, während die parallel hierzu angelegten Kontenpläne für Auswertungen oder die Konsolidierung genutzt werden.

Neben dem operativen Kontenplan eines Buchungskreises besteht die Möglichkeit, zwei weitere Kontenpläne zu nutzen:

- einen Landeskontenplan und
- einen Konzernkontenplan.

Ein *Landeskontenplan* kommt typischerweise dort zum Einsatz, wo gesetzliche oder andere bindende Vorschriften eine Gliederung des Kontenplans in einer festgeschriebenen Form fordern, der operative Kontenplan jedoch eine hiervon abweichende Gliederung vorsieht. Beispielsweise könnten Sie in Ihrem operativen Kontenplan festgelegt haben, dass das Konto für den Materialverbrauch auf Produktionsaufträgen in allen Buchungskreisen Ihrer Unternehmensgruppe einheitlich die Nummer »410 000« erhalten soll. Gesetzliche Regelungen in einem Land, in dem Sie eine Tochtergesellschaft unterhalten – nehmen wir als konkretes Beispiel Frankreich –, verlangen jedoch für das entsprechende Konto eine andere Nummer, z.B. im Bereich »500 000–510 000«.

In diesem Fall definieren Sie einen Landeskontenplan für Frankreich mit den zugehörigen Konten und verweisen im für Frankreich geltenden buchungskreisabhängigen Teil des operativen Kontos »410 000« auf das entsprechende Konto »510 000« des französischen Landeskontenplans.

Die nach lokalem Recht im Land der Tochter zu erstellenden Abschlüsse weisen dann für den Materialverbrauch die Kontonummer »510 000« aus, die Abschlüsse auf Ebene der gesamten Unternehmensgruppe verwenden weiterhin die Nummer »410 000«.

Der *Konzernkontenplan* dient dazu, einen einheitlichen Rahmen für den zusammengefassten Abschluss mehrerer Konzerngesellschaften zu schaffen. Dabei werden mehrere Konten eines oder verschiedener operativer Kontenpläne zu einem Konto des Konzernkontenplans zusammengefasst.

Häufig repräsentiert die Konzernkontonummer direkt eine entsprechende Zeile in der Bilanz oder der GuV. Beispielsweise könnten Sie alle Konten des Bereichs von »410 000–419 999«, auf denen Sie Materialverbräuche für unterschiedliche Zwecke (z. B. für Produktionsaufträge, Forschungsvorhaben, den Eigenverbrauch oder zur Verschrottung) verbuchen, für die Konzernbilanz zu einer Konzernkontonummer mit der Bezeichnung »Materialverbrauch« zusammenfassen.

▶ 2. Geschäftsjahresvariante

Neben dem operativen Kontenplan ist die zweite wichtige Parametereinstellung bei der Definition des Buchungskreises die *Geschäftsjahresvariante*. Sie steuert die Auswahl der Buchungsperioden in Abhängigkeit vom Buchungsdatum. Die am weitesten verbreitete Variante ist die sogenannte *Variante K4*. Sie sagt aus, dass sich Ihr Geschäftsjahr in die zwölf regulären Buchungsperioden gliedert, die den kalendarischen Monaten entsprechen (Januar = Periode 1, Februar = Periode 2 usw.), ergänzt um die vier Perioden 13 bis 16, die Sie für die Durchführung der Jahresabschlussbuchungen nutzen können. Sofern Ihr Geschäftsjahr mit dem Kalenderjahr identisch ist, empfiehlt es sich, diese Variante zu nutzen.

Falls Ihr Geschäftsjahr sich nicht mit dem Kalenderjahr deckt, müssen Sie eine eigene Geschäftsjahresvariante defineren, die Ihren Anforderungen entspricht. Wie Sie dabei vorgehen, können Sie im Buch »SAP-Finanzwesen – Customizing« (Munzel/Munzel, 2012) nachlesen.

Keine abweichenden Geschäftsvarianten

Achten Sie in jedem Fall darauf, dass die Geschäftsjahresvarianten, die Sie für Ihre Buchungskreise definieren, für alle Buchungskreise eines Kostenrechnungskreises und ggf. auch eines Ergebnisbereichs – zumindest für das führende Ledger – identisch sein müssen.

1.1.3 Kostenrechnungskreis

Der *Kostenrechnungskreis* bildet im SAP-System die organisatorische Einheit für eine in sich abgeschlossene Kostenrechnung. Stammdaten wie Kostenarten, Kostenstellen, Leistungsarten oder statistische Kennzahlen (für die Kostenrechnung) werden immer mit Bezug zu einem Kostenrechnungskreis angelegt und müssen innerhalb dessen eindeutig sein. Ebenso gelten die meisten Customizingeinstellungen immer genau für einen Kostenrechnungskreis. Nutzen Sie mehrere Kostenrechnungskreise gleichzeitig, so müssen Sie Ihre Daten für jeden separat anlegen und pflegen!

Dem Kostenrechnungskreis direkt zugeordnet sind der oder die Buchungskreis(e). Sie haben grundsätzlich die beiden Alternativen,

- pro Buchungskreis jeweils einen eigenen Kostenrechnungskreis einzurichten und zuzuordnen: *Buchungskreis = Kostenrechnungskreis* oder
- mehrere Buchungskreise in einem Kostenrechnungskreis zusammenzufassen: *Buchungskreisübergreifende Kostenrechnung*.

Diese Entscheidung treffen Sie bereits bei der Definition (Anlage) des Kostenrechnungskreises im *Customizing*. Mit dem Begriff *Customizing* werden all diejenigen grundlegenden und dauerhaften Einstellungen des SAP-Systems bezeichnet, die von der Standardauslieferung abweichen oder diese ergänzen und auf die speziellen Anforderungen des Kunden ausgerichtet werden.

Sie rufen das Customizing mit der Transaktion SPRO auf, oder Sie gehen aus dem SAP-Startbildschirm (im Folgenden als *Anwendungsmenü* bezeichnet) über den Menüpfad WERKZEUGE • CUSTOMIZING • IMG • PROJEKTBEARBEITUNG in den Customizing-Modus Ihres Systems. Dort klicken Sie auf den Button SAP REFERENZ-IMG ANZEIGEN, um alle Anwendungsbereiche anzuzeigen und zur Bearbeitung zur Verfügung zu stellen. Sie sehen daraufhin den in Abbildung 1.1 gezeigten Bildschirm.

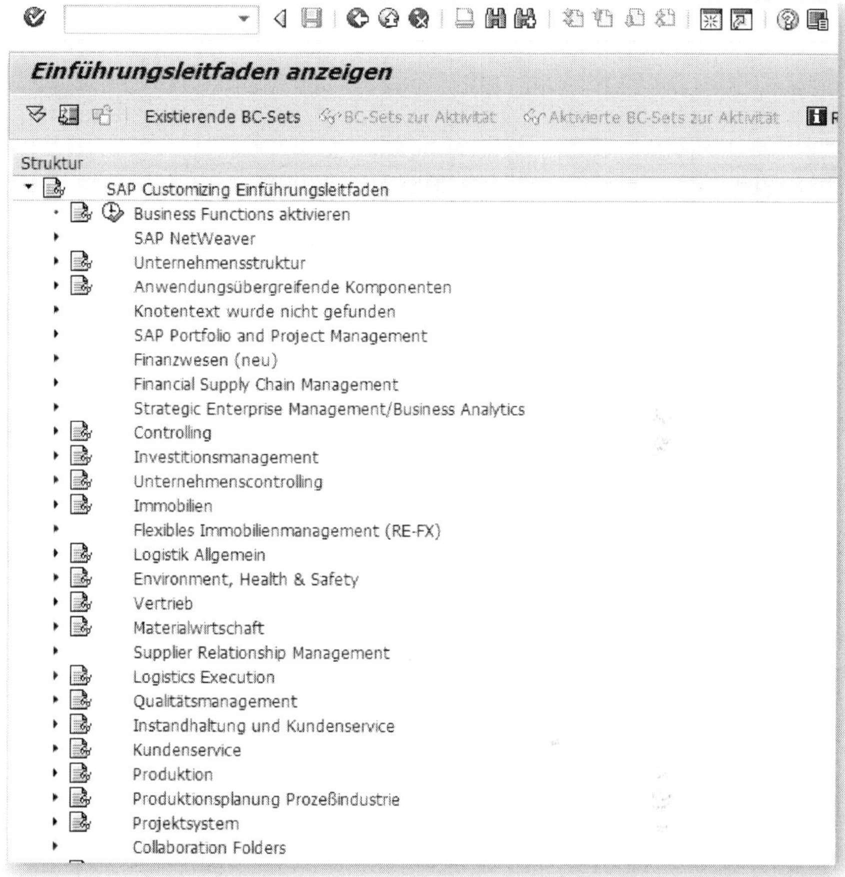

Abbildung 1.1: Customizing: Ausgangsbildschirm SAP-Referenz-IMG anzeigen

Buchungskreisübergreifende Kostenrechnung

Voraussetzung für eine buchungskreisübergreifende Kostenrechnung ist, dass alle dem Kostenrechnungskreis zugeordneten Buchungskreise denselben operativen Kontenplan nutzen. Außerdem müssen alle Buchungskreise – zumindest im führenden Ledger – die gleiche Geschäftsjahresvariante nutzen. Der Begriff *Führendes Ledger* bezieht sich auf eine Funktionalität der parallelen Rechnungslegung im Neuen Hauptbuch (Anwendungskomponente FI), die es ermöglicht, Abschlüsse parallel nach unterschiedlichen Rechnungslegungsvorschriften (z. B. nach IFRS, HGB, US-GAP, lokalen Steuervorschriften etc.) zu erstellen. Dazu wird der gesamte Buchungsstoff parallel in mehreren virtuellen Büchern (Ledgern) gebucht. Gibt es hinsichtlich der Bewertungsvorschriften keine Unterschiede, schreibt das System in jedem Ledger identische Werte fort. Bei Buchungen, deren Werte sich aufgrund der Vorschriften der zugrunde liegenden Rechnungslegungsvorschriften in den einzelnen Ledgern unterscheiden (beispielsweise die Höhe der Abschreibungen bei unterschiedlich anzusetzender Nutzungsdauer), können diese Differenzen durch verschiedene Werte auf den Konten der jeweiligen Ledger berücksichtigt werden.

Setzen Sie die Ledgerlösung im Neuen Hauptbuch ein, müssen Sie eines dieser Ledger als «führendes Ledger« definieren, das wiederum die Integration ins Controlling bereitstellt. Das bedeutet, dass alle Buchungen aus dem Controlling ins FI, sofern nicht anders spezifiziert, ins führende Ledger gebucht werden. Genau aus diesem Grund müssen die operativen Kontenpläne und Geschäftsjahresvarianten der beteiligten Buchungskreise im führenden Ledger innerhalb eines Kostenrechnungskreises eindeutig sein.

Weiterführende Literatur »Neues Haupbuch«

Weitere Einzelheiten können Sie der einschlägigen Fachliteratur zur Darstellung des Neuen Hauptbuchs entnehmen, wie z. B. »Neues Hauptbuch in SAP ERP Financials« (Bauer/Siebert, 2010) oder das bereits erwähnte Werk »SAP-Finanzwesen – Customizing«.

Eine buchungskreisübergreifende Kostenrechnung empfiehlt sich immer dann, wenn die Kostenrechnungsstrukturen innerhalb des Unternehmens weitgehend identisch und daher gleiche Wertansätze und Verrechnungsprinzipien innerhalb der beteiligten Buchungskreise gewollt sind.

Das Arbeiten mit mehreren parallelen Kostenrechnungskreisen ist – außer im Fall historisch gewachsener Strukturen – insbesondere dann angezeigt, wenn eine Unternehmensgruppe mit ihren verschiedenen Tochterfirmen in derart unterschiedlichen Märkten operiert, sodass eine einheitliche Strukturierung der Kostenrechnung keinen Sinn ergibt. Dies ist etwa in Fällen vorstellbar, in denen eine Firma im kundenindividuellen Großanlagenbau tätig ist, während das Geschäftsfeld einer anderen Tochter die Produktion konsumnaher Massenprodukte ist. Infolgedessen werden Sie höchstwahrscheinlich mit zwei verschiedenen Ergebnisbereichen arbeiten, weil auch die jeweiligen Absatzmärkte unterschiedlich strukturiert sind. Daraus folgt wiederum zwingend eine Aufteilung der Kostenrechnungskreise, da auch die Zuordnung Ergebnisbereich zu Kostenrechnungkreis immer nur eine 1:1- oder eine 1:n-, niemals jedoch eine n:1-Beziehung sein kann.

Pflege der Grunddaten

Sie gelangen zur Anlage und Pflege eines Kostenrechnungskreises im Customizing-Menü über den Pfad CONTROLLING • CONTROLLING ALLGEMEIN • ORGANISATION • KOSTENRECHNUNGSKREIS PFLEGEN und definieren hier mittels der Drucktaste NEUE EINTRÄGE einen neuen Kostenrechnungskreis.

Ein Beispiel für die Ausprägung eines Kostenrechnungskreises mit buchungskreisübergreifender Verrechnung zeigt Abbildung 1.2.

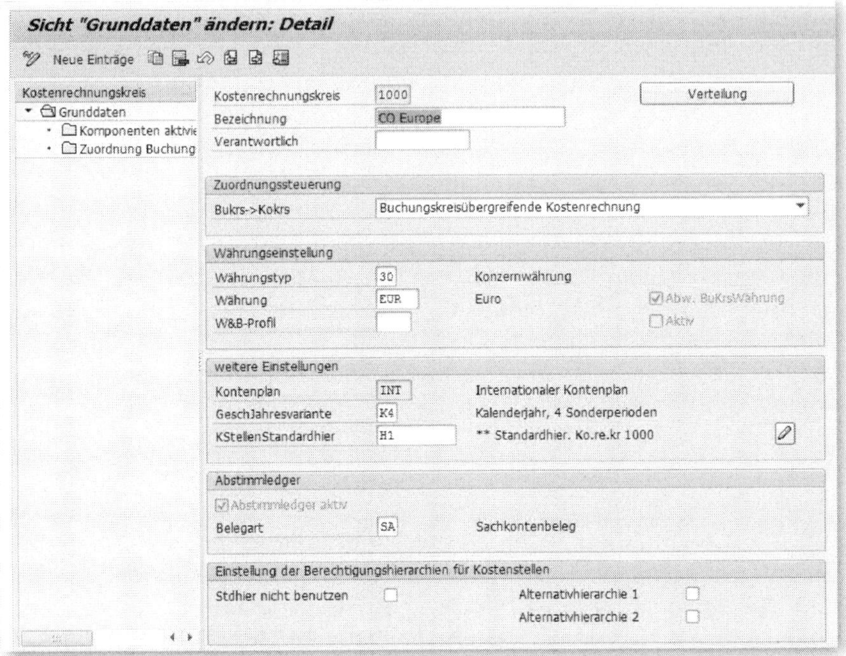

Abbildung 1.2: Grundbild Kostenrechnungskreis 1000

Vergeben Sie zunächst einen vierstelligen Schlüssel und eine BEZEICHNUNG für Ihren neuen Kostenrechnungskreis. Im Feld BUKRS ⇨ KOKRS. Wählen Sie sodann die Zuordnungsbeziehung aus, die für diesen Kostenrechnungskreis und die ihm zugeordneten Buchungskreise gelten soll. Im Beispiel ist die `buchungskreisübergreifende Kostenrechnung` aktiviert.

Im Bereich WÄHRUNGSEINSTELLUNG legen Sie den Währungstyp und die Währung des Kostenrechnungkreises fest. Der *Währungstyp* bestimmt, ob Sie die Währung des Buchungskreises übernehmen (nur möglich bei der 1:1-Zuordnung Buchungskreis = Kostenrechungskreis) oder für den Kostenrechnungskreis eine eigene Währung führen wollen (`20 - Kostenrechnungskreiswährung` oder `30 - Konzernwährung`). Haben Sie mehrere Buchungskreise zugeordnet, die in unterschiedlichen Ländern (genauer: Währungsgebieten) operieren und daher verschiedene Hauswährungen aufweisen, müssen Sie die Währung des Kostenrechnungskreises explizit festlegen. In den meisten Fällen wird dies die im Land der Konzernmutter gültige Währung sein, also beispielsweise der Euro für Unternehmen mit Sitz in Deutschland. Belege, die Sie in einem derartigen Szenario buchen, werden daraufhin immer parallel in der Währung des jeweiligen Buchungskreises sowie der des Kostenrechnungskreises gebucht und abgespeichert.

Das W&B-PROFIL benötigen Sie nur, wenn Sie Transferpreise mit parallelen Wertansätzen im Rahmen des Material Ledgers nutzen wollen. Dies wird aber für die weiteren Darstellungen innerhalb dieses Buches nicht benötigt, sodass ich auf diese Einstellungen hier nicht näher eingehe.

Im Bereich WEITERE EINSTELLUNGEN schließlich geben Sie Ihre Werte für den operativen KONTENPLAN und die GESCHÄFTSJAHRESVARIANTE ein, mit denen der Kostenrechnungskreis geführt werden soll. Beide Parameter müssen Sie zuvor im Customizing des FI definiert haben.

Schließlich müssen Sie noch ein Kürzel für Ihre (Kostenstellen-)STANDARDHIERARCHIE angeben. Wenn Sie dieses Kürzel, das später den Ursprungsknoten Ihrer Kostenstellen-Standardhierarchie darstellt, zuvor noch nicht angelegt haben, fragt das System Sie beim Sichern, ob es den entsprechenden Knoten anlegen soll. Das bestätigen Sie.

Nachdem Sie die Grunddaten Ihres Kostenrechnungskreises gepflegt und gesichert haben, müssen Sie festlegen, welche Teilkomponenten des Controllings Sie nutzen wollen. Hierzu wählen Sie in der Strukturdarstellung unter GRUNDDATEN im linken Bildschirmbereich den Eintrag `Komponenten aktivieren`. Es erscheint der Bildschirm, wie er in Abbildung 1.3 zu sehen ist.

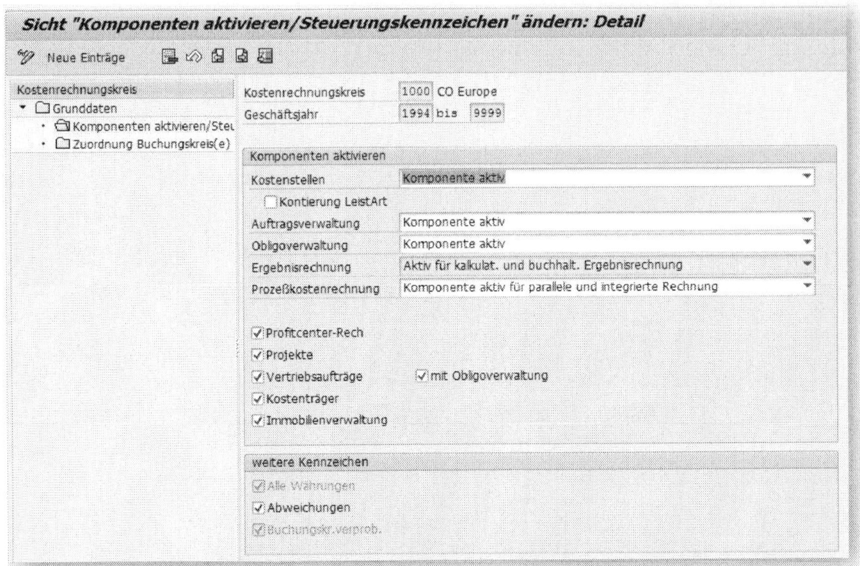

Abbildung 1.3: Komponenten im Kostenrechnungskreis aktivieren

Aktivieren Sie für unser Beispiel mindestens die Komponente KOSTENSTELLEN. Die übrigen angezeigten Komponenten können, müssen Sie aber für unsere Zwecke nicht unbedingt aktivieren.

Wenn Sie den Haken im Feld PROFITCENTER-RECHNUNG setzen, aktivieren Sie damit die »alte« Profitcenter-Rechnung, die im Controlling angesiedelt ist. Mit Einführung des Neuen Hauptbuchs wird jedoch im Allgemeinen die dort zur Verfügung stehende Version der Profitcenter-Rechnung genutzt, die einige technische Änderungen im Vergleich zur bisherigen CO- Profitcenter-Rechnung aufweist. So wird beispielsweise im Neuen Hauptbuch kein eigener Profitcenter-Beleg mehr erzeugt, sondern die Profitcenter-Information ist als Feld im Hauptbuchbeleg abgelegt. Die praktische Handhabung bleibt hingegen für den Anwender im Wesentlichen gleich.

Wenn Sie die Profitcenter-Rechnung des Neuen Hauptbuchs nutzen, sollten Sie dieses Kennzeichen im Kostenrechnungskreis nicht setzen. Stimmen Sie sich mit Ihren Kollegen aus dem Finanzwesen ab, welche Art der Profitcenter-Rechnung bei Ihnen zum Einsatz kommen soll.

Im Bereich WEITERE KENNZEICHEN finden Sie die Felder ALLE WÄHRUNGEN, ABWEICHUNGEN und BUCHUNGSKREISVERPROBUNG. Setzen Sie das Kennzeichen ALLE WÄHRUNGEN, um zu erreichen, dass Ihre Kostenrechnungsbelege stets sowohl in der Kostenrechnungskreiswährung als auch in der ggf. abweichenden Buchungskreiswährung sowie in der Transaktionswährung (Erfassungswährung) fortgeschrieben werden.

Kennzeichen »Alle Währungen«

Setzen Sie dieses Kennzeichen sofort bei der Anlage des Kostenrechnungskreises, um spätere Dateninkonsistenzen bei einer nachträglichen Änderung des Kennzeichens zu vermeiden!

Das Feld ABWEICHUNGEN bezieht sich **nicht** auf Abweichungen von Fertigungsaufträgen, die Sie im Zusammenhang mit der Kostenträgerrechnung (Kapitel 4) noch kennenlernen werden. Hierüber wird vielmehr gesteuert, ob Preisabweichungen bei Primärbuchungen in separaten Belegen fortgeschrieben werden sollen.

Über den Eintrag BUCHUNGSKREISVERPROBUNG können Sie festlegen, ob das System Buchungen akzeptieren soll, die auf ein Kostenobjekt (Auftrag, Kostenstelle) kontiert sind, das einem anderen Buchungskreis zugeordnet ist als dem, für den der zugehörige FI-Beleg erfasst wird.

In den meisten Fällen wird man eine derartige Buchung verhindern wollen und das Kennzeichen entsprechend setzen. Es sind aber auch Fälle denkbar, in denen solche Buchungen explizit gewünscht sind, etwa wenn der Buchungskreis der Firmenzentrale Rechnungen verbucht, die sich inhaltlich auf die Kostenstelle einer ihrer Tochterfirmen beziehen. Sollen solche Vorgänge möglich sein, darf das Kennzeichen BUCHUNGSKREISVERPROBUNG nicht gesetzt werden.

Nun müssen Sie Ihrem Kostenrechnungskreis noch die konkreten Buchungskreise zuordnen. Sie tun dies, indem Sie im linken Navigationsbereich des Grundbildes (siehe Abbildung 1.2) den Eintrag `Zuordnung Buchungskreise` auswählen und anschießend über die Schaltfläche NEUE EINTRÄGE im nun erscheinenden sogenannten *Listbild* diejenigen Buchungskreise auswählen, die Ihrem Kostenrechnungskreis zugeordnet sein sollen (siehe Abbildung 1.4).

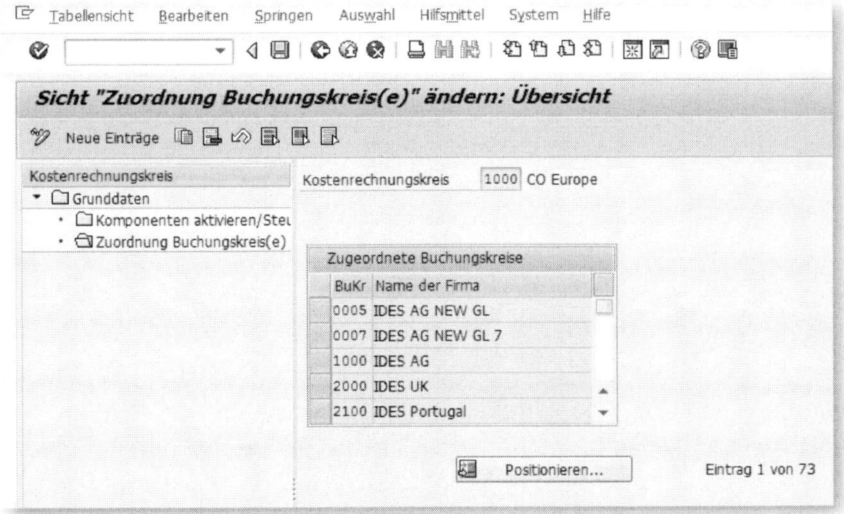

Abbildung 1.4: Zuordnung Buchungskreise zum Kostenrechnungskreis

Im Beispiel können Sie erkennen, dass dem KOSTENRECHNUNGSKREIS `1000 CO Europe` mehrere Buchungskreise zugeordnet wurden, unter anderem auch der Buchungskreis `1000 IDES AG`, in dem wir uns im weiteren Verlauf dieses Buches bewegen werden.

In den allermeisten Fällen werden Sie, wie oben bereits erwähnt, mit einer buchungskreisübergreifenden Kostenrechnung gut bedient sein. Der Vorteil einer solchen Konstruktion im Vergleich zur Anlage jeweils eines eigenen Kostenrechnungskreises pro Buchungskreis liegt zum einen in einer deutlichen Reduktion des Pflegeaufwands, da viele Stammdaten und auch sonstige Einstellungen immer mit Bezug zum Kostenrechnungskreis gepflegt werden. Sie brauchen also Kostenarten, Leistungsarten, statistische Kennzahlen etc. in diesem Fall nur einmal zu definieren. Weiterhin müssen Customizing-Einstellungen wie Abrechnungsschemata, Ergebnisschemata und andere immer mit Bezug zum Kostenrechnungskreis ausgeprägt werden. Sie benötigen also für jeden produktiven Kostenrechnungskreis jeweils ein eigenes Schema, auch wenn diese Schemata sich inhaltlich nicht unterscheiden sollten.

Der zweite Vorteil einer buchungskreisübergreifenden Kostenrechnung, der in der betrieblichen Praxis bisher allerdings weniger Bedeutung erlangt hat, ist die Möglichkeit der internen buchungskreisübergreifenden Kostenverrechnung. So können Sie hier beispielsweise eine direkte innerbetriebliche Leistungsverrechnung oder Umlagen von einer Kostenstelle im Buchungskreis 1 zu einem Empfängerobjekt (Kostenstelle, Auftrag) im Buchungskreis 2 durchführen. Das SAP-System schreibt daraufhin die entsprechenden Ausgleichsbuchungen im Hauptbuch automatisch auf Verrechnungskonten im FI-Modul fort.

Allerdings stehen dieser Art *Cross-Company-Verrechnungen* häufig Gründe, z. B. fehlende umsatzsteuerliche Organschaft, entgegen, sodass hiervon in der Praxis eher selten Gebrauch gemacht wird.

1.1.4 Ergebnisbereich

Der *Ergebnisbereich* bildet eine einheitliche Segmentierung des Absatzmarktes anhand definierter Merkmale ab. Diese *Marktsegmente* ergeben sich aus einer Kombination bestimmter, selbst definierter Merkmalsausprägungen. Ein Marktsegment könnte beispielsweise der Großhandelsmarkt für Gastronomiebedarf im Verkaufsbezirk Nord sein. Die entsprechenden Merkmale wären in diesem Beispiel die »Warengruppe«, die »Region« und der »Vertriebsweg«.

Für jedes auf diese Art definierte Marktsegment können Sie innerhalb eines Ergebnisbereichs eine eigene Deckungsbeitragsrechnung durchführen, wobei Sie bei der Wahl der Darstellungstiefe weitestgehend frei sind. Nähere Informationen zum Aufbau und zur Ausprägung eines Ergebnisbereiches finden Sie beispielsweise in den Büchern «Ergebnisrechnung mit SAP« (Schöb, 2009) oder «Schnelleinstieg in die SAP-Ergebnisrechnung« (Eifler, 2012).

Organisatorisch ist ein Ergebnisbereich immer einem oder mehreren Kostenrechnungskreisen übergeordnet.

Kostenrechnungskreise, die einem Ergebnisbereich zugeordnet sind, müssen zwar alle die gleiche Geschäftsjahresvariante (im führenden Ledger) benutzen, können aber durchaus mit unterschiedlichen operativen Kontenplänen versehen sein.

Insgesamt lässt sich die Organisationsstruktur im Rechnungswesen ganz grob wie in Abbildung 1.5 darstellen.

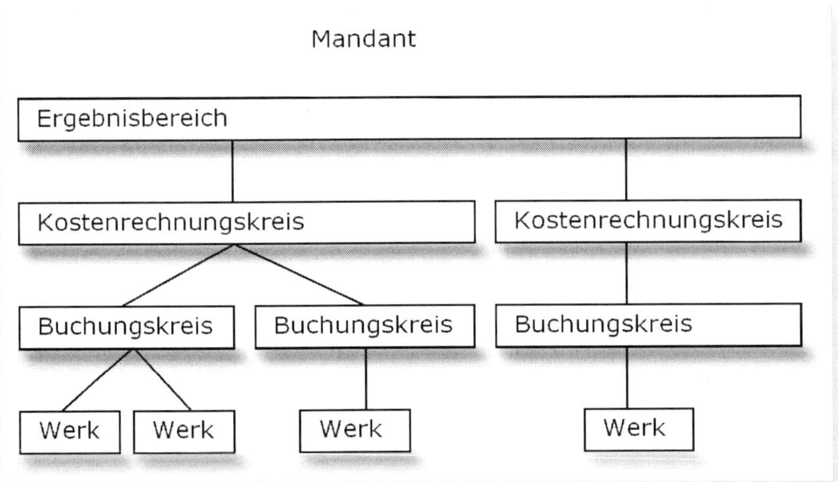

Abbildung 1.5: Organisationsstrukturen im Rechnungswesen

1.2 Organisationseinheiten der Logistik

Neben den soeben vorgestellten Organisationseiheiten des Rechnungswesens können Sie in Abbildung 1.5 zusätzlich das *Werk* erkennen. Beim Werk handelt es sich um eine – und zwar die zentrale – Organisationseinheit innerhalb der Logistik. Alle logistischen Buchungen der Bestandsführung, der Produktion sowie Warenbewegungen und Buchungen des Vertriebs werden immer mit Bezug zum Werk durchgeführt. Dabei ist jedes Werk immer genau einem Buchungskreis zugeordnet, es können jedoch mehrere Werke gleichzeitig zu einem Buchungskreis gehören.

Darüber hinaus gibt es in der Logistik noch eine Vielzahl weiterer Organisationseinheiten wie den *Lagerort*, die *Einkaufsorganisation*, den *Vertriebsbereich* und andere, deren Vorstellung aber für das weitere Verständnis dieses Buches nicht erforderlich ist und daher an dieser Stelle unterbleibt.

1.3 Stammdaten in der Kostenstellenrechnung

1.3.1 Kostenstellen

Ausgangspunkt einer jeden Produktkostenrechnung sind üblicherweise die *Kostenstellen* des Unternehmens. Hier fallen Kosten an, die anschließend in geeigneter Weise über einen oder mehrere Zwischenschritte auf die Produkte (d. h. die Kostenträger) verrechnet werden. Zur Verrechnung kann man sich dabei verschiedener Techniken bedienen. Zu den bekanntesten gehören die *direkte Leistungsverrechnung* und die *Verrechnung mittels Zuschlägen*. Aber auch weniger verbreitete Verfahren, wie die indirekte Leistungsverrechnung, Verrechnung über Templates oder Verrechnung über Geschäftsprozesse, finden im Einzelfall Anwendung.

Die *Kostenstelle* ist eine organisatorische Einheit des Rechnungswesens, die den Ort der Kostenentstehung darstellt. In den meisten Fällen findet man in Unternehmen eine Gliederung der einzelnen Kostenstellen, die sich eng an den organisatorischen Aufbau des Unternehmens anlehnt. Typische Kostenstellen findet man beispielsweise für die Bereiche Verwaltung, Vorstand, Einkauf, Produktion usw.

Auch alternative Gliederungen sind denkbar und kommen vor, stattdessen nach personellen Verantwortlichkeiten oder Produktsparten.

Im SAP ERP wird eine Kostenstelle durch einen Kostenstellenstammsatz abgebildet. In diesem sind all die Informationen zusammengefasst, die eine Kostenstelle im Wesentlichen charakterisieren und sich im Laufe der Zeit nicht oder nur sehr selten ändern.

Alle Kostenstellen müssen innerhalb eines Kostenrechnungskreises einen eindeutigen Schlüssel haben. Dies bedeutet, dass Sie nicht mehrere Kostenstellen mit demselben Schlüssel innerhalb eines Kostenrechnungskreises anlegen können. Möchten Sie, um eine Vergleichbarkeit Ihrer Kostenstrukturen zwischen verschiedenen Buchungskreisen eines Konzerns zu ermöglichen, dennoch Ihre Nomenklatur vereinheitlichen, empfehle ich, den jeweiligen Buchungskreis als Teil des Schlüssels der Kostenstelle mitzuführen. Sollen beispielsweise die Geschäftsführungskostenstellen in allen beteiligten Buchungskreisen die Bezeichnung »1000« erhalten, weisen Sie diesen im Buchungskreis 1000 den Schlüssel »10001000« zu, während die entsprechende Kostenstelle im Buchungskreis »2000« den Schlüssel »20001000« erhält.

Außerdem hat es sich als übliche und hilfreiche Praxis etabliert, die Gliederung und Nummerierung der Kostenstellen, soweit möglich, an den allgemeinen Funktionsbereichen des Umsatzkostenverfahrens auszurichten.

Beim *Umsatzkostenverfahren* handelt es sich um ein Gliederungsverfahren der Gewinn- und Verlustrechnung (GuV), das nicht wie das klassische Gesamtkostenverfahren von der Gesamtleistung einer Periode ausgeht, sondern den verkauften Leistungen und Erzeugnissen einer Periode (Umsatz) die hierfür angefallenen Kosten dieser Periode gegenüberstellt (Umsatzkosten). Dabei werden die Kosten – anders als beim Gesamtkostenverfahren – nicht nach Kostenarten (Löhne, Material, Dienstleistungen) über alle Bereiche des Unternehmens summiert dargestellt. Stattdessen werden für die einzelnen Bereiche (Funktionen oder Funktionsbereiche), sprich Produktion, Verwaltung, Marketing & Vertrieb, Forschung & Entwicklung etc., jeweils alle angefallenen Kosten als sogenannte *Funktionskosten* ausgewiesen.

Zur Pflege der Kostenstellen gelangen Sie auf zweierlei Wegen: entweder über das Customizing oder direkt aus dem Anwendungsmenü. Im Customizing lautet der Menüpfad CONTROLLING • KOSTENSTELLENRECHNUNG • STAMMDATEN • KOSTENSTELLEN • KOSTENSTELLEN ANLEGEN. Aus dem Anwendungsmenü heraus wählen Sie RECHNUNGSWESEN • CONTROLLING • KOSTENSTELLENRECHNUNG • STAMMDATEN • KOSTENSTELLEN • EINZELBEARBEITUNG • ANLEGEN. Über beide Wege gelangen Sie zu der gleichen Pflegetransaktion `KS01`, die Sie natürlich auch direkt aufrufen können.

Es öffnet sich zunächst das Einstiegsbild, in dem Sie aufgefordert werden, einen Schlüssel und einen Gültigkeitszeitraum für Ihre neu anzulegende Kostenstelle einzugeben.

Hier tragen Sie einen bis zu zehnstelligen alphanumerischen Schlüssel ein, der die Kostenstelle innerhalb der Standardhierarchie (und damit innerhalb des Kostenrechnungskreises) eindeutig bestimmt. Es ist empfehlenswert, sich über die Gliederung und Nomenklatur der Kostenstellen bereits im Vorfeld der Systemeinführung Gedanken zu machen, um eine sinnvolle Namensvergabe zu gewährleisten. Obwohl die Nummerierung der Kostenstellen vollkommen willkürlich erfolgen kann (solange sie eindeutig ist), hat es sich in der Praxis als sinnvoll erwiesen, sprechende Schlüssel zu vergeben, um bereits am Kostenstellenschlüssel erkennen zu können, um welche Art Kostenstelle und ggf. welchen Buchungskreis oder welches Werk es sich handelt (z. B. Produktionskostenstelle, Verwaltungskostenstelle usw.).

Sie können auch eine bereits vorhandene Kostenstelle als Kopiervorlage verwenden, um die Anlegetransaktion zu vereinfachen.

Durch Bestätigen oder Drücken der Enter-Taste gelangen Sie in den eigentlichen Pflegebildschirm (siehe Abbildung 1.6).

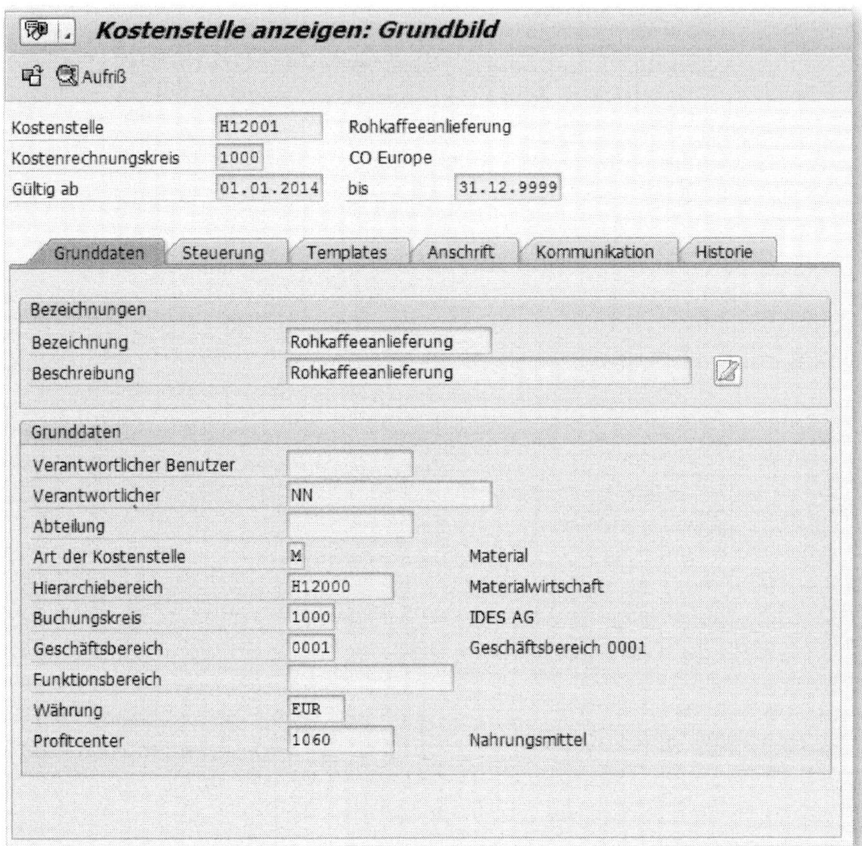

Abbildung 1.6: Stammsatz der Kostenstelle Rohkaffeeanlieferung

Im Kostenstellenstammsatz sind einige Felder zu füllen, deren Bedeutung im Folgenden erläutert werden soll. Zur besseren Übersicht sind diese Felder auf verschiedenen Reiterkarten angeordnet.

Reiter GRUNDDATEN

▶ BEZEICHNUNG

In dieses Feld geben Sie eine erklärende Bezeichnung für Ihre Kostenstelle ein. Der Text darf maximal eine Länge von 20 Zeichen haben. Im Regelfall werden Sie damit auch problemlos auskommen, ggf. müssen Sie hier sinnvoll kürzen.

▶ BESCHREIBUNG

Zusätzlich zur Bezeichnung der Kostenstelle steht Ihnen im Feld BESCHREIBUNG ein weiteres Textfeld diesmal mit bis zu 40 Zeichen zur Verfügung. Hier können Sie entweder die Bezeichnung wiederholen oder einen weiteren erklärenden Text zur näheren Beschreibung der Kostenstelle einfügen.

Neben diesen Bezeichnern gibt es noch eine Reihe weiterer Felder, die eine Eingabe erfordern und zudem wichtige steuernde Funktionen haben.

▶ VERANTWORTLICHER BENUTZER, VERANTWORTLICHER, ABTEILUNG

Diese Felder stehen Ihnen zur Verfügung, um den Namen des Kostenstellenverantwortlichen und der Abteilung zu hinterlegen. Was zunächst als ein schönes, aber nicht wesentliches »Nice to have« erscheinen mag, stellt sich in der täglichen Praxis schnell als sehr nützlich heraus. Wenn nämlich derselbe Kostenstellenverantwortliche mehrere Kostenstellen betreut, die verteilt in unterschiedlichen Hierarchiebereichen liegen, können Sie mithilfe dieses Feldes sehr schnell eine dynamische Selektionsvariante erstellen, die Ihnen – beispielsweise im Reporting – alle jeweils aktuell zugeordneten Kostenstellen des betreffenden Verantwortlichen selektiert, ohne Ihre eventuell vorhandenen alternativen Hierarchiegruppen ändern zu müssen.

Ansonsten haben diese Felder keinerlei Steuerungsfunktion, sondern helfen, die innerbetriebliche Organisation abzubilden.

▶ ART DER KOSTENSTELLE

Dieses Feld hat mehrere Auswirkungen: Im Customizing der Kostenstellenrechnung können Sie Kostenstellenarten definieren, mit denen Sie Vorschlagswerte für andere Stammsatzfelder festlegen. Insbesondere die Ausprägungen der Sperrkennzeichen und des Funktionsbereichs können hierüber vorbelegt werden. Dies ist besonders dann hilfreich, wenn Sie eine sehr detaillierte Unterteilung der Funktionsbereiche vornehmen (z. B: Produktion unterschiedlicher Produktlinien oder Produktion von Halb- und Fertigfabrikaten). SAP liefert im Standard eine Vielzahl vordefinierter Kostenstellenarten aus, die Sie verwenden können. Es ist aber auch möglich, eigene zu definieren.

Darüber hinaus kann über die Art der Kostenstelle festgelegt werden, welche Leistungsarten auf dieser Kostenstelle geplant und verrechnet werden dürfen. Dazu geben Sie die erlaubten Kostenstellenarten im Stammsatz der Leistungsart ein. Hierdurch können Sie bei einer großen Anzahl von Leistungsarten, die für ein Produktionsunternehmen typisch sind, sicherstellen, dass bestimmte Leistungen nur von den Kostenstellen verrechnet werden können, für die sie auch tatsächlich vorgesehen sind.

▶ HIERARCHIEBEREICH

Kostenstellen sind innerhalb des Kostenrechnungskreises in einer sogenannten *Standardhierarchie* gruppiert. Die Kostenstellen-Standardhierarchie ist eine baumähnliche Struktur von Knoten und Unterknoten, mit der Sie den Aufbau Ihres Unternehmens gestaffelt strukturieren können. Sie ist grundlegender Bestandteil des Kostenrechnungskreises und wird diesem über einen Eintrag in den Grunddaten eindeutig zugeordnet. Die Anlage einer Standardhierarchie ist zwingend, und sie verlangt, dass jede im Kostenrechnungskreis angelegte Kostenstelle genau einmal in ihr vorkommt. Im Feld HIERARCHIEBEREICH des Kostenstellen-Stammsatzes wird derjenige Knoten innerhalb der Standardhierarchie angegeben, unter dem sich die neu anzulegende Kostenstelle befinden soll. Da eine Hierarchie definitionsgemäß aus mehreren Knoten und Unterknoten besteht, wird hier nur der jeweilige Endknoten eingetragen, dem diese Kostenstelle direkt zugeordnet ist.

▶ BUCHUNGSKREIS

Eins der wichtigsten Felder zur Beschreibung des Kostenstellenstammsatzes ist natürlich der *Buchungskreis*. Eine Kostenstelle muss immer genau für einen Buchungskreis angelegt werden. Aus diesen Informationen holt sich das System bei der Erstellung des Buchungsbelegs weitere Informationen, z. B. den Vorschlagswert für die Währung. Außerdem können Sie über das Kennzeichen BUCHUNGSKREISVERPROBUNG in der Definition des Kostenrechnungskreises einstellen, dass Buchungen, die aus bilanzieller (genauer: GuV-)Sicht zu einem bestimmten Buchungskreis gehören, aus Controlling-Sicht aber eine Kostenstelle in einem anderen Buchungskreis betreffen, erlaubt oder verboten sind.

Das Feld BUCHUNGSKREIS wird Ihnen nur dann explizit zur Eingabe angeboten, wenn Sie im Kostenrechnungskreis die buchungskreisübergreifende Kostenrechnung aktiviert haben. Andernfalls wird der Buchungskreis im Hintergrund aus der Zuordnung des Kostenrechnungskreises zum Buchungskreis automatisch übernommen.

▶ GESCHÄFTSBEREICH

Falls Sie mit dieser Organisationseinheit arbeiten, können Sie in dieses Feld einen *Geschäftsbereich* eintragen. Da SAP die weitere Unterstützung des Geschäftsbereichs bereits seit einiger Zeit eingestellt hat, soll uns dieses Feld hier nicht weiter beschäftigen. Für den betriebswirtschaftlichen Zweck des Geschäftsbereichs wird nunmehr das *Profitcenter* genutzt. Gleichwohl können Sie nach wie vor neue Geschäftsbereiche einrichten und bereits vorhandene weiterhin verwenden.

- FUNKTIONSBEREICH

Der *Funktionsbereich* legt fest, in welchen Ergebniszeilen die Buchungen, die auf einer Kostenstelle erfolgen, erscheinen sollen, wenn Sie Ihre Gewinn- und Verlustrechnung nach dem Umsatzkostenverfahren gliedern. Das Feld FUNKTIONSBEREICH erscheint erst zur Eingabe bereit, nachdem Sie im Customizing der Finanzbuchhaltung das Umsatzkostenverfahren zur Aktivierung vorbereitet oder bereits aktiviert haben; anderenfalls bleibt das Feld grau und damit nicht eingabebereit.

- PROFITCENTER

Bei aktivierter Profitcenter-Rechnung – unabhängig davon, ob Sie die «alte« Profitcenter-Rechnung *EC-PCA* oder die des Neuen Hauptbuchs *New GL* nutzen – geben Sie hier das Profitcenter ein, zu dem Ihre Kostenstelle gehört. Es gilt dabei immer eine n:1-Beziehung zwischen Kostenstelle und Profitcenter, d. h., eine Kostenstelle kann nur zu einem Profitcenter gehören, aber ein Profitcenter kann mehrere Kostenstellen zusammenfassen.

Bei allen Buchungen auf diese Kostenstelle wird nun das Profitcenter, das Sie eingetragen haben, in den FI-Beleg übernommen (sofern Sie das Neue Hauptbuch mit dem Profitcenter-Szenario aktiviert haben), bzw. es wird bei der »alten« Profitcenter-Rechnung ein zusätzlicher entsprechender Profitcenter-Beleg erzeugt.

Bei aktivierter Profitcenter-Rechnung erscheint im Standard eine Warnmeldung, wenn Sie dieses Feld nicht füllen. Sie können Ihre Kostenstelle aber auch ohne die Eingabe eines Profitcenters anlegen, indem Sie die Meldung, wie bei allen Warnmeldungen möglich, durch Drücken der `Enter`-Taste überspringen.

Auswahl des Profitcenters

Im Gegensatz zu den meisten anderen Feldern des Kostenstellenstammsatzes lässt sich das Profitcenter nur noch mit hohem Aufwand ändern, sobald die Kostenstelle bereits mit Daten (Plan- oder Istdaten) bebucht wurde. Hier ist also eine sorgfältige Planung der Profitcenter-Strukturen zu empfehlen, um die Notwendigkeit nachträglicher Änderungen zu vermeiden.

Reiter STEUERUNG

Der zweite Reiter STEUERUNG enthält einige Felder, die die Buchungslogik auf dieser Kostenstelle beeinflussen.

- MENGE FÜHREN

Mit diesem Feld legen Sie fest, dass neben den Werten auch Verbrauchsmengen (z. B. Fertigungsstunden) fortgeschrieben werden. Gerade für Produktionskostenstellen sollte dieses Kennzeichen gesetzt sein. Falls Sie mengenabhängige Zuschläge auf Kostenarten der Kostenstelle verrechnen wollen, müssen Sie das Kennzeichen aktivieren.

- SPERREN

Im Bereich SPERREN weisen Sie die Kostenstelle als gesperrt für die Vorgänge Primärkostenbuchungen, Sekundärkostenbuchungen oder Erlöse aus, jeweils für Ist- oder Planwerte. Eine besondere Erwähnung verdient das Sperrkennzeichen für Erlöse. Dies ist nämlich – im Gegensatz zu den Kennzeichen für Kostenbuchungen – im Standard immer gesetzt, sodass Sie auf Kostenstellen generell keine Erlöse buchen können (schließlich heißt das Objekt ja »Kostenstelle« und nicht »Erlösstelle«).

Mit Erlösen sind hier allerdings lediglich Buchungen mit den Kostenarten vom Typ 11 oder 12 gemeint, also Erlöse oder Erlösschmälerungen, die unmittelbar aus dem Vertriebsmodul *SD (Sales and Distribution)* heraus gebucht werden. Dies ist insofern sinnvoll, als dass SAP diese Kostenartentypen im Standard ausschließlich zur Verwendung in *SD* vorsieht. Hierbei ist als Kontierungsobjekt aber nicht die Kostenstelle, sondern entweder der Kundenauftrag oder eine Direktbuchung in die Ergebnisrechnung (CO-PA) vorgesehen.

Manuelle Erlösbuchungen aus dem FI auf Sachkonten mit Kostenarten vom Typ 1, also echte Primärkosten, können Sie hingegen auch auf (solcherart) gesperrte Kostenstellen kontieren.

▶ OBLIGOFORTSCHREIBUNG

Mit diesem Kennzeichen bestimmen Sie schließlich, ob das System neben den Istkosten auch das gebildete Obligo, z. B. Mittelbindungen aus offenen Bestellungen, fortschreiben soll. Um diese Funktion nutzen zu können, müssen Sie allerdings zuvor die Obligoverwaltung in der Sicht KOMPONENTEN des Kostenrechnungskreises aktiviert haben.

Reiter TEMPLATES

Auf dem nächsten Reiter steuern Sie, ob und wie Sie auf dieser Kostenstelle eine TEMPLATE- oder ZUSCHLAGSVERRECHNUNG durchführen wollen.

Templates sind standardisierte Formeln, nach denen unter bestimmten Voraussetzungen interne Buchungen vorgenommen werden, ähnlich den Gemeinkostenzuschlägen. Allerdings können diese Voraussetzungen wesentlich flexibler definiert werden, sodass Sie hier eine größere Gestaltungsvielfalt haben, als dies bei den (einfachen) Zuschlagsberechnungen der Fall ist.

Sie geben auf diesem Reiter die entsprechenden Templates, die Sie zuvor im Customizing definiert haben, für die Szenarien Formelplanung, Leistungs- und Prozessverrechnung an. Weitere Einzelheiten dazu, wie Sie diese Technik einsetzen können, finden Sie im Buch «SAP Controlling – Customizing« (Munzel/Munzel, 2011).

Außerdem können Sie ein Zuschlagsschema definieren, mit dem Sie Gemeinkostenzuschläge – analog den Gemeinkostenzuschlägen in der Produktkostenrechnung (siehe Abschnitt 4.2.1) – auf diese Kostenstelle verrechnen können.

Die Felder innerhalb der Reiter ANSCHRIFT und KOMMUNIKATION haben lediglich statistische oder informative Bedeutung, sodass wir uns hier eine detaillierte Beschreibung der einzelnen Felder sparen können.

Reiter HISTORIE

Über den Reiter HISTORIE schließlich können Sie die technische Änderungshistorie dieser Kostenstelle verfolgen. Insbesondere ist hier ersichtlich, wer die Kostenstelle wann angelegt und wer zu welchem Zeitpunkt Änderungen an welchen Feldern vorgenommen hat.

1.3.2 Kostenarten

Das zentrale Informationselement im Controlling ist die *Kostenart*. Kostenarten haben im Controlling die gleiche Bedeutung wie Konten in der Finanzbuchhaltung: Sie geben Aufschluss über den Charakter der entstandenen Kosten, ob es sich also beispielsweise um Personalkosten, Materialkosten oder um Kosten für in Anspruch genommene Dienstleistungen handelt.

Das SAP-System unterscheidet grundsätzlich zwischen primären und sekundären Kostenarten.

Primäre Kostenarten haben immer eine Entsprechung in den Aufwands- und Ertragskonten der Finanzbuchhaltung. Das bedeutet, für (nahezu) jedes Aufwandskonto in der Finanzbuchhaltung wird eine Kostenart mit der gleichen Bedeutung im CO angelegt, sodass bei einer Buchung auf ein solches Konto im Hauptbuch gleichzeitig eine Buchung auf der gleichlautenden Kostenart im CO erzeugt wird. Dabei muss für diese CO-Buchung immer auch ein Kontierungsobjekt mitgegeben werden. I. d. R. wird dieses Kontierungsobjekt eine Kostenstelle sein; es können aber auch andere Kostenträger wie Fertigungsaufträge, Kundenaufträge oder Projekte als Kontierungsobjekte herangezogen werden.

Bilanzkonten des FI haben dagegen keine Entsprechung in der Kostenrechnung und können daher – bis auf wenige spezielle Ausnahmefälle, die eher technischer Natur sind – auch nicht als Kostenart angelegt werden.

Zur Anlage einer primären Kostenart gelangen Sie über die Transaktion KA01 oder über das Menu RECHNUNGSWESEN • CONTROLLING • KOSTENARTENRECHNUNG • STAMMDATEN • KOSTENARTEN • EINZELBEARBEITUNG • ANLEGEN PRIMÄR.

Abbildung 1.7 zeigt die CO-Kostenart 400000, die dem FI-Hauptbuchkonto 400000 für den Verbrauch von Rohstoffen entspricht. Wichtig ist das Feld KOSTENARTENTYP. Hierüber wird gesteuert, dass es sich um eine primäre Kostenart handelt (Typen 1, 11, 12).

Im Gegensatz zu den primären Kostenarten dienen *sekundäre Kostenarten* ausschließlich zu internen Verrechnungen innerhalb des Controllings, z. B. für die Verrechnung von internen Leistungen oder Zuschlägen. Sie entsprechen in ihrer Systematik den Konten der Kontenklasse »5« des ehemaligen *Gemeinsamen Kontenrahmens (GKR)*. Sekundäre Kostenarten dürfen kein entsprechendes Sachkonto im FI haben.

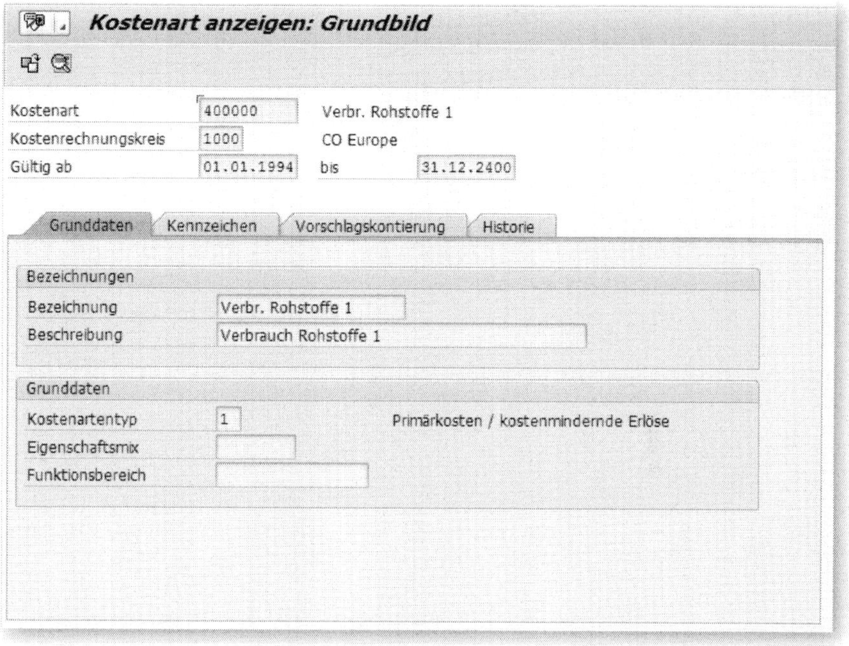

Abbildung 1.7: Grundbild Kostenart 400000

Zur Anlage einer sekundären Kostenart gelangen Sie über die Transaktion KA06 oder über das Menü RECHNUNGSWESEN • CONTROLLING • KOSTENARTENRECHNUNG • STAMMDATEN •KOSTENARTEN • EINZELBEARBEITUNG • ANLEGEN SEKUNDÄR.

Abbildung 1.8 zeigt die sekundäre Kostenart 650010 zur internen Leistungsverrechnung für unsere Beispiel-Rösterei. Wichtig ist auch hier der Kostenartentyp: Die Typen 31 bis 43 dienen unterschiedlichen Techniken der internen Verrechnung. Für die hier gezeigte Kostenart der internen Leistungsverrechnung müssen Sie KOSTENARTENTYP 43 wählen.

Abbildung 1.8: Kostenart 650010 – interne Leistungsverrechnung Rösten

Sowohl primäre als auch sekundäre Kostenarten werden einmalig auf Ebene des Kostenrechnungskreises definiert und sind daher – anders als die entsprechenden Sachkonten des Hauptbuchs – sofort für alle Buchungskreise des Kostenrechnungskreises gültig.

1.3.3 Leistungsarten

Leistungsarten stellen im SAP-System das Instrument dar, mittels dessen Mengen einer bestimmten innerbetrieblichen Leistung von einer Kostenstelle an ein anderes CO-Objekt, beispielsweise einen Fertigungsauftrag, verrechnet werden. Durch die Bewertung der Leistungsmengen mit einem Tarif pro Leistungseinheit erhalten Sie schließlich einen Wert für die insgesamt erbrachte Leistung.

Voraussetzung für die Definition einer Leistungsart ist, dass Sie zuvor eine sekundäre Kostenart vom Typ »43« (Verrechnung Leistungen/Prozesse) definiert haben, die zu Ihrer Leistungsart passt. Sie können auch gleichzeitig verschiedene Leistungsarten mit ein und derselben Kostenart verrechnen.

Sie legen eine Leistungsart an, indem Sie im Anwendungsmenü den Pfad RECHNUNGSWESEN • CONTROLLING • KOSTENSTELLENRECHNUNG • STAMMDATEN • LEISTUNGSART • EINZELBEARBEITUNG • ANLEGEN wählen; alternativ durch Aufruf der Transaktion `KL01`. Abbildung 1.9 zeigt das Grundbild zur Pflege der Leistungsart ROEST, mit der wir die Leistungen der Rösterei verrechnen wollen.

Abbildung 1.9: Grundbild Leistungsart ROEST

Neben dem Gültigkeitszeitraum, dem Namen und der Bezeichnung müssen Sie hier im Register GRUNDDATEN festlegen, mit welcher Mengeneinheit Ihre Leistungsmengen erfasst werden sollen (Feld LEISTUNGSEINHEIT) und für welche KOSTENSTELLENARTEN Ihre Leistungsart anwendbar sein soll. Markieren Sie dieses Feld wie in unserem Beispiel mit einem Stern (*), so kann die Leistungsart für alle Kostenstellen verwendet werden.

Im nächsten Bereich VORSCHLAGSWERTE FÜR VERRECHNUNG geben Sie im Feld LEISTUNGSARTENTYP an, wie der Tarif ermittelt werden soll, der auf die Leistungen dieser Leistungsart anzuwenden ist. Im Beispiel ist die einfachste Variante gewählt, nämlich die Option `1 - manuelle Erfassung, manuelle Verrechnung`. Dies bedeutet, dass die Leistungsmenge für jeden Leistungsvorgang explizit erfasst (in unserem Fall über die Rückmeldungen zu den Arbeitsschritten der Produktionsaufträge) und verrechnet wird. Der Unterschied hierzu liegt in den Optionen `2` und `3`, die der indirekten Verrechnung dienen, bei der, ähnlich wie bei Kostenverteilungen und -umlagen, eine automatisierte Verrechnung mittels der Verwendung fester Bezugsgrößen vorgenommen wird. So könnte man beispielsweise die Kosten der Kantine proportional zur Anzahl der Mitarbeiter oder die Gebäudekosten entsprechend der Quadratmeter genutzter Bürofläche pro Kostenstelle verrechnen.

Das Feld VERRECHNUNGSKOSTENART legt fest, unter welcher sekundären Kostenart Ihre Leistungswerte fortgeschrieben werden. Um Verwirrungen in den Kostenstellenberichten zu vermeiden, ist es ratsam, Leistungsarten und sekundäre Kostenarten, wo immer möglich, eindeutig zuzuordnen.

Über das Feld TARIFERMITTLUNG steuern Sie, auf welche Weise der Tarif festzulegen ist, mit dem die Leistungsmengen bewertet werden. Auch hier reicht für unsere Zwecke die Option `1 - manuell festgelegt` aus; das bedeutet, dass wir die Tarife manuell auf den Kostenstellen hinterlegen.

Es besteht auch die Möglichkeit, die Tarife vom System auf Basis der Kapazitäten oder der geplanten Gesamtleistung im Verhältnis zu den geplanten Gesamtkosten automatisch ermitteln zu lassen. Im Zusammenhang mit der Kostenstellenplanung (vgl. Kapitel 2) werde ich auf diese Option noch einmal zurückkommen.

1.4 Stammdaten der Logistik

1.4.1 Aufbau des Mengengerüsts

In der Terminologie des SAP-Systems wird zwischen Materialkalkulationen mit und ohne Mengengerüst unterschieden. Diese Unterscheidung ist aber insofern sprachlich etwas irreführend, als dass letztlich beide Kalkulationsverfahren mit einem Mengengerüst arbeiten. Der Unterschied besteht vielmehr darin, dass das System bei einer *Kalkulation mit Mengengerüst* auf ein bereits im Modul »Produktionsplanung (PP)« angelegtes Mengengerüst zugreift, während Sie bei einer *Kalkulation ohne Mengengerüst* dieses erst selbst manuell aufbauen müssen.

Letzteres wird typischerweise immer dann der Fall sein, wenn für ein zu kalkulierendes Material noch gar keine PP-Daten vorhanden sind – etwa im Fall eines Materials, das bisher noch nicht gefertigt wurde, oder wenn für ein Material ein neues Fertigungsverfahren kalkuliert werden soll, für das noch keine PP-Daten im System angelegt wurden.

Insofern könnte man besser von einer »Kalkulation mit oder ohne Integration nach PP« sprechen.

Nichtsdestotrotz wollen wir hier aber am tradierten Sprachgebrauch festhalten, um unnötige Konfusion bzgl. der Begriffe zu vermeiden.

Wenn von einem »Mengengerüst« die Rede ist, meint man im SAP-Sprachgebrauch das Mengengerüst aus dem Modul Produktionsplanung (PP). In diesem sind die Mengenflüsse abgebildet, die zur Herstellung eines jeden Materials aus logistischer Sicht erforderlich sind. Für unsere Kalkulationen der Herstellkosten ebenso wie für die Ermittlung der Auftrags-Istkosten kommt es nun darauf an, diese Mengenflüsse mit den zugehörigen Kosten zu bewerten.

Ein PP-Mengengerüst für die Kalkulation besteht im Wesentlichen aus den beiden Komponenten *Stückliste* und *Arbeitsplan*.

Stückliste

Als Stückliste bezeichnet man ein geordnetes Verzeichnis aller Einsatzkomponenten, die zur Erstellung eines bestimmten Produktes (des sogenannten *Kopfmaterials*) erforderlich sind. Dabei ist es durchaus üblich, Stücklisten in einer hierarchischen Struktur aufzubauen. Das bedeutet, dass die Einsatzmaterialien selbst wiederum aus unterschiedlichen Komponenten bestehen, die in einer eigenen Stückliste aufgeführt werden. Diese stufenweise Anordnung aller benötigten Komponenten wird bei der Kalkulation vom System erkannt und dann in der richtigen Reihenfolge aufgelöst.

Sie gelangen in die Pflegetransaktionen der Stückliste über den Menüpfad LOGISTIK • PRODUKTION • STAMMDATEN • STÜCKLISTEN • STÜCKLISTE • MATERIALSTÜCKLISTE • ANLEGEN oder direkt über die Transaktion CS01.

Eine Materialstückliste kann für unterschiedliche Verwendungszwecke angelegt werden. Die Auswahlmöglichkeiten [F4] des entsprechenden Feldes im Einstiegsbildschirm zur Anlage einer Stückliste zeigen Ihnen die im Standard definierten Verwendungszwecke. Für die Kalkulation sind einstweilen nur die Verwendungszwecke 1 (Fertigung), 3 (Universal) und 6 (Kalkulation) relevant. Abbildung 1.10 zeigt das Einstiegsbild zur Anlage einer MATERIALSTÜCKLISTE für das Kopfmaterial CPH_2001 - Mischung Volles Aroma im WERK 1000. Als StücklistenVERWENDUNG ist im Beispiel die Option 3 = Universal ausgewählt.

Nach Drücken der [Enter]-Taste gelangen Sie direkt in das Listbild zur Erfassung der einzelnen Stücklistenpositionen (siehe Abbildung 1.11).

Sie können sehen, dass unsere Mischung »Volles Aroma« in diesem einfachen Beispiel aus den beiden Röstkaffeesorten Robusta und Arabica besteht. Für jede dieser Sorten wird wiederum eine eigene

Stückliste angelegt, in der die unterschiedlichen Kaffeeprovenienzen mit ihren jeweiligen Mengenanteilen verzeichnet sind.

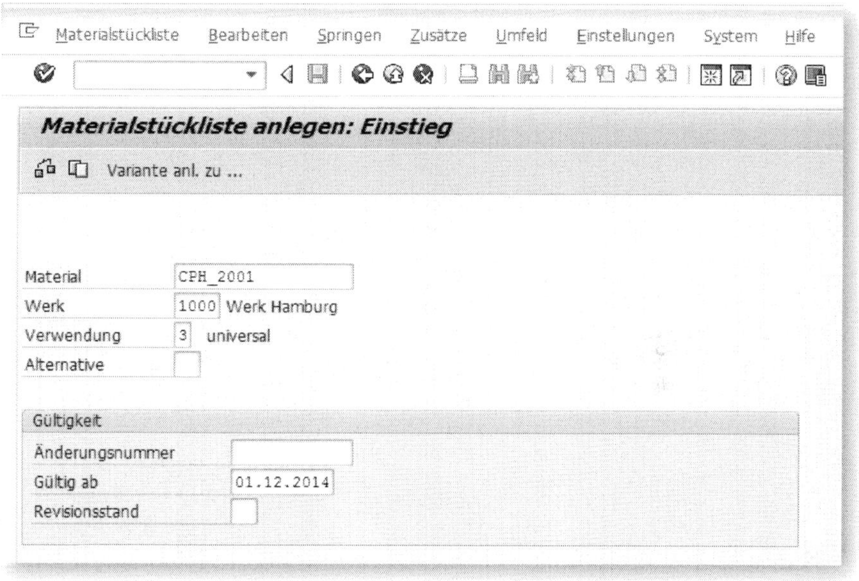

Materialstückliste Bearbeiten Springen Zusätze Umfeld Einstellungen System Hilfe

Materialstückliste anlegen: Einstieg

Variante anl. zu ...

Material	CPH_2001	
Werk	1000	Werk Hamburg
Verwendung	3	universal
Alternative		

Gültigkeit

Änderungsnummer	
Gültig ab	01.12.2014
Revisionsstand	

Abbildung 1.10: Anlage einer Materialstückliste, Einstiegsbild

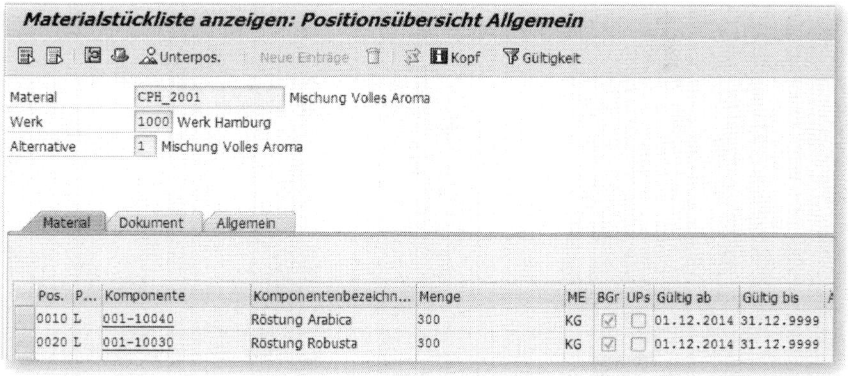

Materialstückliste anzeigen: Positionsübersicht Allgemein

Unterpos. Neue Einträge Kopf Gültigkeit

Material	CPH_2001	Mischung Volles Aroma
Werk	1000	Werk Hamburg
Alternative	1	Mischung Volles Aroma

Material | Dokument | Allgemein

Pos.	P...	Komponente	Komponentenbezeichn...	Menge	ME	BGr	UPs	Gültig ab	Gültig bis
0010	L	001-10040	Röstung Arabica	300	KG	☑	☐	01.12.2014	31.12.9999
0020	L	001-10030	Röstung Robusta	300	KG	☑	☐	01.12.2014	31.12.9999

Abbildung 1.11: Positionen der Stückliste

Durch einen Doppelklick auf die Positionsnummer einer Zeile gelangen Sie ins Detailbild der jeweiligen Stücklistenposition, wo Sie weitere Informationen finden.

Vom Listbild rufen Sie über das Symbol den Stücklistenkopf auf. Im Feld BASISMENGE erkennen Sie, auf welche Ausbringungsmenge sich die Angaben in den Stücklistenpositionen beziehen. Im Beispiel beziehen sich alle Stücklistenpositionen auf eine Fertigungsmenge von `100 KG` (siehe Abbildung 1.12).

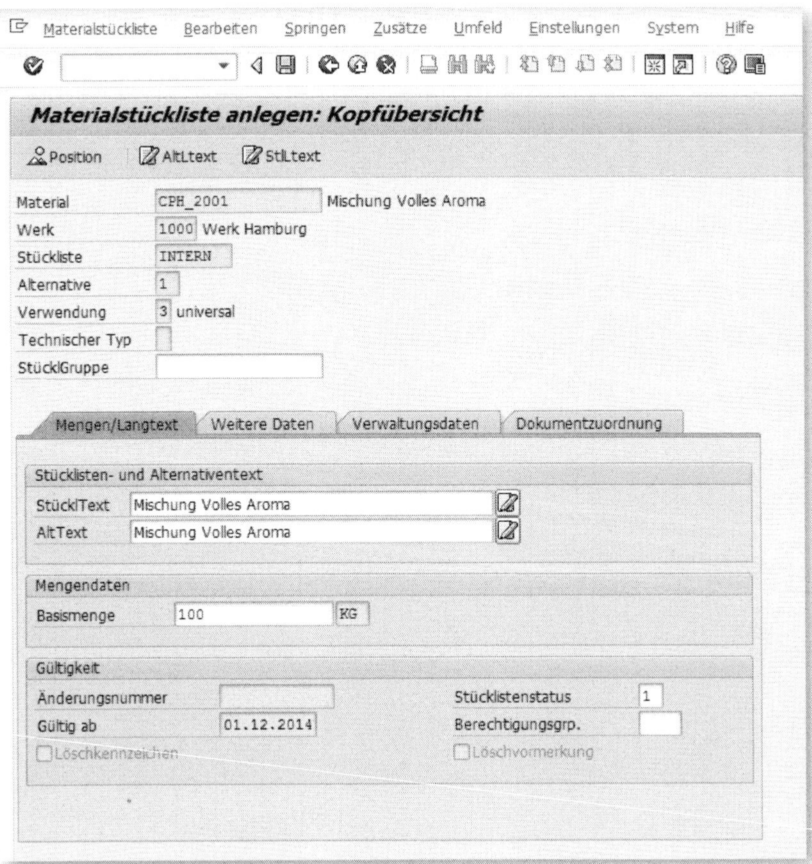

Abbildung 1.12: Stücklistenkopf

Arbeitsplan

So, wie eine Stückliste ein vollständiges Verzeichnis der Einsatzmaterialien darstellt, handelt es sich bei einem *Arbeitsplan* um eine ebenfalls vollständige Übersicht aller für die Herstellung des betreffenden Produkts erforderlichen Arbeitsschritte in der richtigen Reihenfolge. Abbildung 1.13 und Abbildung 1.14 zeigen analog zur Stückliste einen Arbeitsplan für dasselbe Produkt `CPH_2001` »Mischung Volles Aroma«.

Sie gelangen zur Pflege des Arbeitsplans über das Anwendungsmenu LOGISTIK • PRODUKTION • STAMMDATEN • ARBEITSPLÄNE • ARBEITSPLAN • STANDARDARBEITSPLAN • ANLEGEN oder direkt über die Transaktion `CA01`.

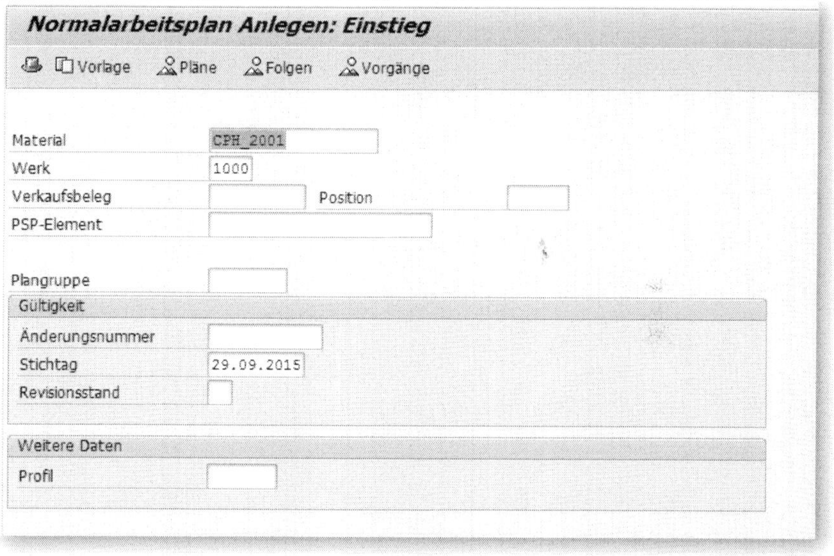

Normalarbeitsplan Anlegen: Einstieg

Vorlage Pläne Folgen Vorgänge

Material CPH_2001
Werk 1000
Verkaufsbeleg Position
PSP-Element

Plangruppe

Gültigkeit
Änderungsnummer
Stichtag 29.09.2015
Revisionsstand

Weitere Daten
Profil

Abbildung 1.13: Arbeitsplan anlegen, Einstiegsbild

Sie sehen die einzelnen Arbeitsschritte, die im SAP-System als *Vorgang* bezeichnet werden, nachdem Sie auch hier mit der `Enter`-Taste Ihre Kopfeingaben bestätigt haben. Im Beispiel sind zwei Arbeitsschritte nötig, um unsere Kaffeemischung zu produzieren: zunächst das `Mischen` der zwei Röstkaffeesorten Arabica und Robusta, die in der Stückliste aufgeführt sind, (VORGANG `010`) und anschließend das `Mahlen` der fertigen Mischung (VORGANG `020`) (siehe Abbildung 1.14).

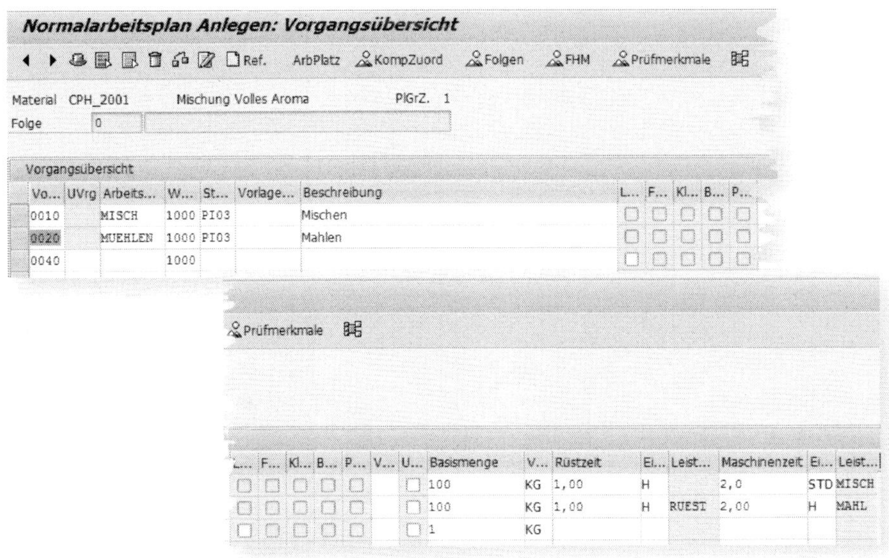

Abbildung 1.14: Arbeitsplan zum Material CPH_2001: Vorgangsübersicht

Sie können erkennen, dass wir für beide Vorgänge sowohl Maschinenlaufzeiten als auch Rüstzeiten hinterlegt haben.

Ein Arbeitsplan kann neben Arbeitsschritten, für die interne Leistungen in Anspruch genommen werden, auch solche enthalten, die von externen Lieferanten durchgeführt werden.

Im Einzelnen besteht ein Arbeitsplan aus einer Aufzählung einzelner Arbeitsfolgen, die wiederum in einzelne *Arbeitsvorgänge* unterteilt sind. Im Beispiel ist nur eine *Arbeitsfolge* angelegt, die aus den beiden Vorgängen »Rösten« und »Mischen« besteht.

Anders als bei der Stückliste ist die Ausbringungsmenge im Arbeitsplan nicht in den Kopfdaten hinterlegt, sondern muss für jeden einzelnen Vorgang eingegeben werden. Für jeden Arbeitsvorgang ist im Arbeitsplan hinterlegt, welche Leistungsmengen zur Erbringung der festgelegten Ausbringungsmenge genau erwartet werden.

Zudem verweist jeder Vorgang im Arbeitsplan auf einen Arbeitsplatz, an dem er durchgeführt wird, sowie auf die Menge der innerbetrieblichen Leistung, die zur Durchführung dieses Arbeitsvorgangs vonnöten ist. Über die Zuordnung des Arbeitsplatzes zu einer Kostenstelle (siehe nachfolgender Abschnitt) und den auf dieser Kostenstelle hinterlegten Tarif zu der erbrachten Leistung ist das System in der Lage, die Menge der an diesem Arbeitsplatz verbrauchten internen Leistungen mit Kosten zu bewerten.

Arbeitsplatz

Der Arbeitsplatz ist in der Logistik eine weitere organisatorische Einheit innerhalb des Moduls Produktionsplanung. In einem Arbeitsplatz sind alle Informationen gebündelt, die einerseits zur logistischen Abwicklung der Produktion benötigt werden, wie Angaben über Kapazitäten und Termine, und die andererseits die notwendigen Verbindungen zum Rechnungswesen herstellen.

Sie können einen Arbeitsplatz über das Menü LOGISTIK • PRODUKTION • STAMMDATEN • ARBEITSPLÄTZE • ARBEITSPLATZ oder über die Transaktion `CR01` zur Pflege aufrufen. Sie erhalten dann das Bild wie in Abbildung 1.15 beispielhaft für den ARBEITSPLATZ `Rösterei` dargestellt.

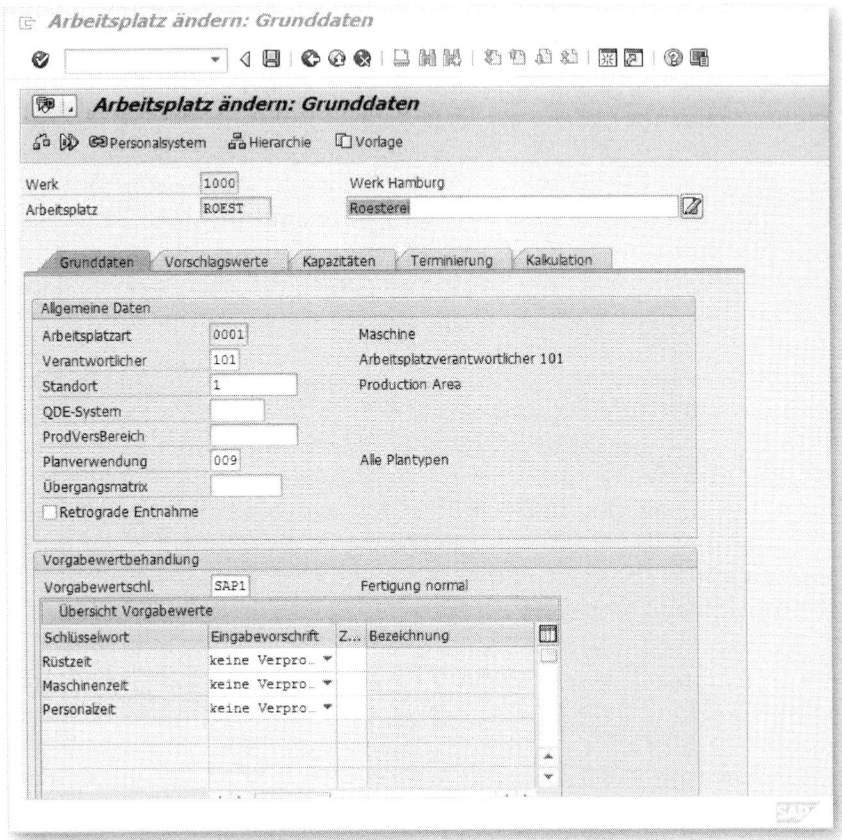

Abbildung 1.15: Grundbild Arbeitsplatz Rösterei

In den Grunddaten sind zunächst einige logistische Steuerparameter hinterlegt, die für unseren Zweck ohne weitere Bedeutung sind.

Zusätzlich werden allerdings im unteren Teil ÜBERSICHT VORGABEWERTE all diejenigen Leistungsarten aufgeführt, die an diesem Arbeitsplatz erbracht werden können und die für unsere Kalkulationen relevant sind. Insgesamt können an einem Arbeitsplatz maximal sechs unterschiedliche Leistungsarten hinterlegt werden; benötigen Sie mehr Leistungsarten, so müssen Sie einen weiteren Arbeitsplatz anlegen, der aber durchaus auf dieselbe Kostenstelle verweisen kann. Selbstverständlich müssen Sie in diesem Fall auch beide Arbeitsplätze in Ihren Arbeitsplänen berücksichtigen.

Reiter KALKULATION

Für die Zwecke der Kalkulation und der Kostenträgerrechnung ist vor allem der letzte Reiter KALKULATION im Stammsatz wichtig.

Hier ist zunächst einmal die Kostenstelle hinterlegt, auf die dieser Arbeitsplatz verweist. Auf dieser Kostenstelle müssen für alle Leistungsarten, die im unteren Teil des Arbeitsplatzstammsatzes aufgeführt sind, gültige Tarife vorhanden sein, um die verrechneten Leistungsmengen dieses Arbeitsplatzes mit Kosten bewerten zu können.

Die Formel hinter den einzelnen Leistungsarten (siehe Abbildung 1.16, Spalte FORMEL) spezifiziert, wie sich die Menge der in Anspruch genommenen Leistung im Verhältnis zur Menge der bearbeiteten Materialien verhält. Die beiden gebräuchlichsten Varianten sind hierbei die *strikt proportionale Leistungsmenge* sowie die *strikt fixe Leistungsmenge* (beispielsweise für reine Rüstzeiten). Daneben lassen sich aber auch alle denkbaren Mischformen darstellen, um beispielsweise gestaffelte Leistungsinanspruchnahmen und damit sprungfixe Kosten abzubilden. Die Formeln selbst werden im Modul PP gepflegt und sollen uns hier nicht weiter im Detail kümmern.

Der Haken in der Spalte REFERENZ (hier R...) bewirkt, dass die Vorgaben dieses Arbeitsplatzes automatisch in alle neu angelegten Arbeitspläne kopiert werden, die in ihren Vorgängen Leistungen dieses Arbeitsplatzes verwenden.

Unterhalb des Bereichs ÜBERSICHT VORGABEWERTE finden Sie noch einen Verweis auf einen GESCHÄFTSPROZESS. Dabei handelt es sich um einen Stammsatz aus dem Modul »Prozesskostenrechnung« (Activity Based Costing – CO-ABC), von dem Sie ebenfalls Leistungsarten verrechnen können. Tarifplanung und Rechenlogik verlaufen hier analog zum Vorgehen der Leistungsverrechnung von einer Kostenstelle. Zudem ist die Verwendung der Prozesskostenrechnung – zumindest in produzierenden Unternehmen innerhalb Europas – in der Praixs eher selten anzutreffen. Man findet sie hingegen häufiger im US-amerikanischen Raum, sodass auf eine gesonderte Darstellung an dieser Stelle verzichtet werden kann.

Verbindung zur Kostenstelle

Unter dem Reiter KALKULATION des Arbeitsplatzes wird die Verbindung zur Kostenstelle und damit letztlich auch zur Produktkostenrechnung hergestellt. Im Feld KOSTENSTELLE geben Sie diejenige Kostenstelle an, der dieser Arbeitsplatz zugeordnet werden soll, damit die hier erbrachten Leistungen mit dem jeweiligen Tarif bewertet werden, der auf der zugeordneten Kostenstelle für diese Leistungsart hinterlegt ist.

So wird im Beispiel die LEISTUNGSART `ROEST` des ARBEITSPLATZES `Rösterei` mit dem Tarif der KOSTENSTELLE `H21001` für genau diese Leistungsart bewertet. Wie Sie einen Tarif auf einer Kostenstelle hinterlegen können, erfahren Sie detailliert in Kapitel 2 (Vorbereitungen für die Produktkostenrechnung).

Sie haben nun die wichtigsten Stammdaten kennengelernt, die Sie zum Aufbau eines Produktkosten-Controllings benötigen. Allerdings sind die Stammdaten nur eine Komponente. Im nächsten Kapitel erfahren Sie, welche weiteren Vorbereitungen Sie für Ihre Produktkostenrechnung treffen müssen.

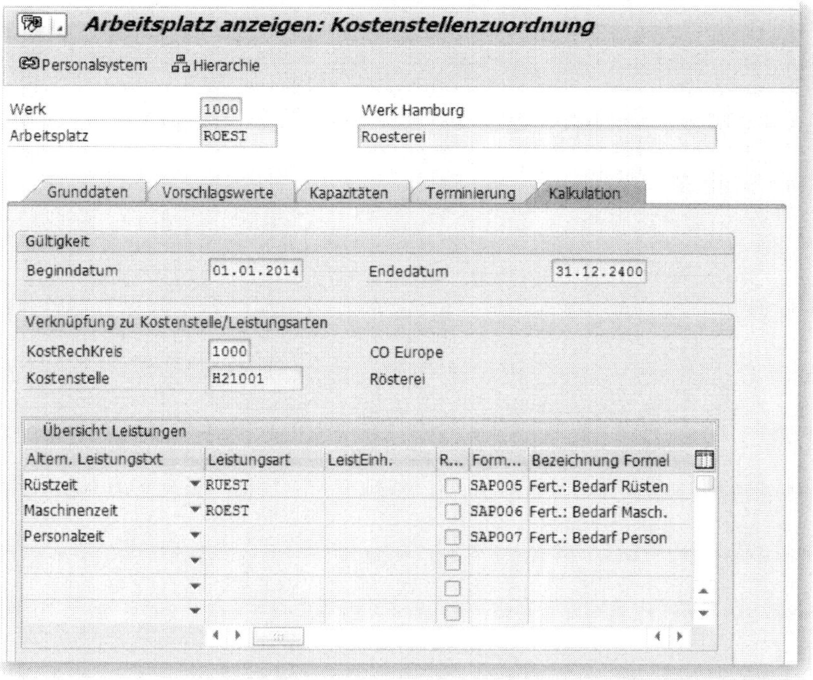

Arbeitsplatz anzeigen: Kostenstellenzuordnung

Personalsystem Hierarchie

Werk 1000 Werk Hamburg
Arbeitsplatz ROEST Roesterei

Grunddaten | Vorschlagswerte | Kapazitäten | Terminierung | Kalkulation

Gültigkeit
Beginndatum 01.01.2014 Endedatum 31.12.2400

Verknüpfung zu Kostenstelle/Leistungsarten
KostRechKreis 1000 CO Europe
Kostenstelle H21001 Rösterei

Übersicht Leistungen

Altern. Leistungstxt	Leistungsart	LeistEinh.	R...	Form...	Bezeichnung Formel
Rüstzeit	RUEST			SAP005	Fert.: Bedarf Rüsten
Maschinenzeit	ROEST			SAP006	Fert.: Bedarf Masch.
Personalzeit				SAP007	Fert.: Bedarf Person

Abbildung 1.16: Kalkulationssicht des Arbeitsplatzes Rösten

2 Vorbereitungen für die Produktkostenrechnung

Nachdem Sie die wichtigsten Stammdaten und Organisationseinheiten zur Durchführung einer Produktkostenrechnung kennengelernt haben, möchte ich Ihnen in diesem Kapitel die für Produktkalkulationen und Kostenträgerrechnungen notwendigen transaktionalen Daten vorstellen.

In der Regel wird der erste Schritt Ihrer Produktkostenrechnung eine auftragsunabhängige Materialkalkulation sein, die auch als *Erzeugniskalkulation* bezeichnet wird. Mit dieser bestimmen Sie für alle selbst gefertigten Materialien (Halb- und Fertigprodukte) Ihre auftragsunabhängigen Standardherstellkosten, die auch die Bewertungspreise für Ihre Erzeugnisse darstellen. Das bedeutet, dass alle Materialien, die Sie in Ihrem Vorratsvermögen ausweisen, mit dem Wert der Erzeugniskalkulation (man spricht in diesem Fall vom *Standardpreis*) bewertet werden.

Zentraler Ausgangspunkt der Produktkostenrechnung ist die *Kostenstellenplanung*. Ihr Ziel ist es, einen möglichst realistischen Tarif für die auf den jeweiligen Kostenstellen zu erbringenden Produktionsleistungen zu ermitteln. Bei diesen kann es sich um betriebsinterne Leistungen aller Art handeln; gebräuchlich sind neben Personalleistungen wie Arbeitsstunden auch Maschinen- oder Hilfsleistungen, wie etwa die Abgabe von Energie oder der Verbrauch sonstiger Hilfsstoffe. Ebenso können Aufwendungen für Maschineninstandhaltungen oder die Qualitätskontrollen hierzu zählen. Ob Sie einzelne Kostenbestandteile mit einer eigenen Leistungsart erfassen und damit als separaten Kostenbestandteil in Ihren Kalkultionsergebnissen ausweisen wollen, diese Kostenbestandteile innerhalb Ihrer Fertigungsleistungen in die Tarife einbeziehen oder sie in Form pauschalisierter Zuschläge berücksichtigen, hängt in erster Linie von Ihren betrieblichen Gegebenheiten sowie vom Zweck und Umfang Ihrer Produktkostenanalyse ab.

Zur Bewertung der Leistungen, die von den Kostenstellen (genauer: von den mit den Kostenstellen verknüpften Arbeitsplätzen) erbracht werden, benötigen Sie in jedem Fall einen Preis. Dieser Preis wird auch als *Tarif* oder *Leistungsartentarif* bezeichnet.

Grundsätzlich erfordert die Ermittlung der Leistungsartentarife zwei Größen: die jeweils relevanten Kosten und die zu erwartende Leistungsmenge. Die relevanten Kosten ermitteln Sie über die *Kostenartenplanung*, für die Leistungen steht Ihnen die *Leistungsartenplanung* zur Verfügung. Aus diesen beiden Größen lassen sich anschließend die Tarife für die jeweiligen Leistungen ermitteln.

Die folgenden Schritte bilden die wesentlichen Prozesse der Kostenstellenplanung ab:

Schritt 1: Planerprofil setzen

Bevor Sie mit Ihrer Planung beginnen, geben Sie ein *Planerprofil* ein. Darin werden alle wesentlichen Parameter Ihrer Planungssitzung zusammengefasst, insbesondere, welche Objekte Sie beplanen möchten (Kostenarten, Leistungsarten etc.) und welche Bildschirmlayouts Ihnen hierfür zur Verfügung stehen sollen. Es liegen Ihnen für alle benötigten Planungsgebiete bereits fertig definierte Planerprofile vor. Falls Ihnen diese nicht ausreichen, können Sie im Customizing weitere eigene Planerprofile definieren.

Sie erreichen alle Funktionen zur Kostenstellenplanung aus dem Anwendungsmenü über den Pfad RECHNUNGSWESEN • CONTROLLING • KOSTENSTELLENRECHNUNG • PLANUNG.

Sie können das benötigte Profil für Ihre Planungssitzung unter PLANERPROFIL SETZEN auswählen (Transaktion `KP04`). Es erscheint ein Pop-up, wie es Abbildung 2.1 zeigt, in das Sie das zu verwendende Profil direkt eingeben können.

Abbildung 2.1: Planerprofil setzen

Nachdem Sie ein geeignetes Profil ergänzt haben, übernehmen Sie es, indem Sie den grünen Haken drücken.

Für unsere Zwecke ist das vordefinierte PLANERPROFIL SAPALL gut geeignet. Es deckt alle zur Produktkostenrechnung benötigten Planungsgebiete ab.

Wollen Sie regelmäßig in dem gleichen Planungsgebiet arbeiten, empfiehlt es sich, das ausgewählte Profil mittels der Drucktaste Benutzerstamm direkt in Ihr Benutzerprofil zu übernehmen. Dadurch ist dieses Planungsprofil automatisch bei jeder neuen Anmeldung gesetzt, und Sie können sich diesen Schritt bei künftigen Sitzungen sparen. Lediglich wenn Sie in einem Planungsgebiet arbeiten möchten, das nicht durch dieses Profil abgedeckt ist, wird eine erneute manuelle Auswahl erforderlich.

Schritt 2: Plandaten erfassen

Die Kostenartenplanung führen Sie im einfachsten Fall über den Menüpfad RECHNUNGSWESEN • CONTROLLING • KOSTENSTELLENRECHNUNG • PLANUNG • KOSTEN/LEISTUNGSAUFNAHMEN • ÄNDERN oder durch direkten Aufruf der Transaktion KP06 durch.

Sie erhalten zunächst das in Abbildung 2.2 gezeigte Selektionsbild.

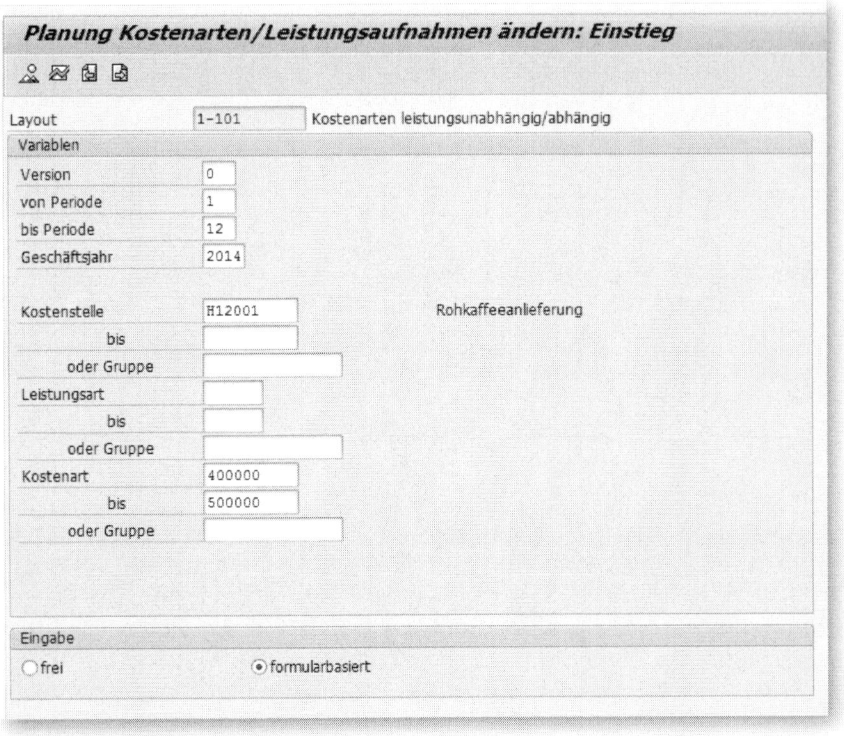

Planung Kostenarten/Leistungsaufnahmen ändern: Einstieg

Layout 1-101 Kostenarten leistungsunabhängig/abhängig

Variablen

Version 0
von Periode 1
bis Periode 12
Geschäftsjahr 2014

Kostenstelle H12001 Rohkaffeeanlieferung
bis
oder Gruppe
Leistungsart
bis
oder Gruppe
Kostenart 400000
bis 500000
oder Gruppe

Eingabe

frei
formularbasiert

Abbildung 2.2: Selektionsbild zur Kostenartenplanung

Geben Sie hier ein, welches der vordefinierten und für Ihr gewähltes Profil zulässigen Layouts Sie verwenden möchten. Im Allgemeinen können Sie das vordefinierte Standardlayout `1-101 Kostenarten leistungsunabhängig/abhängig` verwenden. Im oberen Abschnitt Variablen des Selektionsbildschirms hinterlegen Sie Ihre Planversion und die Angaben zum Geschäftsjahr sowie die zu planenden Perioden. Eine Planversion speichert Ihre Planungsdaten eindeutig auf der Datenbank ab. Die Version `0` (in früheren Releaseständen wurde sie als *Plan*version 0 bezeichnet) wird automatisch vom System erzeugt, wenn Sie Ihren neu angelegten Kostenrechnungskreis sichern.

Benötigen Sie darüber hinaus weitere Planversionen, beispielsweise um alternative Szenarien mit unterschiedlichen Wertansätzen zu planen, müssen Sie diese zuvor im Customizing definieren (Menüpunkt CONTROLLING • CONTROLLING ALLGEMEIN • VERSIONEN PFLEGEN) und Ihrem Kostenrechnungskreis zuweisen.

Weiterhin wählen Sie im unteren Bildschirmbereich der VARIABLEN diejenigen Objekte aus, die Sie bearbeiten wollen. Sie geben hier ein, welche KOSTENSTELLEN und KOSTENARTEN Sie beplanen möchten. Sie haben jeweils die Möglichkeit, Von-bis-Werte (Intervalle) einzugeben oder eine zuvor definierte Kostenstellen- oder Kostenartengruppe zu wählen. Eingaben für die LEISTUNGSARTEN sind für die Planung von leistungsunabhängigen Primärkosten nicht relevant. Sie benötigen diese Angaben lediglich, wenn Sie eine leistungs**abhängige** Primärkostenplanung durchführen möchten.

Klicken Sie anschließend auf das Feld FORMULARBASIERT in der untersten Zeile, um im Planungsbildschirm auch wirklich nur diejenigen Objekte angezeigt zu bekommen, die Sie mit Ihrer Auswahl zuvor spezifiziert haben.

Nachdem Sie alle erforderlichen Angaben gemacht haben, müssen Sie entscheiden, ob Sie Ihre Werte einzeln für jede Periode oder als Summe für den gesamten selektierten Zeitraum (beispielsweise ein komplettes Geschäftsjahr) planen möchten. Wenn Sie für den gesamten Zeitraum planen, geben Sie lediglich eine Summe ein. In diesem Fall klicken Sie auf das Übersichtssymbol in der Drucktastenleiste oben links. Es erscheint ein Bildschirm wie in Abbildung 2.3. Das System bricht den eingegebenen Jahreswert dann anhand eines hinterlegten Verteilungsschlüssels auf die einzelnen Perioden herunter.

Wenn Sie am voreingestellten Verteilungsschlüssel 2 nichts ändern, werden die Daten gleichverteilt (das bedeutet, der eingegebene Wert wird durch die Anzahl der selektierten Perioden dividiert und das Resultat für jeden Monat gebucht). Selbstverständlich können Sie auch einen anderen (vordefinierten) Verteilungsschlüssel auswählen oder sich eigene individuelle Verteilungsschlüssel im Customizing definieren (Menüpfad CONTROLLING • KOSTENSTELLENRECHNUNG • PLANUNG • MANUELLE PLANUNG • EIGENE VERTEILUNGSSCHLÜSSEL DEFINIEREN). Dies könnte beispielsweise für Geschäfte mit ausgeprägten saisonalen Schwankungen sinnvoll sein. In Abbildung 2.3 sehen Sie den Eingabebildschirm für die Plandaten, nachdem Sie für die dargestellten Selektionen den Druckknopf ÜBERSICHTSBILD (also einen Summenwert für den gesamten Zeitraum) ausgewählt haben.

Planung Kostenarten/Leistungsaufnahmen ändern: Übersichtsbild

Einzelposten Werte ändern

Version 0 Plan/Istversion
Periode 1 bis 12
Geschäftsjahr 2014
Kostenstelle H12001 Rohkaffeeanlieferung

Kostenart	Plankosten fix	VS	Plankosten var	VS	Planverbr. fix	VS	Planverbr. var	VS	EH	M	L..
400000		1	0,00	2		1	0	2	KG	☑	☐
400001		1	0,00	2		1	0,000	2		☐	☐
400010		1	0,00	2		1	0	2	ST	☑	☐
400080		1	0,00	2		1	0,000	2		☐	☐
400444		1	0,00	2		1	0,000	2		☐	☐
400550		1	0,00	2		1	0,000	2		☐	☐
400666		1	0,00	2		1	0,000	2		☐	☐
403000		1	0,00	2		1	0	2	ST	☐	☐
404000		1	0,00	2		1	0,000	2		☐	☐
405000		1	0,00	2		1	0,000	2		☐	☐
405100		1	0,00	2		1	0,000	2		☐	☐
405200		1	0,00	2		1	0,000	2		☐	☐
405201		1	0,00	2		1	0,000	2		☐	☐
410000		1	0,00	2		1	0,000	2		☐	☐
410001		1	0,00	2		1	0,000	2		☐	☐

Abbildung 2.3: Erfassungsbildschirm für die Primärkostenplanung

Sie können an dieser Stelle nun für die ausgewählte KOSTENSTELLE H12001 Planwerte für Ihre in der linken Spalte aufgelisteten Kostenarten erfassen. Dazu tragen Sie die Werte in die Spalte PLANKOSTEN FIX ein. Wollen Sie Ihre Plankosten in einen fixen und einen variablen Anteil aufteilen, nutzen Sie entsprechend auch die Spalte PLANKOSTEN VAR.

Möchten Sie statt eines Jahreswerts Ihre Monatswerte lieber einzeln erfassen, klicken Sie im Selektionsbild auf das Periodensymbol . Es stehen dann im nachfolgenden Erfassungsbild die einzelnen Perioden des Geschäftsjahres zur Eingabe bereit (siehe Abbildung 2.4).

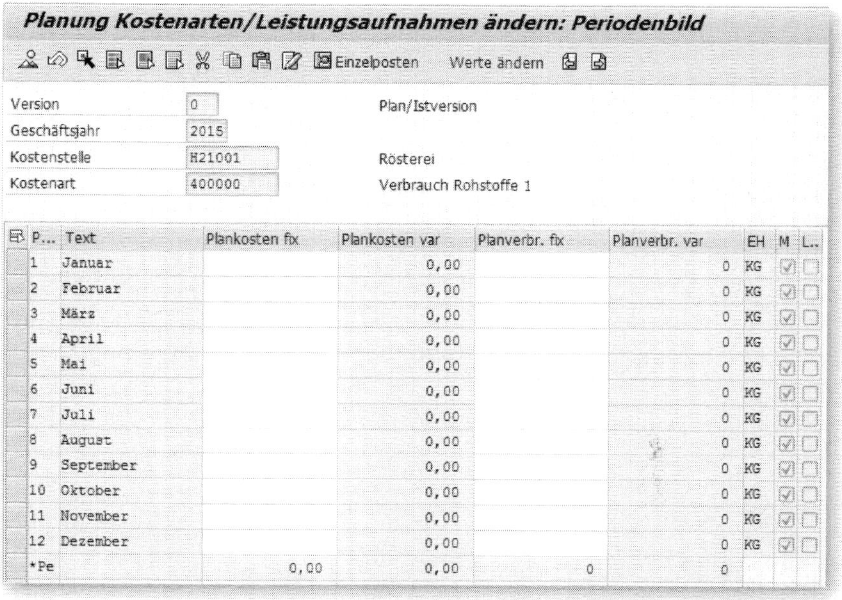

Planung Kostenarten/Leistungsaufnahmen ändern: Periodenbild

Einzelposten   Werte ändern

Version	0	Plan/Istversion
Geschäftsjahr	2015	
Kostenstelle	H21001	Rösterei
Kostenart	400000	Verbrauch Rohstoffe 1

P...	Text	Plankosten fix	Plankosten var	Planverbr. fix	Planverbr. var	EH	M	L..
1	Januar		0,00		0	KG	☑	☐
2	Februar		0,00		0	KG	☑	☐
3	März		0,00		0	KG	☑	☐
4	April		0,00		0	KG	☑	☐
5	Mai		0,00		0	KG	☑	☐
6	Juni		0,00		0	KG	☑	☐
7	Juli		0,00		0	KG	☑	☐
8	August		0,00		0	KG	☑	☐
9	September		0,00		0	KG	☑	☐
10	Oktober		0,00		0	KG	☑	☐
11	November		0,00		0	KG	☑	☐
12	Dezember		0,00		0	KG	☑	☐
*Pe		0,00	0,00	0	0			

Abbildung 2.4: Bildschirm zur periodengerechten Erfassung der Plandaten

In der Kostenstellenplanung steht Ihnen eine Vielzahl von Hilfsmitteln und Werkzeugen zur Verfügung, deren einzelne Erläuterung den Rahmen des hier vorliegenden Buches bei Weitem sprengen würde. So müssen Sie natürlich den gezeigten Planungsbildschirm nicht für jede zu planende Kostenstelle einzeln aufrufen, sondern können durch Auswahl von Kostenstellengruppen in Verbindung mit einem geeigneten Layout (`1-162: Kostenarten Zentral`) eine recht bequeme Sammelerfassung durchführen.

Außerdem steht Ihnen mit der Integration von MS Excel bei der Planung die Möglichkeit zur Verfügung, Ihre Plandaten aus einer zuvor angelegten Excel-Datei direkt in das SAP-System hochzuladen. Einzelheiten zur Vorbereitung, zum Customizing und zur Durchführung der einzelnen Planungsfunktionalitäten finden Sie im bereits erwähnten Buch »SAP Controlling – Customizing«.

Schritt 3: Leistungsmengenplanung

Der nächste Schritt im Rahmen der Kostenstellenplanung besteht in der Planung der Leistungsmengen auf den einzelnen Kostenstellen. Dazu rufen Sie aus dem Anwendungsmenü den Pfad RECHNUNGSWESEN • CONTROLLING • KOSTENSTELLENRECHNUNG • PLANUNG • LEISTUNGSERBRINGUNG/TARIFE auf, oder Sie gehen direkt mit der Transaktion KP26 in die gewünschte Funktion. Der Einstiegsbildschirm ist identisch mit demjenigen, den Sie bereits aus der Kostenartenplanung kennen. Sie geben hier aber statt der Kostenarten jene Leistungsarten ein, für die Sie Ihre Mengenplanung durchführen möchten. In Abbildung 2.5 ist der Bildschirm für die Planung der Mengen für die LEISTUNGSART ROEST (Rösten) auf der KOSTENSTELLE H21001 (Rösterei) dargestellt.

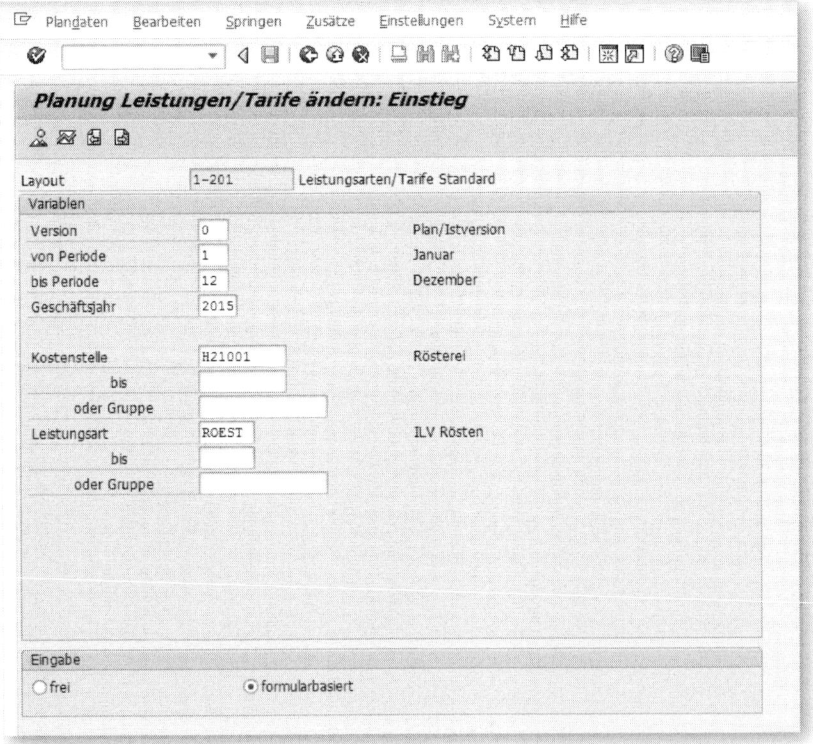

Abbildung 2.5: Planungseinstieg Leistungsmengenplanung

Auch hier wählen Sie wieder die Option FORMULARBASIERT und betätigen die Drucktaste für das Übersichtsbild, um zum eigentlichen Erfassungsbildschirm zu gelangen (siehe Abbildung 2.6).

Planung Leistungen/Tarife ändern: Übersichtsbild

Einzelposten Werte ändern

Version 0 Plan/Istversion
Periode 1 bis 12
Geschäftsjahr 2015
Kostenstelle H21001 Rösterei

LstArt	Planleistung	VS	Kapazität	VS	EH	Tarif fix	Tarif var	Tar.EH	P...	P..	D..	VKostenart
ROEST	5.000,0	1	5.000,0	1	STD	9.500,00		01000	1	☐	☐	643510

Abbildung 2.6: Erfassungsbild Leistungsartenplanung

Grundsätzlich haben Sie zwei Alternativen, die Tarife für Ihre Leistungsarten vom System ermitteln zu lassen: Sie nutzen als Basis

1. die zur Verfügung stehende Kapazität oder
2. die geplante Gesamtleistung der jeweiligen Kostenstelle.

Je nachdem, auf welcher Basis Sie Ihre Tarife errechnen lassen wollen (dies wird bei der Definition der jeweiligen Leistungsart im Stammsatz festgelegt), müssen Sie hier die entsprechende Spalte, PLANLEISTUNG oder KAPAZITÄT, ausfüllen. Im Beispiel haben wir eine jährliche PLANLEISTUNG von `5.000` (Stunden) für die Rösterei eingegeben. Außerdem ist die gleiche Leistung für die jährliche KAPAZITÄT eingetragen; es reicht aber aus, wenn sie lediglich die Spalte pflegen, mit der Sie später auch rechnen wollen.

Schritt 4: Tarifermittlung

▶ Schritt 4a: Automatische Tarifermittlung

Haben Sie Ihre Plankosten und -leistungen (oder Kapazitäten) auf Ihren Kostenstellen vollständig geplant, können Sie anschließend vom System die Tarife für Ihre Leistungsarten automatisch ermitteln lassen. Im einfachsten Fall ermittelt das System die Leistungstarife, indem die gesamten auf der Kostenstelle geplanten Kosten durch die Menge der geplanten Leistung (alternativ der Kapazität) dividiert werden.

Sie rufen die Tarifermittlung über die Transaktion KPSI oder über den Menüpfad RECHNUNGSWESEN • CONTROLLING • KOSTENSTELLENRECHNUNG • PLANUNG • VERRECHNUNGEN • TARIFERMITTLUNG auf. Im Einstiegsbildschirm (siehe Abbildung 2.9) spezifizieren Sie zunächst, für welche Kostenstellen das System die Tarifermittlung durchführen soll. Da Sie hier keine Einzelkostenstellen, sondern nur eine *Kostenstellengruppe* eingeben können, empfiehlt es sich, Ihre Kostenstellen vor Durchführung der Planungssitzungen zu sinnvollen Gruppen zusammenzufassen.

Kostenstellengruppe

Wenn Sie die Tarifermittlung für jede Kostenstelle einzeln durchführen möchten, müssen Sie auch für jede Kostenstelle eine eigene Gruppe definieren.

Bevor wir uns weiter mit der Tarifermittlung beschäftigen, erlauben wir uns einen kurzen Exkurs, in dem wir eine *Kostenstellengruppe* anlegen.

Die Anlage einer Kostenstellengruppe erfolgt über die Transaktion KSH1; alternativ erreichen Sie die Transaktion über den Pfad RECHNUNGSWESEN • CONTROLLING • KOSTENSTELLENRECHNUNG • STAMMDATEN • KOSTENSTELLENGRUPPE • ANLEGEN (siehe Abbildung 2.7).

Nachdem Sie eine maximal zehnstellige Bezeichnung (ohne Sonderzeichen) vergeben haben, gelangen Sie mit [Enter] in das Listbild zur Gruppenpflege (siehe Abbildung 2.8). Tragen Sie hier im Feld rechts neben dem Schlüssel einen beschreibenden Text ein. Durch Anklicken der Schaltfläche Kostenstelle erscheinen leere Felder, die Sie mit den Werten all derjenigen Kostenstellen füllen können, die zu dieser Gruppe gehören sollen. Es ist auch möglich, statt einzelner Kostenstellen bereits komplett existierende Kostenstellengruppen einzufügen; dazu positionieren Sie den Cursor auf demjenigen Teilbaum, in den Sie Ihre Gruppe eingliedern wollen, und betätigen anschließend die Schaltfläche GRUPPE EINFÜGEN: GLEICHE EBENE oder GRUPPE EINFÜGEN: EBENE DARUNTER – je nachdem, wie Ihre eingefügte Gruppe hierarchisch in dieser Gruppe angeordnet werden soll.

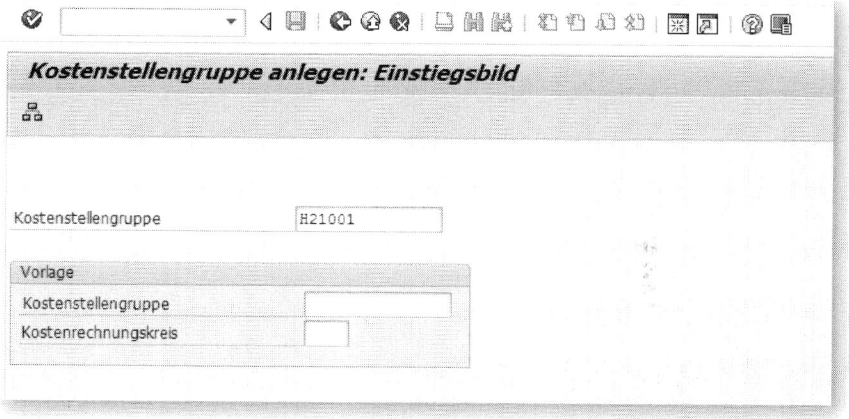

Abbildung 2.7: Kostenstellengruppe anlegen

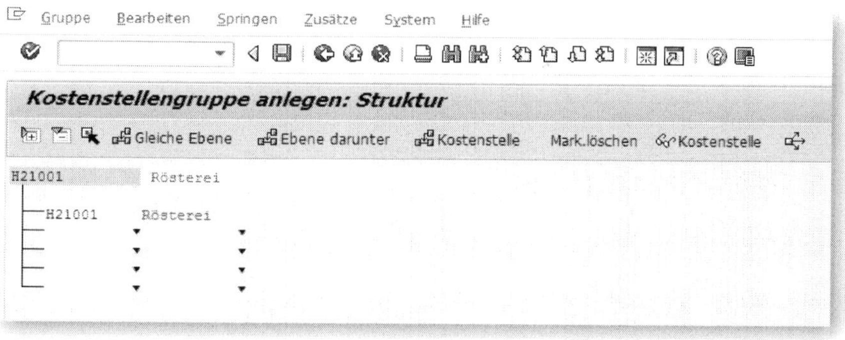

Abbildung 2.8: Kostenstellengruppe – Listbild

Im Beispiel haben wir die Gruppe H21001 – RÖSTEREI angelegt, die lediglich aus einer Kostenstelle `H21001` besteht.

Diese Gruppe wählen wir nun im Einstiegsbild der Tarifermittlung (siehe Abbildung 2.9). Achten Sie darauf, im Bereich GESCHÄFTSPROzesse die Option Keine Geschäftsprozesse zu aktivieren, wenn – wie in unserem Beispiel – ausschließlich Kostenstellen verarbeitet werden sollen.

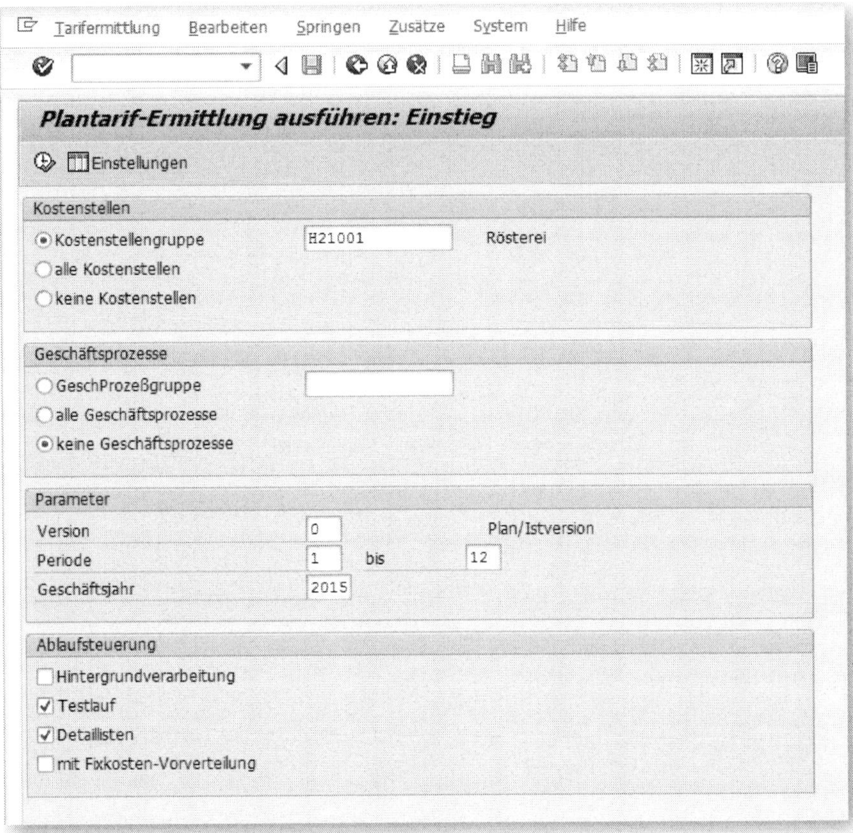

Abbildung 2.9: Tarifermittlung, Einstiegsbild

Sie haben außerdem die Option, die Verarbeitung zunächst im Testmodus durchführen zu lassen. Dies gibt Ihnen die Möglichkeit, die kalkulierten Tarife im nächsten Schritt noch einmal zu überprüfen, bevor die ermittelten Ergebnisse gespeichert werden.

Nach Drücken der `Enter`-Taste wird die Tarifermittlung ausgeführt, und es erscheint eine wie in Abbildung 2.10 dargestellte Ergebnisliste.

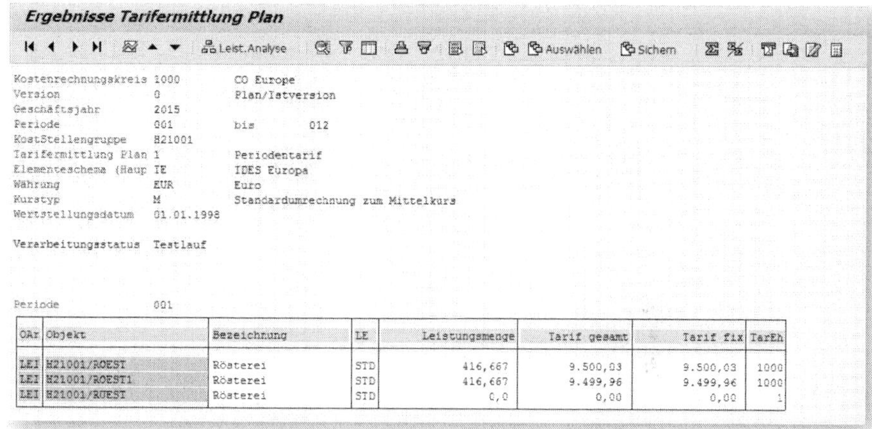

OAr	Objekt	Bezeichnung	LE	Leistungsmenge	Tarif gesamt	Tarif fix	TarEh
LEI	H21001/ROEST	Rösterei	STD	416,667	9.500,03	9.500,03	1000
LEI	H21001/ROEST1	Rösterei	STD	416,667	9.499,96	9.499,96	1000
LEI	H21001/RUEST	Rösterei	STD	0,0	0,00	0,00	1

Abbildung 2.10: Ergebnisse der Tarifermittlung

Auch wenn Sie die Tarifermittlung zunächst im Testmodus durchgeführt haben, werden Sie beim Verlassen der Transaktion gefragt, ob Sie die Ergebnisse der Tarifermittlung buchen wollen (siehe Abbildung 2.11).

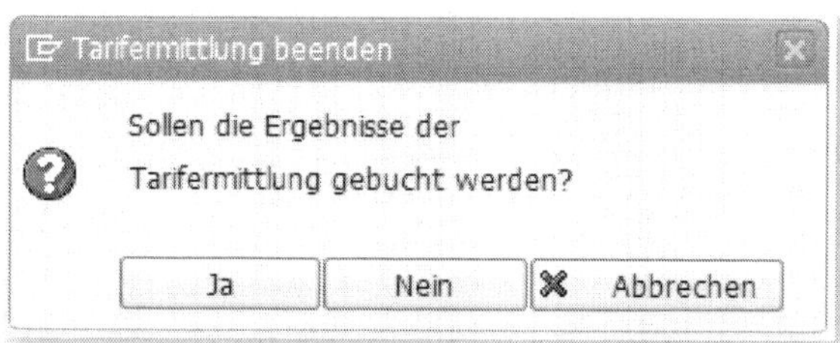

Abbildung 2.11: Abfrage zum Speichern der Ergebnisse

Wenn Sie die Abfrage mit »Ja« beantworten, wandeln Sie den Testlauf quasi nachträglich in einen Echtlauf um, und Ihre Tarife werden gebucht.

▶ Schritt 4b: Manuelle Tarifplanung

Alternativ können Sie die Tarife, die zur Verrechnung Ihrer innerbetrieblichen Leistungen herangezogen werden sollen, auch direkt manuell eingeben. In diesem Fall müssen Sie aber im Stammsatz Ihrer Leistungsart das Tarifkennzeichen auf die Option `1 - manuell festgelegt` setzen (vgl. Abbildung 1.9).

Rufen Sie nun im Anwendungsmenü den Pfad RECHNUNGSWESEN • CONTROLLING • KOSTENSTELLENRECHNUNG • PLANUNG • LEISTUNGSERBRINGUNG/TARIFE auf, oder geben Sie den Transaktionscode `KP26` direkt ein.

Tragen Sie auch hier (Abbildung 2.12) Ihre Selektionskriterien ein (entsprechend Abbildung 2.5), und klicken Sie anschließend auf das Symbol für das Übersichtsbild. Vergessen Sie nicht, am unteren Bildrand erneut die Option FORMULARBASIERT auszuwählen!

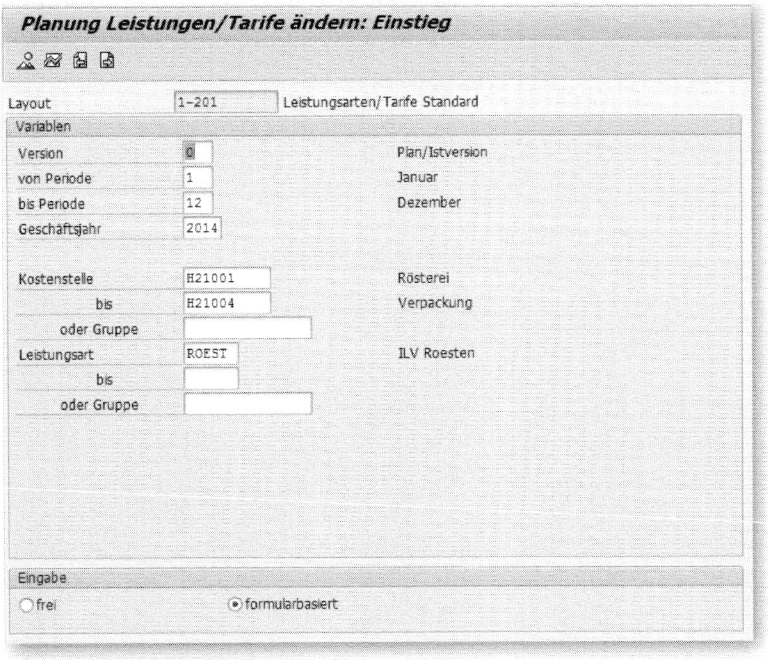

Planung Leistungen/Tarife ändern: Einstieg

Layout	1-201	Leistungsarten/Tarife Standard
Variablen		
Version	0	Plan/Istversion
von Periode	1	Januar
bis Periode	12	Dezember
Geschäftsjahr	2014	
Kostenstelle	H21001	Rösterei
bis	H21004	Verpackung
oder Gruppe		
Leistungsart	ROEST	ILV Roesten
bis		
oder Gruppe		
Eingabe		
○ frei	⦿ formularbasiert	

Abbildung 2.12: Selektionsbild Tarifplanung

Sie erkennen im nächsten Bild in der Führungsspalte am linken Bildschirmrand die von Ihnen selektierten Leistungsarten. Darüber sehen Sie, dass die erste der von Ihnen ausgewählten Kostenstellen angezeigt wird. Durch Betätigen der schwarzen Pfeiltasten in der Menüzeile gelangen Sie entweder zur nächsten ▼ oder zurück zur vorherigen ▲ Kostenstelle innerhalb der von Ihnen ausgewählten Selektion.

In die eingabebereiten Spalten können Sie nun die jeweiligen Tarife für Ihre Leistungsarten, wie in Abbildung 2.13 dargestellt, direkt eintragen.

Abbildung 2.13: Listbild, Tarifplanung für Leistungsarten

Im Beispiel haben wir festgelegt, dass für jede Stunde der LEISTUNGSART `ROEST` (Rösten), die auf der KOSTENSTELLE `H21001 - Rösterei` erbracht wird, ein TARIF von 50,00 EURO verrechnet werden soll. Eine Aufteilung in fixe und variable Bestandteile innerhalb dieses Tarifs soll in unserem Fall nicht erfolgen, daher haben wir die Spalte TARIF VAR freigelassen und den gesamten Betrag als FIX gekennzeichnet.

Sie haben darüber hinaus die Möglichkeit, bei sehr kleinen Tarifwerten über einen hinreichend großen Wert in der Spalte TARIFEH (Tarifeinheit) Rundungsdifferenzen zu minimieren und so die Rechengenauigkeit zu erhöhen.

Dezimaldarstellung bei kleinen Tarifwerten

Bei einem Tarif von 1,23456 € pro Stunde können Sie die Eingabe als 123456 € pro 100.000 Stunden (Tarifeinheit) vornehmen.

Sie vermeiden auf diese Weise mögliche Differenzen, die dadurch entstehen, dass das SAP-System Währungsbeträge grundsätzlich nur mit zwei Nachkommastellen akzeptiert und die restlichen Stellen abschneiden würde.

Währungen in der Planung

In den ausgelieferten Standard-Planungslayouts, die wir auch in den hier gezeigten Beispielen verwenden, werden alle eingegebenen Beträge als solche in Kostenrechnungskreiswährung interpretiert. Planen Sie Ihre Werte für Objekte eines Buchungskreises, dessen Währung von der des Kostenrechnungskreises abweicht, werden Sie Schwierigkeiten bekommen, Ihre Zahlen wiederzufinden, wenn Sie beispielsweise Berichte betrachten, die in Objektwährung ausgegeben werden, wie etwa die Kostenanalyse der Fertigungsaufträge.

In diesen Fällen ist es empfehlenswert, sich zu den benötigten Planungsgebieten mithilfe der Tools *Report Painter* oder *Report Writer* eigene Planungslayouts zu definieren, die die eingegebenen Werte als Werte in Buchungskreiswährung (genauer in Objektwährung) interpretieren, und die Sie dann bei Ihren Planungssitzungen verwenden. Hinweise, wie Sie derartige Planungslayouts definieren können, finden Sie im Buch »Praxishandbuch Report Painter/Report Writer« (Siebert/Munzel, 2012).

Generell haben Sie bei der Kostenstellenplanung eine sehr große Flexibilität hinsichtlich der Auswahl der Ihnen zur Verfügung stehenden Werkzeuge. So können Sie beispielsweise die Funktion nutzen, Ihre Plandaten direkt aus einer entsprechend aufbereiteten MS-Excel-Datei in das SAP-System hochzuladen, wenn Sie zuvor im SAP-System bestimmte vorbereitende Einstellungen vorgenommen haben. Außerdem stehen Ihnen Werkzeuge zum einfachen Kopieren und Verändern bereits erfasster Plandaten zur Verfügung.

Mit der Durchführung der Planung haben Sie nun alle Voraussetzungen geschaffen, um mit Ihrer Produktkostenrechnung zu beginnen.

3 Produktkostenplanung

In diesem Kapitel lernen Sie mit der Erzeugniskalkulation den ersten zentralen Baustein einer durchgängigen Produktkostenrechnung kennen. Sie erfahren, welchen Zwecken die Produktkostenplanung dient und wie Sie diese vollständig für ein einzelnes oder mehrere Materialien gleichzeitig in Ihrem System durchführen.

3.1 Aufgaben und Zweck der Produktkostenplanung

Wie im Namen bereits anklingt, besteht die erste wesentliche Aufgabe einer Produktkostenplanung darin, die für die Herstellung eines Produktes voraussichtlich anfallenden Herstellungskosten zu ermitteln und fortzuschreiben. Diese Informationen ermöglichen es Ihnen, in späteren Schritten für dieses Produkt einen voraussichtlich zu erzielenden Deckungsbeitrag zu errechnen oder die Untergrenze für einen angestrebten Verkaufserlös festzulegen.

Die Produktkostenplanung verfolgt aber noch einige andere Zwecke.

Ein weiterer wesentlicher Aspekt liegt in der Bestimmung der Standard-Herstellkosten, und damit in der Festlegung des steuer- und handelsrechtlich relevanten Bewertungspreises für selbst hergestellte Materialien. Dieser sogenannte *Standardpreis* ist das Ergebnis einer (auftragsunabhängigen) *Erzeugniskalkulation* (häufig auch nur Materialkalkulation genannt), die im Wesentlichen folgenden Zielen dient:

1. Sie bestimmt die (Standard-) Herstellkosten, oft auch als »Costs of goods manufactured« (COGM) bezeichnet, die zu einem verkauften Artikel gehören, und lässt sich so im Rahmen der Ergebnisrechnung (*CO-PA*) in Verbindung mit den realisierten Verkaufserlösen als Maßstab für die direkte Rentabilität (Deckungsbeitrag1; DB 1) eines Verkaufsvorgangs heranziehen.

2. Sie ermittelt den bilanziellen Bewertungsansatz für Ihre Materialien in Form des Standardpreises. Der Standardpreis enthält alle wertmäßigen Bestandteile, die für die Bewertung herangezogen werden dürfen und müssen. Durch die Preisfreigabe wird das Ergebnis der Standardkalkulation zum relevanten Bewertungspreis eines Artikels. Das bedeutet, dass nach der Freigabe des Standardpreises alle Vorgänge mit Bezug zu diesem Artikel (Wareneingänge ans Lager, Entnahmen für die Produktion oder zum eigenen Verbrauch) in der Hauptbuchhaltung (FI) mit dem Wert des Standardpreises gebucht werden. Ebenso ist der Standardpreis die Grundlage für die – zumindest vorläufige – bilanzielle Bewertung der Lagerbestände dieses Artikels.
3. Der Standardpreis als Ergebnis der Erzeugniskalkulation dient als Referenz für die Produktionsabweichungen auf den Fertigungsaufträgen und damit zur Ermittlung der tatsächlichen (Ist-)Herstellkosten. Im Rahmen des Monatsabschlusses führen Sie eine Abweichungsermittlung auf Ihren Fertigungsaufträgen durch. Hierbei werden alle Differenzen aus tatsächlichen Ist-Belastungen der Fertigungsaufträge und Soll-Entlastungen aus den Produktionsablieferungen – wiederum zum Standardpreis bewertet, gesammelt und ggf. nach Abweichungskategorien unterteilt – in die Rechenwerke FI und CO-PA abgerechnet. Damit haben Sie einerseits Ihre kompletten Ist-Herstellkosten (als Summe aus Standardpreis und Abweichungen) der Fertigung in Ihrer Bilanz, und andererseits stehen Ihnen Ihre Produktionskosten – differenziert nach Standardpreis und Abweichungen – für detaillierte Analysen im CO-PA zur Verfügung.

Im Unterschied zur auftragsunabhängigen Erzeugniskalkulation, die zur Bestimmung des Standardpreises dient, ist es die Aufgabe der (Fertigungs-) *Auftragsplankalkulation*, die zu erwartenden Kosten für einen konkreten Produktionsauftrag zu ermitteln. Die Ergebnisse der Auftragsplankalkulation können mit denen der Erzeugniskalkulation zum gefertigten Material identisch sein, und zwar dann, wenn in beiden Fällen das gleiche Mengengerüst zum Einsatz kommt und sich an den Preisen, die zur Bewertung des Mengengerüsts herangezogen wurden, in der Zwischenzeit ebenfalls nichts geändert hat.

Oft ist es aber so, dass für die Standardkalkulation ein repräsentatives Mengengerüst herangezogen wird, sich die Produktionsbedingungen bei Anlage eines konkreten Produktionsauftrags aber geändert haben – sei es, dass ein alternatives Fertigungsverfahren genutzt wird, sei es, dass die Losgröße von derjenigen abweicht, die der Erzeugniskalkulation zugrunde gelegen hat, oder dass sich die Bezugsquellen und damit die Preise einzelner Komponenten geändert haben. In diesen Fällen gibt Ihnen die Auftragsplankalkulation Aufschluss über die erwarteten Kosten genau dieses einen Fertigungsauftrags.

Der (Fertigungs-)Auftragsplankalkulation sind die *Kundenauftragskalkulation* und die *Kalkulation von Projekten* von ihrem Zweck her sehr ähnlich. Kundenauftrags- oder Projektkalkulationen kommen immer dann zum Einsatz, wenn Sie eine Fertigung betreiben, bei der die konkrete Ausprägung des herzustellenden Artikels von ganz speziellen Kundenwünschen abhängt. Häufig werden dazu konfigurierbare Materialien verwendet.

Kundenauftragskalkulation

Ein eingängiges Beispiel hierfür ist die Ausstattung eines Automobils, bei der Sie als Kunde zwischen Dutzenden von Ausstattungsvarianten (Anzahl der Türen, Farbe, Schiebedach, Radio etc.) wählen können, und das Fahrzeug anschließend vom Hersteller mit (hoffentlich) genau dieser Konfiguration produziert wird. In solchen Fällen geht es darum, die zu erwartenden Kosten zu ermitteln, die bei Ausführung eines konkreten Kundenauftrags entstehen. Im Unterschied zum Fertigungsauftrag werden beim Kundenauftrag allerdings nicht nur die reinen Herstellkosten ermittelt, sondern typischerweise auch Sondereinzelkosten des Vertriebs mitberücksichtigt.

Projekte werden oft zur Steuerung von Großaufträgen eingesetzt, bei denen sehr viele ineinandergreifende Parameter zu berücksichtigen sind, etwa bei der Herstellung komplexer Maschinen oder Anlagen. In einem Projekt können Sie – ähnlich wie beim Kundenauftrag – alle Kosten und Erlöse auf einem Objekt sammeln. Zudem sind Projekte mit ihren Teilobjekten, Netzplänen und Projektstrukturplan-(PSP-)Elementen eng mit der Logistik verzahnt, sodass Sie auch Terminierungen und gegenseitige Abhängigkeiten einzelner Teilaufgaben abbilden und verfolgen können.

Im Hinblick auf den betriebswirtschaftlichen Zweck, nämlich die Ermittlung der zu erwartenden Kosten für ein konkretes Vorhaben, unterscheiden sich beide Kalkulationsarten hingegen nicht.

3.1.1 Einstufige und mehrstufige Kalkulation

Neben der unterschiedlichen betriebswirtschaftlichen Ausrichtung der hier vorgestellten Kalkulationsarten gibt es noch einen weiteren wesentlichen Unterschied zwischen der auftragsunabhängigen Erzeugniskalkulation und der Auftragsplankalkulation. Dieser betrifft die Behandlung der einzelnen *Kostenelemente*. Diese gliedern die gesamten Herstellkosten entsprechend der unterschiedlichen Kostenkategorien, also etwa Rohstoffe, Materialkosten, Fertigungskosten oder Gemeinkosten.

Bei einer Erzeugniskalkulation wird die Aufgliederung in diese Kostenelemente von der untersten Stufe (Rohstoffe oder andere Zukaufteile) bis zum Fertigprodukt beibehalten, man spricht in diesem Fall von der *Kostenwälzung* oder *Elementewälzung*. Konkret bedeutet dies, dass bei der Analyse des Fertigprodukts auf einen Blick ersichtlich ist, welchen Anteil die einzelnen Kostenelemente an der **gesamten Wertschöpfungskette** des Fertigprodukts haben.

Aufgrund dieser Möglichkeit, die Wertschöpfungsschritte über die verschiedenen Produktionsstufen hinweg analysieren zu können, spricht man bei einer Erzeugniskalkulation auch von einer *mehrstufigen Kalkulation*.

Bei der Auftragskalkulation findet eine solche Kostenwälzung nicht statt. Hier gehen die einzelnen Komponenten (Halbfertigfabrikate) als eine Größe in das Kalkulationsergebnis des Fertigprodukts ein, ohne dass eine Aufsplittung in die einzelnen Kostenelemente möglich ist. Man spricht daher in diesem Zusammenhang von einer *einstufigen Kalkulation*.

Der Unterschied wird in Abbildung 3.1 und Abbildung 3.2 deutlich. Beide Kalkulationen zeigen die Kosten für den Artikel `CPF11001 - Kaffee Volles Aroma 500 G`.

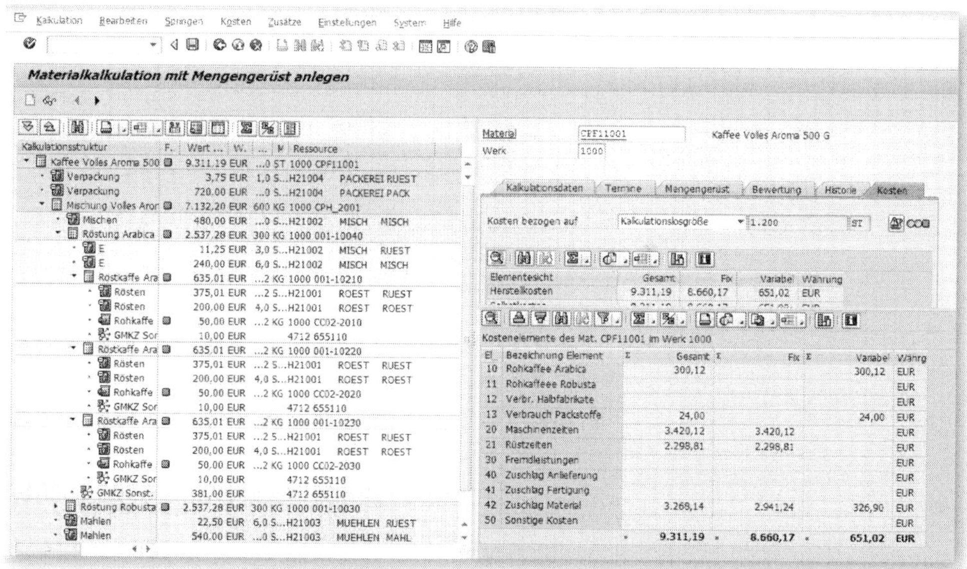

Abbildung 3.1: Erzeugniskalkulation mit Elementewälzung

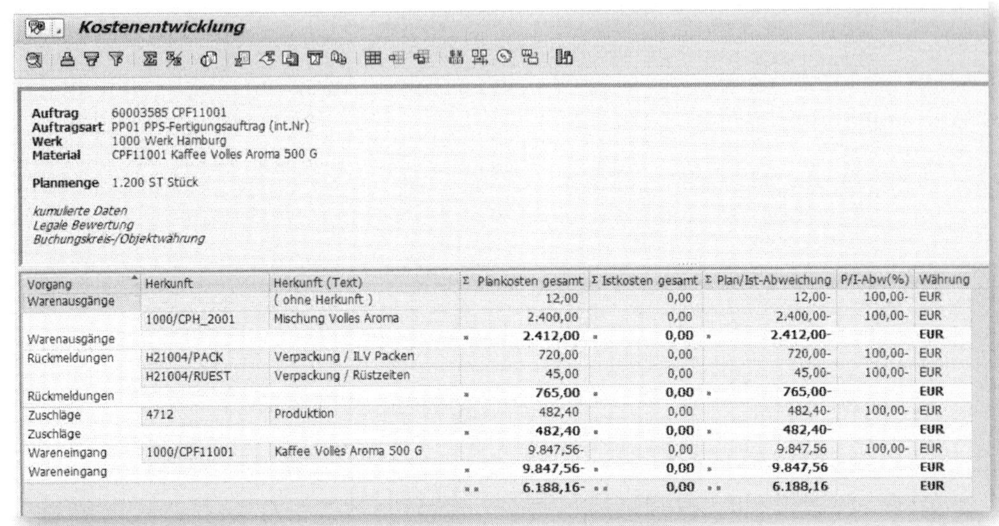

Kostenentwicklung

Auftrag 60003585 CPF11001
Auftragsart PP01 PPS-Fertigungsauftrag (int.Nr)
Werk 1000 Werk Hamburg
Material CPF11001 Kaffee Volles Aroma 500 G

Planmenge 1.200 ST Stück

kumulierte Daten
Legale Bewertung
Buchungskreis-/Objektwährung

Vorgang	Herkunft	Herkunft (Text)	Σ Plankosten gesamt	Σ Istkosten gesamt	Σ Plan/Ist-Abweichung	P/I-Abw(%)	Währung
Warenausgänge		(ohne Herkunft)	12,00	0,00	12,00-	100,00-	EUR
	1000/CPH_2001	Mischung Volles Aroma	2.400,00	0,00	2.400,00-	100,00-	EUR
Warenausgänge			• **2.412,00**	• **0,00**	• **2.412,00-**		**EUR**
Rückmeldungen	H21004/PACK	Verpackung / ILV Packen	720,00	0,00	720,00-	100,00-	EUR
	H21004/RUEST	Verpackung / Rüstzeiten	45,00	0,00	45,00-	100,00-	EUR
Rückmeldungen			• **765,00**	• **0,00**	• **765,00-**		**EUR**
Zuschläge	4712	Produktion	482,40	0,00	482,40-	100,00-	EUR
Zuschläge			• **482,40**	• **0,00**	• **482,40-**		**EUR**
Wareneingang	1000/CPF11001	Kaffee Volles Aroma 500 G	9.847,56-	0,00	9.847,56	100,00-	EUR
Wareneingang			• **9.847,56-**	• **0,00**	• **9.847,56**		**EUR**
			•• **6.188,16-**	•• **0,00**	•• **6.188,16**		**EUR**

Abbildung 3.2: Auftragsplankalkulation ohne Wälzung der Kostenelemente

Betrachten wir in der beispielhaften Abbildung 3.2 die beiden Zeilen mit der Bezeichnung WARENAUSGÄNGE. Sie sehen, dass das Material `CPH_2001` mit seinen gesamten Kosten in die Plankalkulation des Fertigungsauftrags eingeht und dass eine Aufteilung in dessen einzelne Kostenelemente im Gegensatz zur Erzeugniskalkulation hier nicht vorgenommen wird.

Wenn Sie die beiden Zeilen der Warenausgänge näher betrachten, fällt noch ein Unterschied ins Auge: Im Gegensatz zum Material `CPH_2001`, das mit MATERIALNUMMER und BEZEICHNUNG im Bericht erscheint, fehlen diese Angaben bei der Materialposition unmittelbar darüber. Sie sehen hier lediglich die geplanten Kosten und einen Platzhaltertext. Der Grund hierfür liegt in der unterschiedlichen Verwendung des Kennzeichens HERKUNFT MATERIAL in der »Kalkulationssicht 1« des entsprechenden Materialstamms. Während dieses Kennzeichen beim ersten Material (es handelt sich um ein Packmittel) nicht gesetzt ist, ist es beim Material `CPH_2001` gesetzt. Die Auswirkungen dieses Kennzeichens auf die Darstellung in den Berichten sind unmittelbar ersichtlich.

3.2 Grundeinstellungen für die Materialkalkulation

Unabhängig von der Art und dem Zweck Ihrer Kalkulation sowie davon, ob es sich dabei um eine Plan- oder Istkalkulation handelt, müssen Sie einige Einstellungen vornehmen, die universelle Gültigkeit haben und daher in einem eigenen Arbeitsschritt übergreifend vorgenommen werden. Diese als *Grundeinstellungen für die Materialkalkulation* bezeichneten Parameter werde ich Ihnen im folgenden Abschnitt vorstellen.

3.2.1 Elementeschema

Eine der zentralen Einstellungen, die Sie für eine Produktkalkulation benötigen, ist das sogenannte *Elementeschema*. Es besteht aus einer Auflistung von Kostenelementen. Kostenelemente lassen sich am besten als eine Gruppierung von Kostenarten begreifen, die eigens zum Zweck der Kalkulation und Analyse der Kalkulationsergebnisse definiert wird. Klassische Kostenelemente für eine Kalkulation sind beispielsweise Rohstoffe, Fertigungsstunden, Maschinenstunden, Gemeinkosten etc.

Das SAP-System speichert die Ergebnisse der Erzeugniskalkulation grundsätzlich auf der Ebene genau dieser definierten Kostenelemente ab, sodass Sie um die Verwendung eines Elementeschemas nicht herumkommen. Darüber hinaus haben Sie die Möglichkeit, Ihre Kalkulationsergebnisse auch auf Ebene des Einzelnachweises (d. h. nach Kostenarten und ggf. Material) abzuspeichern. Das ist aber nur eine zusätzliche Option und kann die Verwendung eines Elementeschemas nicht ersetzen.

Wie Ihr Elementeschema konkret aussieht, hängt selbstverständlich von den jeweiligen spezifischen Produktionsgegebenheiten ab. Weit verbreitet ist jedoch ein Elementeschema, das im Kern aus den folgenden Elementen besteht, wobei feinere Unterteilungen durchaus möglich und auch üblich sind:

- Rohstoffe,
- Fertigungsleistungen Maschinen,
- Fertigungsleistungen Personal,
- Fremdleistungen,
- Gemeinkosten.

Für unser Beispiel, das wir im Verlauf dieser Darstellung immer wieder verwenden werden, benötigen wir die folgenden Kostenelemente:

10 Verbrauch Rohkaffee Arabica Afrika,

11 Rohkaffee Robusta,

12 Verbrauch Halbfabrikate,

13 Verbrauch Packstoffe,

15 Verbrauch Rohkaffee Arabica Asien,

20 Maschinenstunden,

21 Rüstzeiten,

30 Fremdleistungen,

40 GK Zuschläge Anlieferung,

41 GK Zuschläge Fertigung,

42 GK Zuschläge Material,

50 Sonstiges.

Sie definieren ein Elementeschema im Customizing unter dem Menüpunkt CONTROLLING • PRODUKTKOSTENRECHNUNG • PRODUKTKOSTENPLANUNG • GRUNDEINSTELLUNGEN FÜR DIE MATERIALKALKULATION • ELEMENTESCHEMA DEFINIEREN.

Sie sehen im Anforderungsbild eine Liste mit allen bereits definierten Elementeschemata. Um ein neues Schema anzulegen, wählen Sie den Schalter NEUE EINTRÄGE im Bildschirm oben links (siehe Abbildung 3.3).

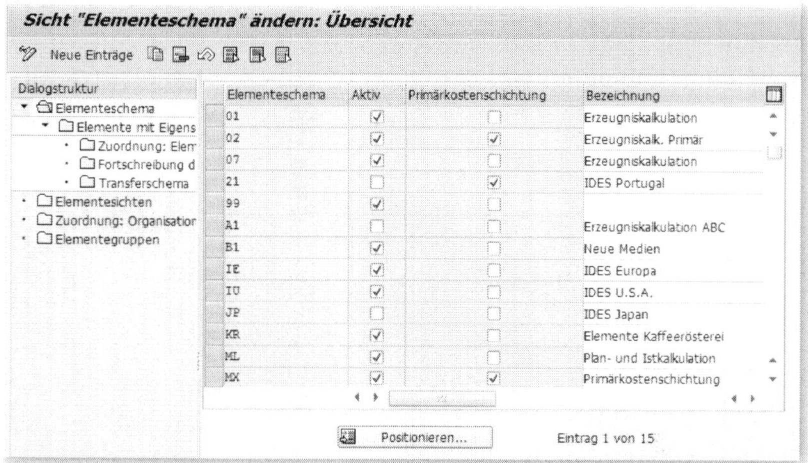

Abbildung 3.3: Anforderungsbildschirm Elementeschema anlegen

Zunächst vergeben Sie für Ihr neues ELEMENTESCHEMA einen zweistelligen alphanumerischen Schlüssel und eine BEZEICHNUNG (siehe Abbildung 3.4).

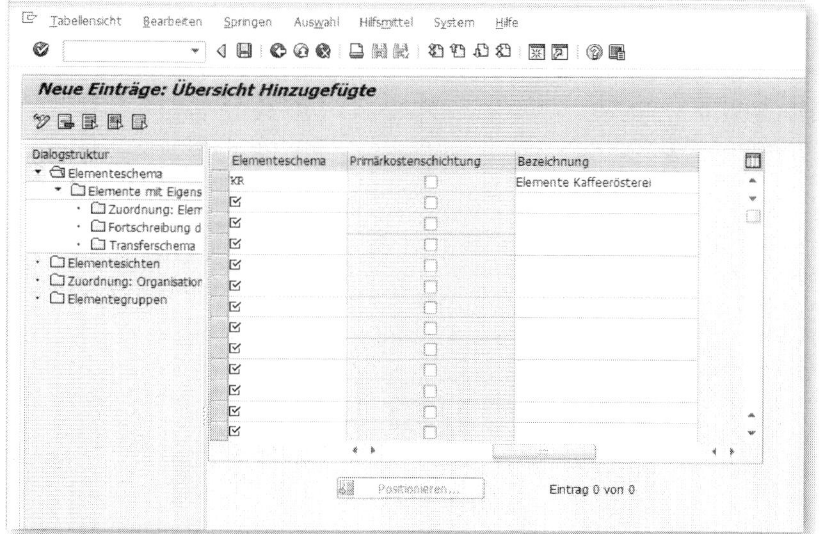

Abbildung 3.4: Neuer Eintrag – Elementeschema KR

Anschließend legen Sie die einzelnen Kostenelemente des Elementeschemas fest. Sie klicken dazu auf das Detailbild ELEMENTE MIT EIGENSCHAFTEN in der linken Navigationsspalte und legen Ihre Kostenelemente über den Button NEUE EINTRÄGE an (siehe Abbildung 3.5).

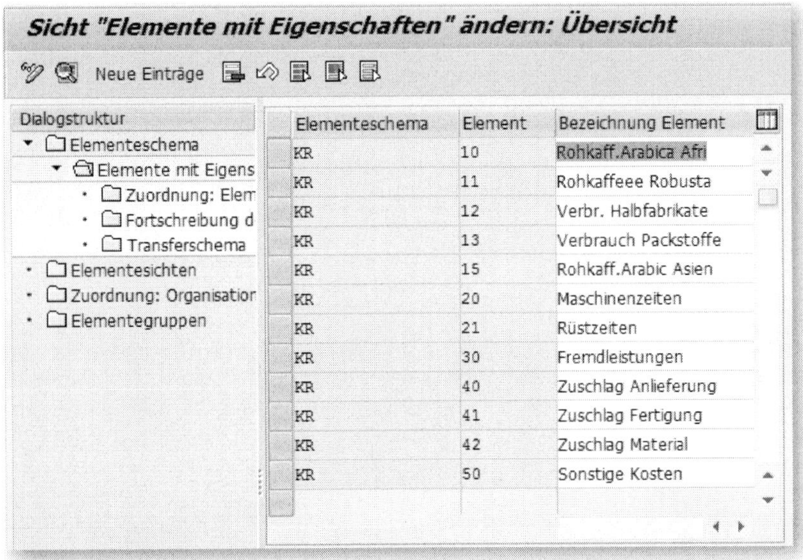

Abbildung 3.5: Pflege der Kostenelemente (die benötigten Kostenelemente sind bereits angelegt)

Über die Schaltfläche NEUE EINTRÄGE gelangen Sie direkt in die Pflege des ersten Kostenelements, in unserem Fall ist dies das Element `01 - Rohkaffe Arabica`.

Neben der Bezeichnung müssen Sie im Bereich STEUERUNG angeben, ob das Element nur `variable` oder `fixe und variable Kosten`komponenten enthalten soll. Außerdem geben Sie an, in welchen ELEMENTEGRUPPEN dieses Kostenelement Bestandteil sein soll. In unserem Fall soll das Kostenelement sowohl fixe als auch variable Kosten enthalten und Bestandteil der (STANDARD-)ELEMENTEGRUPPE 1 sein.

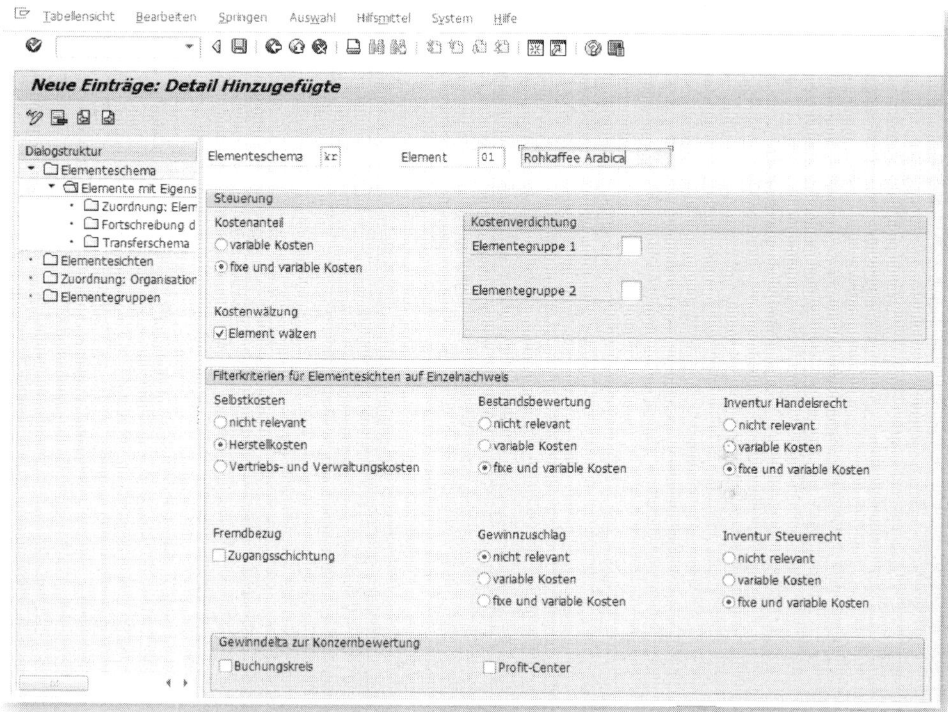

Abbildung 3.6: Detailbild zur Anlage des Kostenelements 01

Elementegruppen definieren Sie ebenfalls im Menüpunkt ELEMENTESCHEMA. Sie dienen dazu, Kostenelemente nach unterschiedlichen Kriterien zu verdichten. Damit können Sie Ihre eigenen Filterkriterien auf die Kalkulationsergebnisse definieren. Diese Option wird üblicherweise kaum genutzt, da die vordefinierten Elementegruppen, insbesondere die Sichten auf die Herstell- und die Selbstkosten, in den allermeisten Fällen ausreichen.

Viel wichtiger ist hingegen das Kennzeichen ELEMENT WÄLZEN. Hierüber steuern Sie, ob die Kosten dieses Kostenelements bei einer mehrstufigen Kalkulation an das gleiche Kostenelement der nächsthöheren Kalkulationsstufe weitergegeben werden sollen. Für die Elemente, die zu den Herstellkosten gehören, sollten Sie dieses Kennzeichen auf jeden Fall setzen, da Sie nur so eine komplette Aufsplittung Ihrer Gesamtkosten für das Fertigprodukt in die Kostenelemente erreichen.

Nicht setzen sollten Sie dieses Kennzeichen für Kostenelemente, die nicht unbedingt Bestandteil jeder Kalkulation sind.

Vertriebs- und Verwaltungsgemeinkosten

Wenn Sie ein Material kalkulieren, das Sie sowohl als Komponente in einem Fertigprodukt nutzen als auch als Ersatzteil einzeln verkaufen, würde das Wälzen des Kostenelements bewirken, dass die für das Ersatzteil kalkulierten Vertriebs- und Verwaltungsgemeinkosten auch als Kostenelement in das Fertigprodukt eingehen. Da für das Fertigprodukt aber anschließend erneut Vertriebskostenzuschläge berechnet werden, würde Ihre Gesamtkalkulation bei einer Wälzung zu falschen Ergebnissen führen.

Im Bereich FILTERKRITERIEN geben Sie einerseits an, zu welchem Teil der Selbstkosten Ihr definiertes Kostenelement zu zählen ist (Block SELBSTKOSTEN), andererseits legen Sie hier für die übrigen Bewertungssichten fest, ob und wie fixe bzw. variable Kosten in die jeweilige Bewertung eingehen sollen.

Der untere Abschnitt GEWINNDELTA ist hingegen nur dann relevant, wenn Sie die Konzernbewertung nutzen wollen. Hierzu ist es allerdings erforderlich, das *Material Ledger* und dort die »Bewertung zu Transferpreisen« zu aktivieren. Da diese Option relativ selten genutzt wird, verzichte ich an dieser Stelle auf eine Erörterung..

Nachdem Sie alle Kostenelemente auf diese Weise definiert haben, sieht Ihr ELEMENTESCHEMA KR nun wie in Abbildung 3.7 aus.

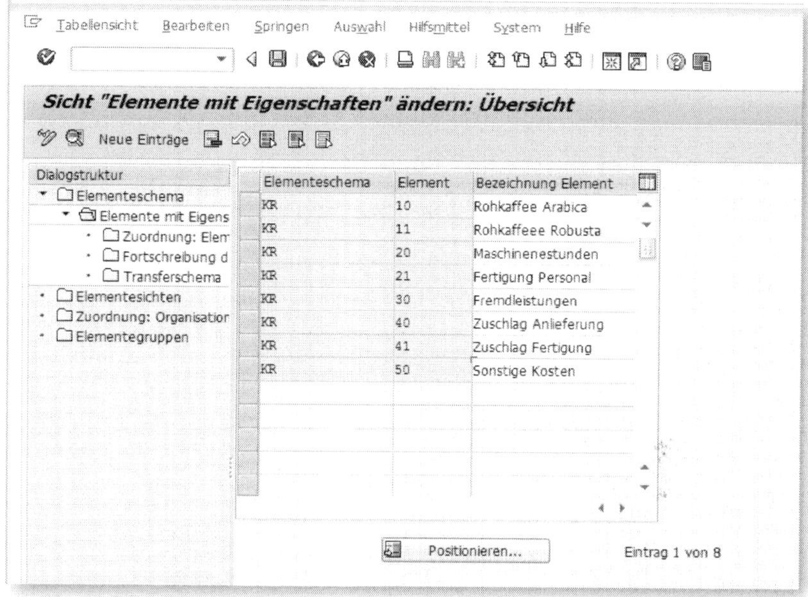

Abbildung 3.7: Elementeschema KR mit Kostenelementen

Im nächsten Bearbeitungsschritt ZUORDNUNG ELEMENTE • KOSTENARTEN nehmen Sie die für das Elementeschema zentrale Verknüpfung vor und bestimmen so, welche Ursprungskostenarten in die jeweiligen Kostenelemente eingehen sollen. Pro Kostenelement definieren Sie hier entweder einzelne Kostenarten oder ein Kostenartenintervall. Sie haben außerdem die Möglichkeit, mithilfe der *Herkunftsgruppen* einzelne Kostenarten in unterschiedliche Kostenelemente zu steuern. Sie werden das Konzept und die Verwendung von Herkunftsgruppen weiter unten im Rahmen der Erörterung der Gemeinkostenzuschläge noch detailliert kennenlernen. Im Beispiel haben wir die KOSTENART `400000 Rohkaffee Arabica` mithilfe der Herkunftsgruppen `1010` (siehe Abbildung 3.8) und `1020` (siehe Abbildung 3.9) in die zwei Elemente `10 Rohkaffee Arabica Asien` und `15 Rohkaffee Arabica Afrika` eingesteuert (siehe Abbildung 3.10). Zur Unterscheidung und eindeutigen Zuordnung verwenden wir die jeweiligen Herkunftsgruppen der Ursprungsregionen.

Sicht "Zuordnung: Element - Kostenartenintervall" ändern: Übersicht

Neue Einträge

Dialogstruktur
- Elementeschema
  - Elemente mit Eigens

Elementeschema	Kontenplan	Kostenart ...	Herkunftsgruppe	Kostenart ...	Element	Bezeichnung Element
KR	IKR	400000	1010	400000	10	Rohkaff.Arabica Afri

Abbildung 3.8: Kostenartenzuordnung mit Herkunftsgruppe 1010 für Element 10

Sicht "Zuordnung: Element - Kostenartenintervall" ändern: Übersicht

Neue Einträge

Dialogstruktur
- Elementeschema
  - Elemente mit Eigens

Elementeschema	Kontenplan	Kostenart ...	Herkunftsgruppe	Kostenart ...	Element	Bezeichnung Element
KR	INT	400000	1020	400000	15	Rohkaff.Arabic Asien

Abbildung 3.9: Kostenartenzuordnung mit Herkunftsgruppe 1020 für Element 10

Elementeschema	Element	Bezeichnung Element
KR	10	Rohkaff.Arabica Afri
KR	11	Rohkaffeee Robusta
KR	12	Verbr. Halbfabrikate
KR	13	Verbrauch Packstoffe
KR	15	Rohkaff.Arabic Asien

Abbildung 3.10: Kostenelemente für Rohkaffee Arabica pro Herkunft

Der letzte wesentliche Bearbeitungsschritt zur Definition des Elementeschemas besteht nun noch darin, das Schema denjenigen Organisationseinheiten zuzuweisen, für die es zur Anwendung kommen soll. Grundsätzlich haben Sie die Möglichkeit, einzelne Elementeschemata unterschiedlichen Kalkulationsvarianten innerhalb einer Organisationseinheit (Kostenrechnungskreis, Buchungskreis, Werk) zuzuweisen. Dies gilt jedoch nur für Kalkulationsvarianten, die nicht den Standardpreis fortschreiben. Innerhalb eines Buchungskreises muss die Kalkulationsvariante für den Standardpreis eindeutig definiert sein. Dies sollte nicht zuletzt unter dem Aspekt geschehen, dass auf diese Weise alle Kalkulationsergebnisse in Ihrer Organisation miteinander verglichen werden können.

In unserem Beispiel weisen wir das definierte ELEMENTESCHEMA `KR` unserem BUCHUNGSKREIS `1000` explizit zu und machen es für alle Kalkulationsvarianten gültig, indem das entsprechende Feld mithilfe des Pluszeichens »+« maskiert wird (siehe Abbildung 3.11). Eine *Maskierung* dient als Platzhalter und bewirkt in unserem Fall, dass für alle Kalkulationsvarianten des Buchungskreises, für die kein spezifischerer Eintrag vorhanden ist, diese Zuordnung gilt. Diese Maskierungstechnik taucht an verschiedenen Stellen im SAP-System auf.

Abbildung 3.11: Zuordnung Elementeschema zu Buchungskreis

Damit haben wir das für unsere Kalkulationen benötigte Elementeschema vollständig definiert und können uns nun den weiteren Grundeinstellungen für die Kalkulation zuwenden.

3.2.2 Herkunftsgruppen

Herkunftsgruppen dienen dazu, Kosten, die unter einer Kostenart gebucht werden, genauer zu differenzieren. In unserem Beispiel verwenden wir für den Rohstoff »Rohkaffee« genau zwei Kostenarten:

1. 400000 für Rohkaffee der Sorte Arabica und
2. 400010 für Rohkaffee der Sorte Robusta.

Dies ist aus buchhalterischer Sicht völlig ausreichend. Um dennoch eine genauere Analyse und vor allem Kostenzurechnung auf die unterschiedlichen Provenienzen vornehmen zu können, definieren wir verschiedene Herkunftsgruppen. Dabei orientieren wir uns am geografischen Ursprung des Rohkaffees und definieren in einem ersten Schritt die Herkunftsregionen »Afrika« und »Asien«.

Differenzierte Einteilungen z. B. nach Ländern oder Anbaugebieten sind denkbar, werden aber für unsere Zwecke nicht benötigt.

Selbstverständlich könnten wir für diese Differenzierung auch gleich von Anfang an unterschiedliche Verbrauchskonten definieren; die Verwendung von Herkunftsgruppen anstelle von differenzierten Sachkonten bietet jedoch einige wichtige Vorteile:

Zum einen sind die Herkunftsgruppen im Materialstammsatz relativ einfach änderbar. Damit ist eine gewisse Flexibilität gegeben, die Sie bei der Verwendung unterschiedlicher Sachkonten nicht erreichen würden.

Sie ändern lediglich direkt im jeweiligen Materialstamm den Eintrag der Herkunftsgruppe in der KALKULATIONSSICHT 1, und Ihre Änderungen sind sofort wirksam.

Wollen Sie einem Material in einem produktiven System hingegen ein neues Verbrauchskonto zuordnen, müssen Sie zunächst eventuell vorhandene Materialbestände ausbuchen und anschließend die Bewertungsklasse des Materials ändern.

Handelt es sich dabei auch noch um eine neue Bewertungsklasse, die Sie bislang noch nicht verwendet haben, müssen Sie zusätzlich die MM-Kontenfindung ändern (Customizing!) und danach die Materialbestände wieder einbuchen.

Außerdem sind Definition und Verwendung der Sachkonten, die ja für die vorhandenen primären Kostenarten limitierend sind, Aufgaben und quasi Hoheitsgebiet der Finanzbuchhaltung. Diese legt den Kontenrahmen primär nach den Anforderungen des externen Rechnungswesens fest. CO-interne Aspekte finden dort häufig nur eingeschränkt Berücksichtigung.

Darüber hinaus findet man oft die Situation vor, dass sich das Controlling vor Ort mit einem konzernweit vorgegebenen Kontenplan arrangieren muss, bei dem es nicht so ohne Weiteres möglich ist, beliebig viele neue Sachkonten für den eigenen lokalen Bedarf zu definieren.

Insgesamt ergeben sich also zwei unterschiedliche Herkunftsgruppen pro Rohkaffeesorte, die wie folgt definiert werden:

1010 Afrika

1020 Asien

Für diese beiden Herkunftsgruppen werden wir in Abschnitt 3.3 bei der Definition der Gemeinkostenzuschläge noch unterschiedliche Zuschlagssätze auf den Verbrauch des Rohkaffees verrechnen.

Es ist zudem möglich und durchaus üblich, Rohstoffe, die mit derselben Kostenart fortgeschrieben, aber in unterschiedliche Kostenelemente eingesteuert werden sollen, über die Verwendung von Herkunftsgruppen zu differenzieren.

Um die Herkunftsgruppen im System zu hinterlegen, müssen Sie im Customizing über den folgenden Menüpfad die entsprechenden Einträge vornehmen:

CONTROLLING • PRODUKTKOSTENCONTROLLING • PRODUKTKOSTENPLANUNG • GRUNDEINSTELLUNGEN FÜR DIE MATERIALKALKULATION • HERKUNFTSGRUPPEN PFLEGEN.

Es erscheint zunächst ein Pop-up. Hier können Sie unverändert den HERKUNFTSTYP 02 übernehmen und Ihren KOSTENRECHNUNGSKREIS eingeben. Anschließend bestätigen Sie mit dem grünen Haken, wie in Abbildung 3.12 zu sehen.

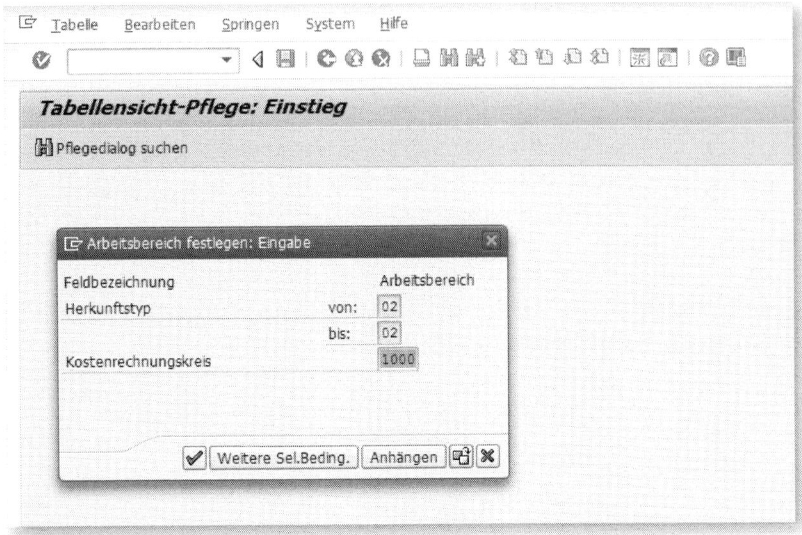

Abbildung 3.12: Pop-up »Arbeitsbereich festlegen«

Über die bereits bekannte Schaltfläche NEUE EINTRÄGE können Sie nun, wie in Abbildung 3.13 dargestellt, Ihre HERKUNFTSGRUPPEN hinterlegen. Stören Sie sich nicht daran, dass hier Schlüssel und Bezeichnung nicht in der gewohnten Reihenfolge abgefragt werden. Weitere Steuerungs- oder Detaildaten müssen Sie an dieser Stelle nicht eintragen. Sichern Sie Ihre Eingaben und tragen Sie ggf. im Pop-up mit der Transportabfrage den Transportauftrag ein, in den Ihre Einträge aufgenommen werden sollen.

Sicht "Herkunftsgruppen" ändern: Übersicht

Neue Einträge

KostRechKreis 1000

Herkunftsgruppen

Bezeichnung	Herkunftsgruppe
Rohkaffee Afrika	1010
Rohkaffee Asien	1020

Abbildung 3.13: Definiton der Herkunftsgruppen

Anschließend müssen Sie diese Herkunftsgruppen in den jeweiligen Kalkulationssichten der Materialstammsätze hinterlegen, damit das System erkennen kann, zu welcher Herkunftsgruppe das jeweilige Material gehört. Dazu rufen Sie die Änderungstransaktion des Materialstamms über die Transaktion `MM02` auf oder wählen über das Einstiegsmenü LOGISTIK • MATERIALWIRTSCHAFT • MATERIALSTAMM • MATERIAL • ÄNDERN • SOFORT.

Markieren Sie in der Sichtenauswahl die Sicht KALKULATION 1 und geben Sie das WERK ein. Sodann gelangen Sie auf die Kalkulationssicht 1, wie sie in Abbildung 3.14 für das MATERIAL `CC02-1000` dargestellt ist.

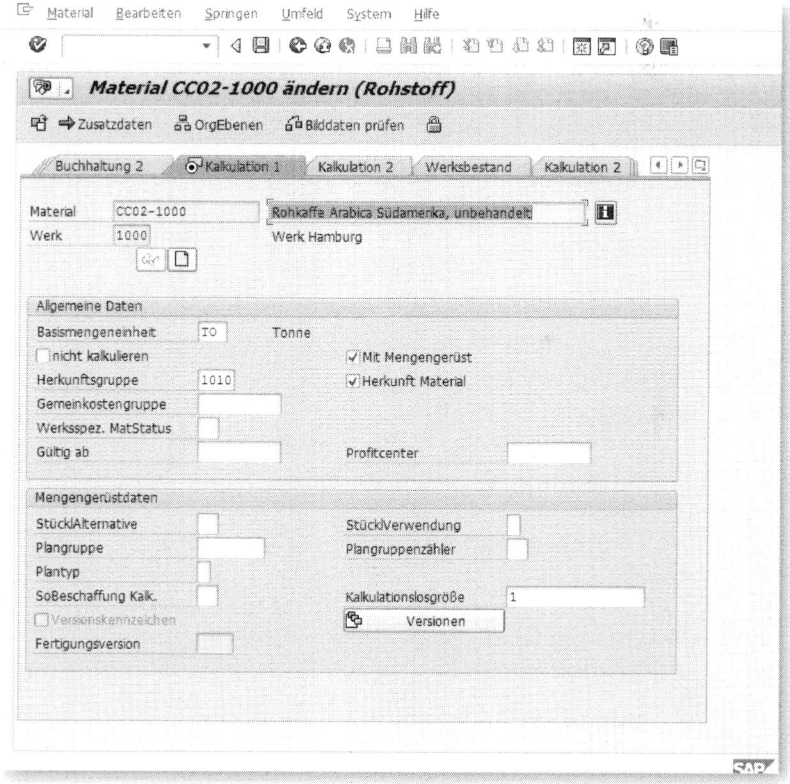

Abbildung 3.14: Kalkulationssicht 1 des Rohstoffs CC02-1000

3.2.3 Gemeinkostengruppen

Von den Herkunftsgruppen zu unterscheiden sind die *Gemeinkostengruppen*. Diese stellen zwar auch ein Instrument dar, das bei der differenzierten Verrechnung von Zuschlägen Verwendung findet. Allerdings wird hierbei nicht nach Einsatzmaterial, sondern dem produzierten Produkt unterschieden. In unserem Beispiel wäre es also denkbar, unterschiedliche Gemeinkostenzuschläge auf den fertigen Röstkaffee in Abhängigkeit von der Verpackungsform zu verrechnen. Wir definieren uns zu diesem Zweck zwei Gemeinkostengruppen:

1. Standardpackung mit einem Gewicht von 500 Gramm für den Verkauf im Einzelhandel:
   1010 Standardpackung 500 Gramm,
2. Großpackung von 10 Kilogramm für die Verwendung in der Gastronomie:
   1020 Großpackung 10 Kilogramm.

Auch die Gemeinkostengruppen sind zuerst im Customizing zu definieren, bevor Sie sie in den Materialstamm eintragen.

Allerdings müssen Sie bei der Definition einen kleinen Umweg gehen. Sie definieren zunächst die *Zuschlagsschlüssel*, die bei der Berechnung von Zuschlägen herangezogen werden sollen, und erst im folgenden Schritt verbinden Sie diese Zuschlagsschlüssel mit den Gemeinkostengruppen.

Zur Definition wählen Sie im Customizing zunächst den Menüpfad CONTROLLING • PRODUKTKOSTEN-CONTROLLING • PRODUKTKOSTENPLANUNG • GRUNDEINSTELLUNGEN FÜR DIE MATERIALKALKULATION • ZUSCHLAGSSCHLÜSSEL DEFINIEREN:

Auch hier gelangen Sie über die Schaltfläche NEUE EINTRÄGE in den eigentlichen Pflegedialog (siehe Abbildung 3.15).

Sie müssen hier lediglich Ihre definierten Zuschlagsschlüssel mit SCHLÜSSEL und BEZEICHNUNG eintragen, wie es in der Abbildung dargestellt ist. Weitere Steuerungsparameter sind auch hier nicht zu pflegen.

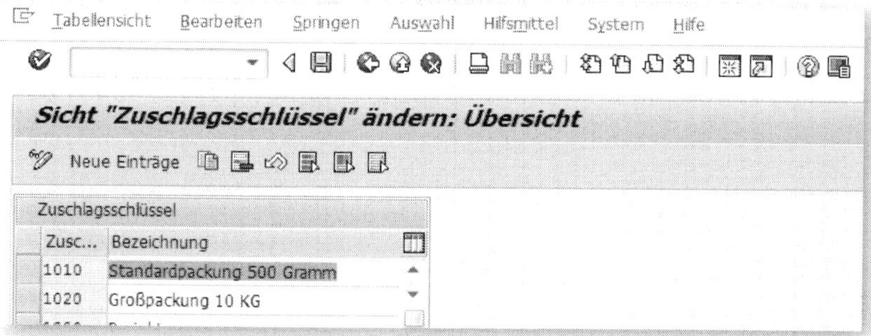

Abbildung 3.15: Zuschlagsschlüssel anlegen

Im nächsten Schritt definieren Sie Ihre eigentlichen Gemeinkostenschlüssel und ordnen diese den Zuschlagsschlüsseln zu. Ein Beispiel hierzu ist in Abbildung 3.16 dargestellt.

Bei der Definition, zu der Sie über den Menüpfad CONTROLLING • PRODUKTKOSTENCONTROLLING • PRODUKTKOSTENPLANUNG • GRUNDEINSTELLUNGEN FÜR DIE MATERIALKALKULATION • GEMEINKOSTENGRUPPEN PFLEGEN gelangen, hinterlegen Sie neben Schlüssel und Bezeichnung auch die zugehörige GEMEINKOSTENGRUPPE. Nachdem Sie diese in das entsprechende Feld der »Kalkulationssicht 1« des Materialstamms eingetragen haben, ist die Verbindung zum Materialstamm hergestellt, und das System kann die Zuschläge gemäß den hier getroffenen Festlegungen korrekt ausführen.

Tabellensicht Bearbeiten Springen Auswahl Hilfsmittel System Hilfe

Sicht "Gemeinkostengruppen Kalkulation" ändern: Übersicht

Neue Einträge

Bewertungskreis	GMK-Gruppe	Zuschlagsschlüssel	Bezeichnung GMK-Gruppe
1000	1010	1010	Standardpackung 500 Gramm
1000	1020	1020	Großpackung 10 KG

Abbildung 3.16: Definition der Gemeinkostengruppen

Wie Sie sehen, sind die Gemeinkostengruppen abhängig vom sogenannten BEWERTUNGSKREIS. Der *Bewertungskreis* kann entweder das

Werk oder der Buchungskreis sein. Die entsprechende Festlegung treffen Sie in den Grundeinstellungen des Systems. Verständigen Sie sich vor der Pflege ggf. mit Ihren Kollegen aus der Logistik, um festzustellen, welche Bewertungsebene in Ihrem System aktiv ist. Üblicherweise ist es das Werk.

3.3 Gemeinkostenzuschläge

Nachdem Sie zuvor einige Hilfsmittel zur Ermittlung der Gemeinkostenzuschläge, wie Herkunfts- und Gemeinkostengruppen, kennengelernt und definiert haben, können Sie sich nun dem Aufbau des eigentlichen Zuschlagsschemas widmen. Die Verrechnung der Zuschläge wird mittels eines sogenannten *Kalkulationsschemas* gesteuert. Es legt fest, welche Kosten nach welchen Rechenregeln mit Gemeinkostenzuschlägen beaufschlagt werden sollen und welche Objekte im Gegenzug wie entlastet werden.

Für unsere Kaffeerösterei benötigen wir ein Schema, das auf den (Produktions-)Verbrauch einer bestimmten Menge Rohkaffees einen Zuschlag für den Transport zu unserem Werk in Rechnung stellt. Dabei soll die Höhe des Zuschlags von der Herkunft des Rohkaffees abhängen. Zudem soll sich der Zuschlagssatz nicht auf den Wert des verbrauchten Rohkaffees beziehen, sondern auf die verbrauchte Menge. Schließlich ist es sowohl dem Spediteur als auch dem Vorveredler egal, welche Kaffeesorte er verarbeitet, er wird uns immer eine Rechnung für die gelieferte Menge stellen.

Ein Kalkulationsschema besteht aus drei wesentlichen Bestandteilen, die in verschiedenen Spalten angeordnet sind, den sogenannten *Basiszeilen*, den *Zuschlagszeilen* und den *Entlastungen*.

Darüber hinaus finden sich in einem Kalkulationsschema einige weitere Spalten, die die korrekte Verwendung der einzelnen Zeilen steuern.

Unter Berücksichtigung all dieser Vorgaben hat unser Kalkulationsschema folgenden Aufbau (siehe Abbildung 3.17):

Zeile Nr.	Basis	Bezeichnung	Details		Zuschlag	Details	Entlastung	Details	
			Kostenarten	Herkunft				Kostenart	Kostenstelle
10	BA10	Rohkaffee Südamerika, unbehandelt	400000 400010	1010	Z110	3,00 € / 50 kg	E10	655111	H12001
20	BA20	Rohkaffee Südamerika, entkoffeiniert	400000 400010	1020	Z120	3,50 € / 50 kg	E10	655111	H12001
30	BA30	Rohkaffee Afrika, unbehandelt	400000 400010	2010	Z130	2,00 € / 50 kg	E10	655111	H12001
40	BA40	Rohkaffee Afrika, entkoffeiniert	400000 400010	2020	Z140	2,50 € / 50 kg	E10	655111	H12001
50	BA50	Rohkaffee Asien, unbehandelt	400000 400010	3010	Z150	4,00 € / 50 kg	E10	655111	H12001
60	BA60	Rohkaffee Asien, entkoffeiniert	400000 400010	3020	Z160	4,50 / 50 kg	E10	655111	H12001

Abbildung 3.17: Aufbau des Kalkulationsschemas

Bedenken Sie, dass Sie immer nur ein Kalkulationsschema in einer Bewertungsvariante (und damit pro Kalkulationsvariante) hinterlegen können. Daher müssen Sie alle Ihre Abhängigkeiten und Berechnungslogiken, die zur Anwendung kommen sollen, in genau ein Schema einbauen.

Aufbau eines Kalkulatonsschemas

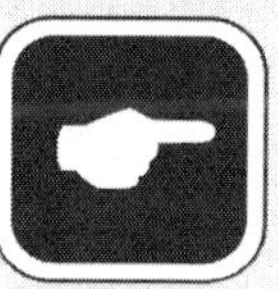

Bevor Sie sich daranmachen, Ihr Kalkulationsschema im SAP-System zu definieren, sollten Sie sich, z. B. in einem Tabellenkalkulationsblatt oder einer Grafik, den Aufbau und die Abhängigkeiten Ihres Schemas klarmachen. Das verschafft Ihnen einerseits eine gewisse Transparenz, denn Kalkulationsschemata können sehr schnell sehr unübersichtlich werden. Andererseits hilft es Ihnen bei der Orientierung in den folgenden Bearbeitungsschritten.

Es empfiehlt sich, zuerst die Bestandteile des Kalkulationsschemas, also Basiszeilen, Zuschläge und Entlastungen, einzeln zu definieren und diese dann in einem zweiten Schritt zu einem fertigen Schema zusammenzusetzen.

Basiszeilen

Für die Definition Ihrer Basiszeilen wählen Sie den Menüpfad PRODUKTKOSTENCONTROLLING • PRODUKTKOSTENPLANUNG • GRUNDEINSTELLUNGEN FÜR DIE MATERIALKALKULATION • GEMEINKOSTENZUSCHLÄGE • KALKULATIONSSCHEMA: BESTANDTEILE den Eintrag BERECHNUNGSBASEN DEFINIEREN.

Sie sehen eine Liste mit einigen vordefinierten Einträgen, die Sie nun mit Ihren eigenen Berechnungsbasen erweitern, indem Sie die Schaltfläche NEUE EINTRÄGE anklicken (siehe Abbildung 3.18). Zunächst müssen Sie hier nur einen vierstelligen Schlüssel und eine BEZEICHNUNG eingeben.

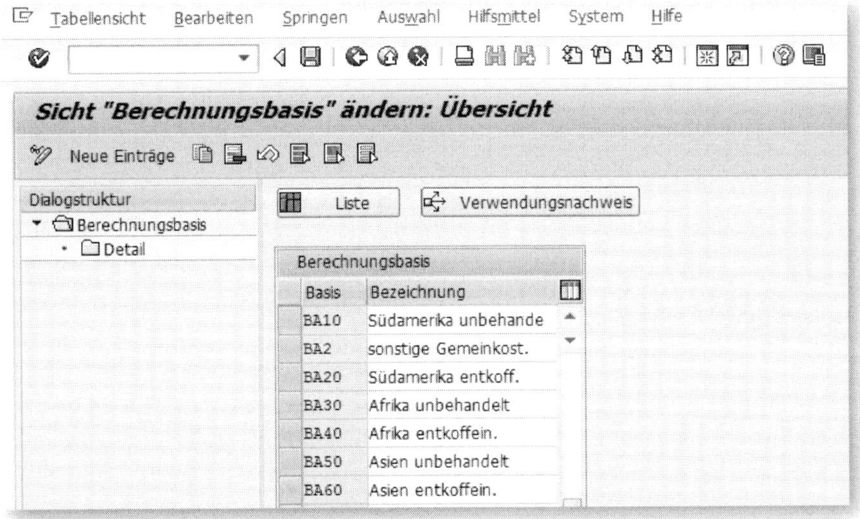

Abbildung 3.18: Definition der Berechnungsbasen

Im nächsten Schritt tragen Sie Ihre Kostenarten und Herkunftsgruppen ein, die für diese Basis gelten sollen. Dazu markieren Sie eine der zuvor angelegten Berechnungsbasen und wählen links im Menübaum den Eintrag DETAIL (siehe Abbildung 3.19).

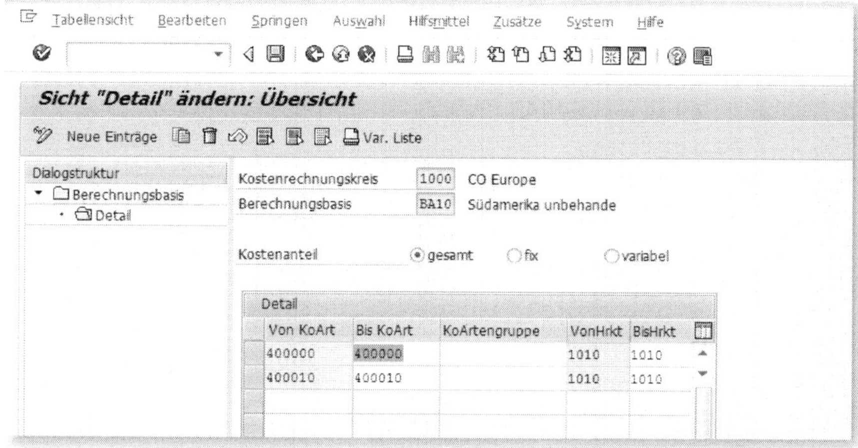

Abbildung 3.19: Detailbild der Basis BA10

In unserem Beispiel werden die Berechnungsbasen aus den beiden Verbrauchskostenarten für die Kaffeesorten Arabica und Robusta mit der HERKUNFTSGRUPPE `1010 - Südamerika, unbehandelt` gebildet. Sichern Sie Ihre Eingaben und verfahren Sie mit den übrigen Berechnungsbasen analog, sodass Sie am Ende sechs unterschiedliche Berechnungsbasen definiert haben.

Zuschläge

Als Nächstes definieren wir unsere Zuschläge. Im Menüpunkt PRODUKTKOSTENCONTROLLING • PRODUKTKOSTENPLANUNG • GRUNDEINSTELLUNGEN FÜR DIE MATERIALKALKULATION • GEMEINKOSTENZUSCHLÄGE • KALKULATIONSSCHEMA: BESTANDTEILE werden Ihnen für die Zuschläge zwei Einträge angeboten: `prozentuale` und `mengenbezogene Zuschlagssätze`. *Prozentuale Zuschlagssätze* eignen sich immer dann, wenn die Zuschläge in Abhängigkeit vom Wert der Berechnungsbasen ermittelt werden sollen, wenn Sie also z. B. teure Materialien höher bezuschlagen möchten als preiswerte. Da wir unsere Zuschläge jedoch auf die Verbrauchsmengen rechnen lassen wollen, wählen wir die *mengenbezogenen Zuschlagssätze*.

Auch hier gelangen Sie über die Schaltfläche NEUE EINTRÄGE direkt in den entsprechenden Pflegebildschirm (siehe Abbildung 3.20). Wir definieren hier zunächst die allgemeinen Daten für die zu verwendenden Zuschläge. Nehmen Sie die Einträge vor, wie sie in der Abbildung zu sehen sind.

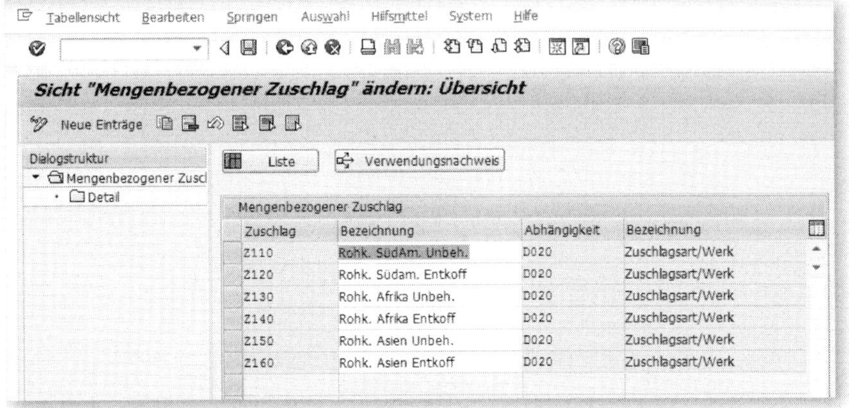

Abbildung 3.20: Übersicht der neu definierten Zuschläge

Bei der Pflege der Bezeichnungen ist Ihre Kreativität gefordert, weil Ihnen hier nur ein sehr begrenzter Umfang von zwanzig Zeichen zur Verfügung steht.

Indem Sie eine Zeile markieren und auf die Schaltfläche DETAIL im linken Bildschirmteil doppelklicken, gelangen Sie in die eigentliche Pflege der Zuschlagssätze. Das aufkommende Pop-up bestätigen Sie mit dem grünen Haken.

Sie werden zunächst aufgefordert, die Abhängigkeit der Zuschlagssätze festzulegen. SAP bietet eine Reihe vordefinierter Abhängigkeiten an, aus denen Sie die von Ihnen benötigten auswählen. Üblich sind die Standardabhängigkeiten »Zuschlagsart« und »Werk«. Damit erreichen Sie, dass Sie für Plan- und Istrechnungen sowie für unterschiedliche Werke unterschiedliche Zuschlagssätze anwenden können.

Pflege der Abhängigkeiten

Es sind Situationen vorstellbar, in denen die SAP-Standard-Auslieferungen nicht ausreichen. Dies gilt vor allem dann, wenn Sie multiple Abhängigkeiten abbilden wollen (also z. B. Werk, Zuschlagsart und Schlüssel.

In diesen Fällen können Sie mithilfe der Konditionstechnik eigene Abhängigkeiten definieren. Sie finden den entsprechenden Pflegedialog im Customizing allerdings nicht unter dem Menüpunkt PRODUKTKOSTENRECHNUNG, sondern im Einstellungsmenü der Innenaufträge unter ISTBUCHUNGEN • GEMEINKOSTENZUSCHLÄGE • KALKULATIONSSCHEMA: BESTANDTEILE • ZUSÄTZE: KONDITIONSTABELLEN/ABHÄNGIGKEITEN.

Für unsere Zwecke jedoch reicht die Standardabhängigkeit »Zuschlagsart/Werk« aus.

Jetzt müssen Sie noch für jeden dieser Zuschläge die Detaileinstellungen festlegen (siehe Abbildung 3.21).

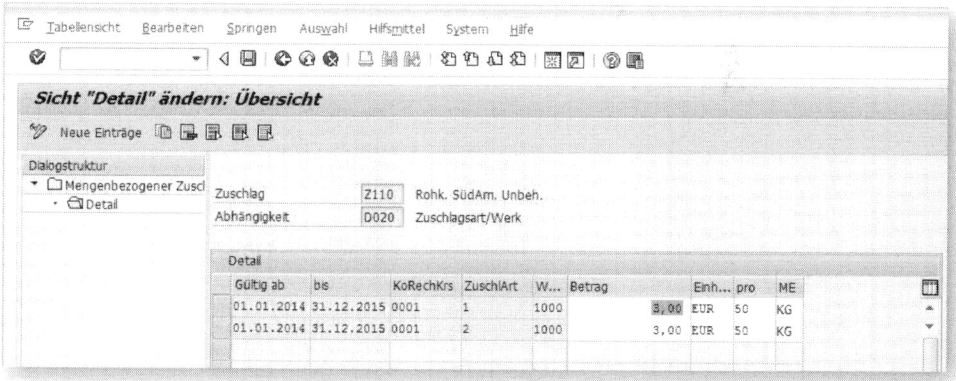

Abbildung 3.21: Detailbild für Zuschlag Z110

Wir beginnen mit den erforderlichen Einträgen für unseren ersten Zuschlag auf unbehandelten Rohkaffee aus Südamerika. Zunächst vergeben wir einen Gültigkeitszeitraum, in unserem Fall sind dies das laufende und das nächste Geschäftsjahr. Dann geben wir den KOSTENRECHNUNGSKREIS an. Die ZUSCHLAGSART gibt an, ob es sich um einen Zuschlag im Ist, im Plan oder auf Obligowerte handelt. Wir benötigen nur die Zuschläge für Ist (1) und Plan (2), machen hier also die entsprechenden Einträge. Sie müssen hier für jede Zuschlagsart eine eigene Zeile anlegen. Weiterhin bedarf es der Angabe, auf welche Mengen sich der eingegebene Zuschlagsatz beziehen soll. Diese geben wir in den letzten beiden Spalten an.

Damit haben wir den ersten unserer insgesamt sechs Zuschlagssätze definiert. Mit den übrigen Zuschlagssätzen verfahren wir analog.

Transport von Zuschlagssätzen

Die Pflege der Zuschlagssätze erfolgt i. d. R. einmal pro Geschäftsjahr. Die entsprechende Transaktion ist aber von SAP ins Customizing gehängt worden, wodurch sie an das übliche Transportwesen angeschlossen ist. Sie müssen also für jedes Geschäftsjahr Ihre neuen Zuschlagssätze nach der Pflege erst einmal in Ihre Zielsysteme (üblicherweise Qualitätssicherungs- und Produktivsystem) transportieren. Dabei kann es passieren, dass die Einträge, die im Zielsystem ankommen, leer sind. In diesem Fall müssen Sie zu einem Trick greifen:

Rufen Sie im jeweiligen Zielsystem die Transaktion SE38 auf und geben Sie den Programmnamen RKAZUTR1 ein. Nach Drücken des AUSFÜHREN-Symbols erscheint erneut eine Eingabeaufforderung. Hier geben Sie die Nummer des Transportauftrags ein, mit dem Sie Ihre Zuschlagssätze transportiert haben. Nach erneutem Ausführen erscheint die Meldung, dass die Nachbehandlung erfolgreich beendet wurde. Ihre neuen Zuschlagssätze sind jetzt im Zielsystem angekommen und können verwendet werden. Nähere Informationen zu diesem Thema finden Sie auch im SAP-Hinweis 104017 und in den dort aufgeführten Verweisen.

Nachdem Sie definiert haben, was, wie und in welcher Höhe Sie bezuschlagen wollen, müssen Sie nun noch festlegen, wie im Gegenzug Ihre Entlastungsbuchungen erfolgen sollen.

Buchungen im Plan und im Ist

Beachten Sie, dass die Entlastungsbuchungen nur im Ist auch tatsächlich durchgeführt werden. Bei einer Plankalkulation erfolgen keine Buchungen (auch keine Planbuchungen) auf dem Entlastungsobjekt. Die Plankosten werden lediglich in den Kalkulationsergebnissen und auf den bezuschlagten Kostenträgern fortgeschrieben.

Darüber hinaus bestimmen Sie an dieser Stelle, unter welcher Kostenart Ihre Zuschläge verbucht und ob Ihre Zuschläge als fixe oder variable Kostenbestandteile ausgewiesen werden sollen.

Sie wählen dazu den Menüpunkt ENTLASTUNGEN DEFINIEREN und legen einen neuen Eintrag an, wie Abbildung 3.22 zeigt.

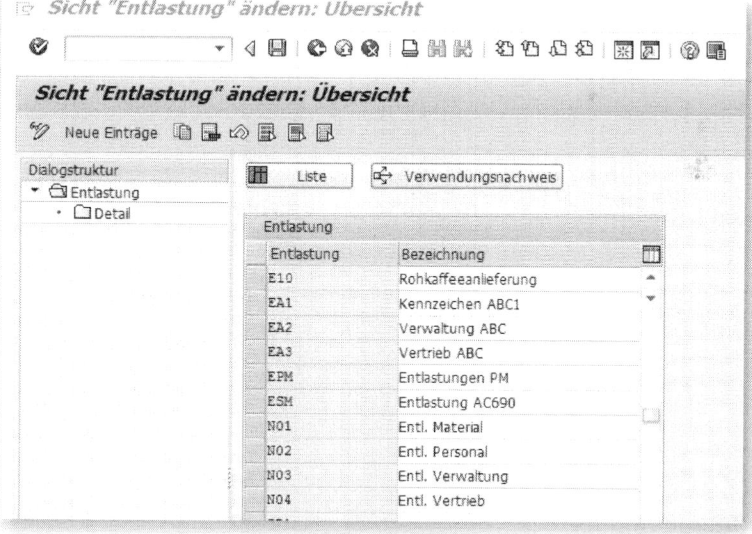

Abbildung 3.22 Übersicht Entlastungen

Auch hier gelangen Sie durch Markieren eines Eintrags und Drücken der Schaltfläche DETAIL in die Pflege der jeweiligen Einstellungen (siehe Abbildung 3.23).

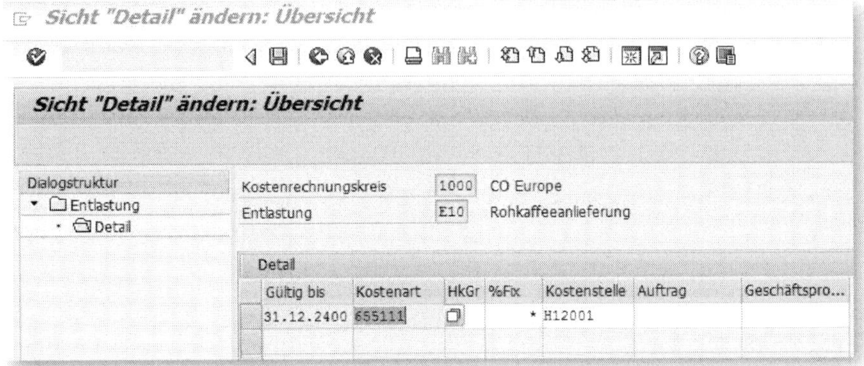

Abbildung 3.23: Detailbild Entlastungen

Geben Sie neben dem Gültigkeitszeitraum die (Zuschlags-)Kostenart ein sowie dasjenige Objekt, das die Entlastung aufnehmen soll. Sie können dazu eine Kostenstelle, einen Auftrag oder einen Geschäftsprozess angeben. Im Beispiel wird der Zuschlag unter der KOSTENART 655111 in der Kalkulation und auf den Fertigungsaufträgen fortgeschrieben und unter derselben Kostenart auf der KOSTENSTELLE H12001 im Ist als Entlastung verbucht.

3.4 Kalkulationsschema definieren

Mit den so definierten Bestandteilen können wir uns nun daranmachen, das vollständige Kalkulationsschema gemäß unseres Aufbaus zusammenzusetzen. Dazu wählen Sie im IMG den Menüpunkt CONTROLLING • PRODUKTKOSTENRECHNUNG • GRUNDEINSTELLUNGEN • GEMEINKOSTEN • KALKULATIONSSCHEMA DEFINIEREN.

Über die Schaltfläche NEUE EINTRÄGE definieren wir uns ein neues SCHEMA ZKAROE, das wir für unsere Kaffeerösterei verwenden wollen (siehe Abbildung 3.25).

Abbildung 3.24: Übersichtsbild Kalkulationsschemata

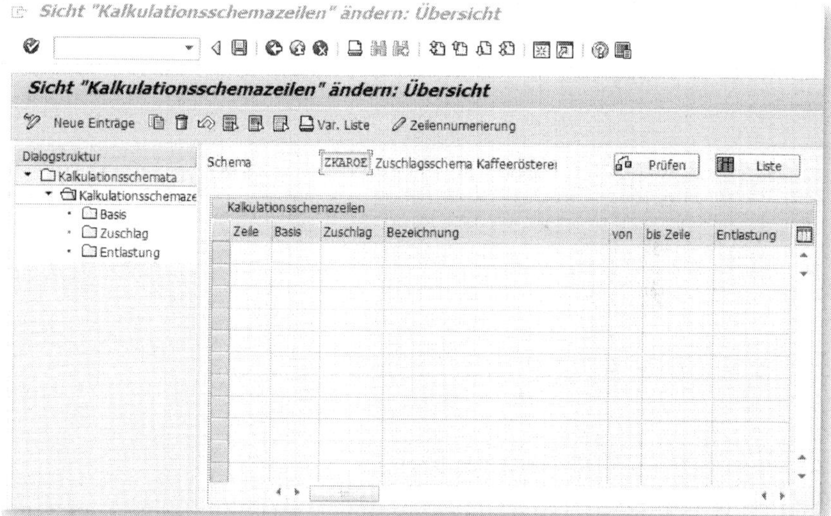

Abbildung 3.25 Zuschlagsschema Kafferösterei, noch ohne Einträge

Durch Markieren und anschließenden Doppelklick auf den Menüpunkt KALKULATIONSSCHEMA: ZEILEN gelangen wir in den eigentlichen Pflegedialog, in dem wir nun den Aufbau unserer Zuschlagsrechnung definieren können.

Wir beginnen mit der Definition der Zeilen, die quasi den Rahmen für unsere Zuschlagsrechnung bilden.

Im ersten Schritt definieren Sie Ihre Basiszeilen. Diese enthalten diejenigen Objekte, auf die Sie später die Zuschläge verrechnen wollen. Dazu gehen Sie folgendermaßen vor:

Zunächst vergeben Sie in der ersten Spalte (siehe Abbildung 3.26) eine fortlaufende Nummer, um Ihre Zeile später eindeutig identifizieren zu können. Im Feld BEZEICHNUNG hinterlegen Sie einen entsprechenden Text, also z. B. `Rohkaffee Afrika unbehandelt`. Entsprechend verfahren Sie mit allen weiteren Basiszeilen (ZEILEN `110` bis `160`).

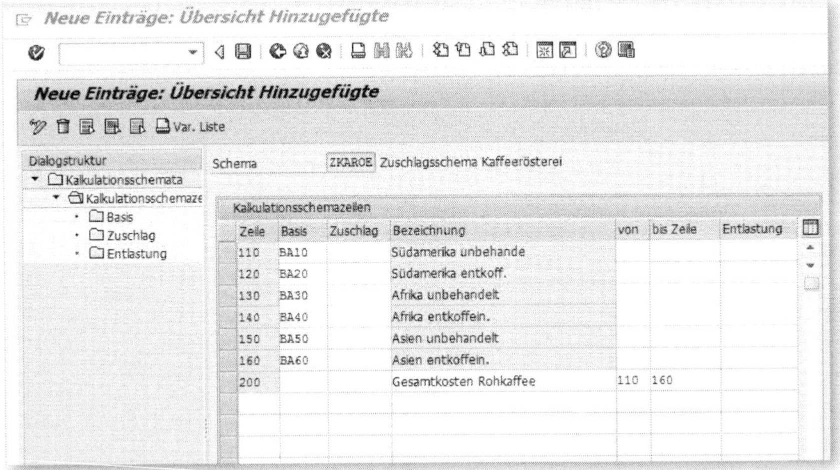

Neue Einträge: Übersicht Hinzugefügte

Dialogstruktur
- Kalkulationsschemata
  - Kalkulationsschemaze
    - Basis
    - Zuschlag
    - Entlastung

Schema ZKAROE Zuschlagsschema Kaffeerösterei

Kalkulationsschemazeilen

Zeile	Basis	Zuschlag	Bezeichnung	von	bis Zeile	Entlastung
110	BA10		Südamerika unbehande			
120	BA20		Südamerika entkoff.			
130	BA30		Afrika unbehandelt			
140	BA40		Afrika entkoffein.			
150	BA50		Asien unbehandelt			
160	BA60		Asien entkoffein.			
200			Gesamtkosten Rohkaffee	110	160	

Abbildung 3.26: Basiszeilen für Rohkaffee mit Gesamtsumme

Außerdem müssen Sie für jede Basiszeile in der Spalte BASIS den Schlüssel eintragen, unter dem Sie ihre jeweilige Basis zuvor definiert haben. In unserem Beispiel sind das die Schlüssel `Z010` bis `Z060`.

Anschließend können Sie eine Zeile für die Zwischensumme einfügen. In unserem Beispiel ist das die ZEILE 200. An den Einträgen in den Spalten VON und BIS ZEILE ist erkennbar, dass sich diese Summe auf alle Zeilen von 110 bis 160 beziehen soll.

Achten Sie bei der Nummerierung Ihrer Zeilen nach Möglichkeit darauf, dass Sie zwischen den einzelnen Zeilen ausreichend Platz lassen, um ggf. spätere Einträge zu erlauben.

Im nächsten Schritt bauen wir unsere Zuschläge in das Kalkulationsschema ein. Dazu definieren wir pro Zuschlag wiederum eine neue Zeile und tragen unsere Zuschlagsschlüssel jeweils in die Spalte ZUSCHLAG ein. Damit das System weiß, auf welche Basis es den jeweiligen Zuschlag anwenden soll, muss die Nummer der entsprechenden Basiszeile in die Spalten VON und BIS ZEILE übertragen werden (Zeilen 210 bis 260 in Abbildung 3.26).

Jetzt fehlen nur noch die Entlastungen, die wir ebenfalls in die jeweilige Zuschlagszeile, diesmal jedoch in die Spalte ENTLASTUNG eintragen. Nachdem wir auf diese Weise unsere Zuschläge für die einzelnen Rohkaffees und die sonstigen Materialgemeinkosten angelegt haben, ist unser Zuschlagsschema nun vollständig und entspricht der Darstellung in Abbildung 3.27.

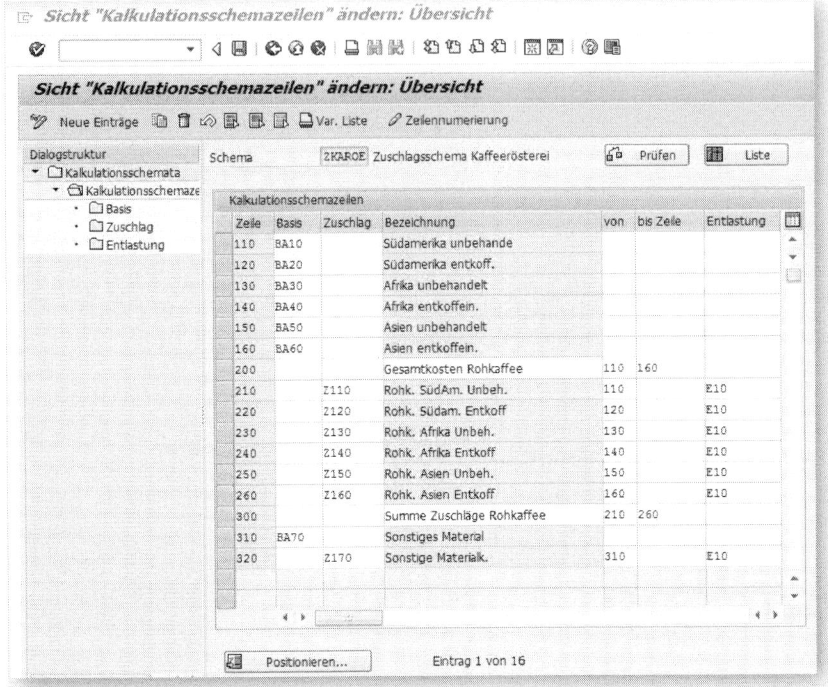

Abbildung 3.27: Zuschlagsschema ZKAROE, vollständig

3.5 Kalkulationsvariante definieren

Die *Kalkulationsvariante* bildet gewissermaßen das Skelett jeder Produktkostenkalkulation. In ihr sind alle zentralen Steuerungsparameter zusammengefasst, mit denen eine Kalkulation erstellt wird. Dabei ist die Kalkulationsvariante lediglich ein alphanumerischer Schlüssel, unter dem die einzelnen Steuerparameter mit ihren eigenen Einstellungen zusammengefasst werden.

Für unsere Kaffeerösterei wollen wir uns zunächst eine KALKULATIONSVARIANTE `ZKR1` definieren, die zur Kalkulation des Standardpreises verwendet werden soll (siehe Abbildung 3.28).

Hierzu rufen Sie im Customzing den Menüpfad CONTROLLING • PRODUKTKOSTEN-CONTROLLING • PRODUKTKOSTENPLANUNG • MATERIALKALKULATION MIT MENGENGERÜST • KALKULATIONSVARIANTEN DEFINIEREN auf. Der direkte Transaktionscode lautet OKKN. Im Ausgangsbildschirm wählen Sie NEUE EINTRÄGE und vergeben einen vierstelligen Schlüssel sowie eine Beschreibung.

Daraufhin sehen Sie das Bild gemäß Abbildung 3.28, in das Sie die einzelnen Steuerparameter für Ihre neue KALKULATIONSVARIANTE eintragen müssen.

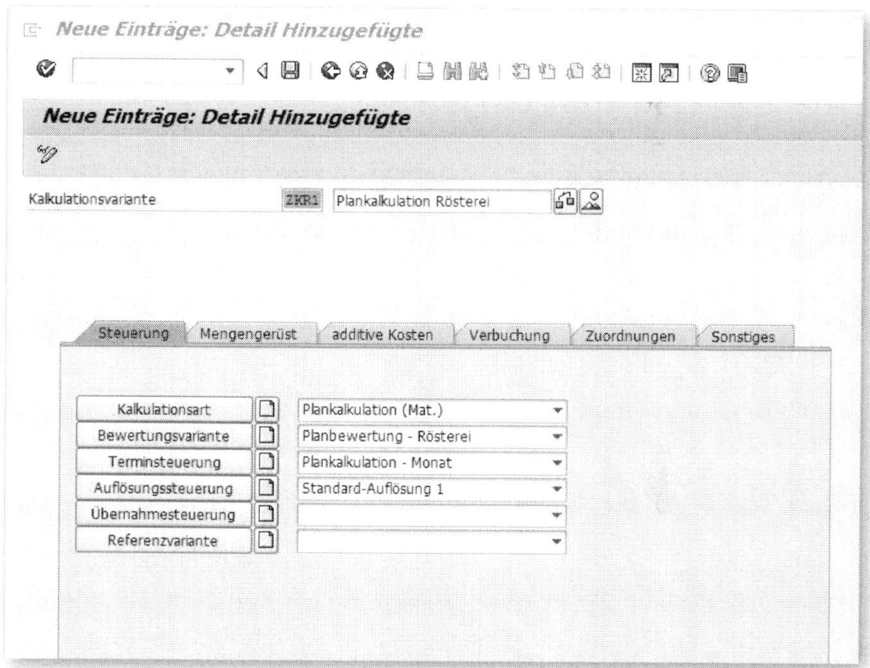

Abbildung 3.28: Kalkulationsvariante ZKR1

Unter dem Reiter STEUERUNG sehen Sie die einzelnen Bestandteile der soeben definierten KALKULATIONSVARIANTE ZKR1, die ich Ihnen nachfolgend näher erläutern werde.

Es ist natürlich empfehlenswert, die einzelnen Bestandteile zu definieren, bevor Sie aus diesen Ihre Kalkulationsvariante »zusammenbauen«. Sie erreichen die Konfiguration der Steuerungsparameter über das IMG-Menü CONTROLLING • PRODUKTKOSTENRECHNUNG • MATERIALKALKULATION MIT MENGENGERÜST • KALKULATIONSVARIANTE: BESTANDTEILE.

3.5.1 Kalkulationsart

Die Kalkulationsart steuert, welchem Zweck die Kalkulation dienen soll. Im Auslieferungsumfang des SAP-Systems ist eine Reihe der typischerweise von einem produzierenden Unternehmen benötigten Kalkulationsarten bereits vordefiniert. In erster Linie zu nennen sind hier die *auftragsunabhängige Erzeugniskalkulation* (01), die *mitlaufende Auftragskalkulation* für den Produktkostensammler (19), die *Sollkalkulation* (12) sowie unterschiedliche Arten von *Inventurkalkulationen* (10 und 11). Diese Kalkulationsarten unterscheiden sich durch das jeweils zugehörige Preisfeld im Materialstamm, das mit ihnen fortgeschrieben werden kann. So ist es z. B. mit der auftragsunabhängigen Erzeugniskalkulation (01) nur möglich, den Standardpreis fortzuschreiben; alle anderen Preisfelder können mit dieser Kalkulationsart nicht geändert werden. Für die übrigen Kalkulationsarten verbietet sich eine Fortschreibung des Standardpreises. Hier können Sie stattdessen aus den übrigen Preisfeldern (handelsrechtliche Preise, steuerrechtliche Preise, Planpreise 1–3) wählen.

Die von SAP ausgelieferten Kalkulationsarten lassen sich nicht ändern. Sie können sich aber selbstverständlich weitere Kalkulationsarten definieren, wenn Sie diese für Ihr Unternehmen benötigen. Für unsere Erzeugniskalkulation wählen wir die Kalkulationsart `01 - Plankalkulation (Mat.)`.

3.5.2 Bewertungsvariante

Die *Bewertungsvariante* ist das »Kernstück« der Kalkulationsvariante und damit der gesamten Kalkulation. Mit ihr legen Sie fest, welche

Preise Sie für die Bewertung der einzelnen Komponenten Ihrer Kalkulation heranziehen möchten.

Sie vergeben für die Bewertungsvariante zunächst einen eindeutigen Schlüssel und eine Bezeichnung. Beachten Sie dabei, dass die Bewertungsvariante nicht kostenrechnungskreisabhängig ist. Eine Variante steht Ihnen also in allen verwendeten Kostenrechnungskreisen des Mandanten zur Verfügung. Im Umkehrschluss bedeutet das natürlich auch, dass der Schlüssel, den Sie hier vergeben, mandantenweit eindeutig sein muss.

Die eindeutige Kombination aus Kalkulationsart und Bewertungsvariante dient dem SAP-System zudem als Schlüssel zur Identifikation und Speicherung der Kalkulationsvariante. Daher ist es nicht möglich, dieselbe Kombination aus Kalkulationsart und Bewertungsvariante unter unterschiedlichen Kalkulationsvarianten zu speichern.

Die einzelnen Komponenten Ihrer Kalkulation, deren Bewertung Sie nun festlegen, werden Ihnen auf verschiedenen Registerkarten angezeigt, die Sie nacheinander bearbeiten müssen (siehe Abbildung 3.29 und Abbildung 3.30).

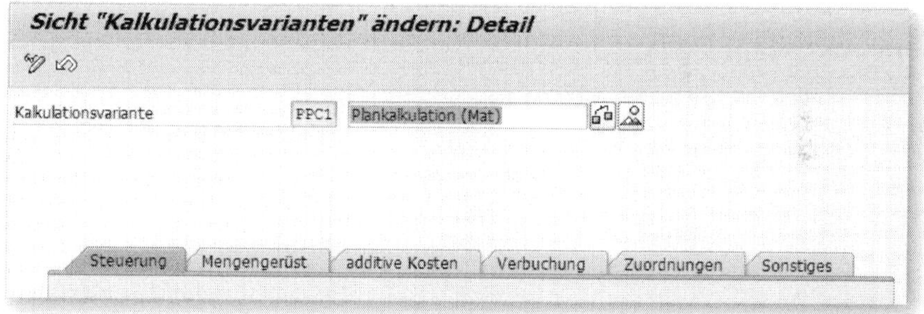

Abbildung 3.29: Registerkarten zum Aufbau der Kalkulationsvariante

- Registerkarte EIGENLEISTUNGEN

Unter *Eigenleistungen* versteht man hier diejenigen Leistungen, die mittels Leistungsarten von einer Kostenstelle an einen anderen Empfänger verrechnet werden. Für diese Leistungsarten müssen Sie festlegen, wie der Wert der Leistung (der Tarif) ermittelt werden soll. Sie werden sich an dieser Stelle vielleicht fragen, wozu Sie jetzt noch einmal eine Festlegung treffen sollen, da Sie doch bereits im Rahmen Ihrer Tarifplanung den Tarif der Leistungsarten bestimmt haben. Das SAP-System gibt Ihnen hierzu im Rahmen der Bewertungsvariante noch einmal verschiedene Optionen an die Hand, welchen der zuvor ermittelten Tarife Sie verwenden können.

Wenn Sie die Auswahltaste (das ist der kleine schwarze Pfeil am Ende des Eingabefeldes) für einen der Strategieschritte anklicken, werden Ihnen die verschiedenen Optionen angezeigt. Der wichtigste und am häufigsten verwendete Tarif ist sicher der *Plantarif* der Periode. Damit wählen Sie jeweils den Tarif, der in der Periode gültig ist, die Sie im Feld KALKULATIONSDATUM AB selektieren. Wenn Sie Ihre Erzeugniskalkulation jeden Monat neu durchführen, können Sie auf diese Weise saisonale Schwankungen in Ihren Tarifen berücksichtigen.

Sie haben aber auch die Möglichkeit, andere Tarife zu verwenden, beispielsweise einen Durchschnittstarif des gesamten Geschäftsjahres oder der verbleibenden Perioden. Ersterer empfiehlt sich insbesondere für Situationen, in denen eine automatische Tarifermittlung beispielsweise aufgrund saisonaler Schwankungen stark variierende Tarife ergeben hat, diese Schwankungen aber nicht an die Produkte weiterverrechnet werden sollen.

Der Suchalgorithmus, der bei diesen einzelnen Komponenten verwendet wird, ist immer der gleiche: Für jede Einsatzkategorie (Eigenleistungen, Materialverbräuche, Fremdleistungen etc.) werden Ihnen verschiedene Optionen angezeigt, die mit einer fortlaufenden Nummerierung versehen sind. Für jede Auswahl sucht das SAP-System zunächst nach dem Eintrag mit der Nummer »1«. Wenn das System einen gültigen Wert gemäß dieser Option findet, wird dieser verwendet. Wenn nicht, sucht es weiter nach den Kriterien gemäß Option 2, danach 3 usw. Wird ein gültiger Wert gefunden, so wird dieser benutzt und die Suche für diese Option abgebrochen. Es kommt also genau auf die richtige Reihenfolge der Einträge – sprich die richtige STRATEGIEFOLGE – an, um zu den erwünschten Ergebnissen zu gelangen.

- Registerkarte MATERIALBEWERTUNG

Die gleiche Logik der Bewertungsstrategie findet auch in der Bewertung der Einsatzmaterialien Anwendung. Im Beispiel sucht das System zunächst nach einem gültigen Wert im Einkaufsinfosatz zum Material. Findet es keinen gültigen Einkaufsinfosatz, liest es das Feld PLANPREIS 1. Dies ist ein freies Feld im Materialstammsatz in der KALKULATIONSSICHT 2, das Ihnen zur Verfügung steht, um vom Standardpreis abweichende Werte zu hinterlegen, beispielsweise den zu erwartenden Standard- oder Einkaufspreis der nächsten Periode. Findet das System hier einen Eintrag, wird dieser Wert in die Kalkulation übernommen; wird es nicht fündig, sucht das System gemäß der definierten Strategiefolge weiter nach dem gültigen Wert des Standardpreises. Kann das System diesen gar nicht ermitteln (z. B. weil das Einsatzmaterial ein Rohstoff ist und mit dem gleitenden Durchschnittspreis bewertet wird), versucht es schließlich, einen gültigen Eintrag im Feld GLEITENDER DURCHSCHNITTSPREIS zu finden.

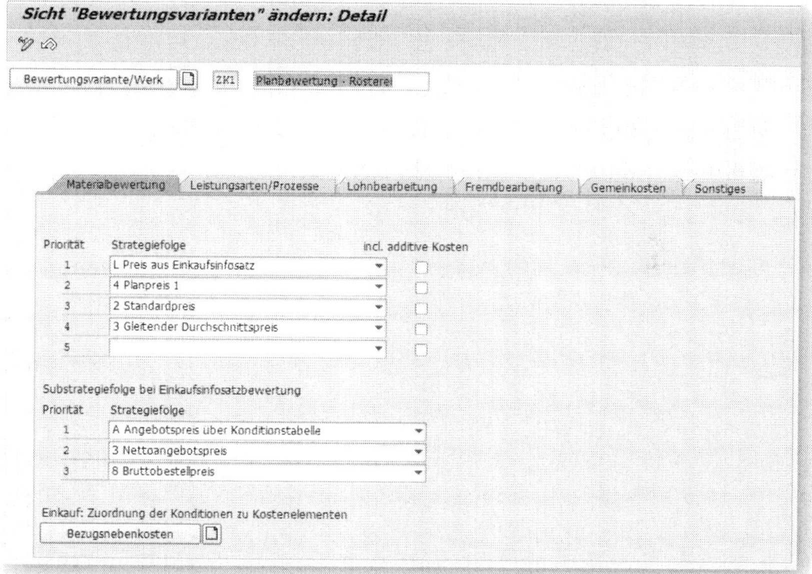

Abbildung 3.30: Bewertungsstrategie für die Bewertung der Einsatzmaterialien

Bei der Materialbewertung kommt es häufig vor, dass es sich um ausschließlich fremdbeschaffte Artikel handelt. In diesen Fällen werden die Preise aus den Einkaufsdaten (hier der EINKAUFSINFOSATZ) herangezogen. Hierzu erscheint ein separater Auswahlkasten, über den Sie die Preisfindung für den Einkauf noch näher spezifizieren können. Ggf. müssen Sie mit Ihren Kollegen aus dem Einkauf sprechen, welche der hier zur Verfügung stehenden Optionen in Ihrem Unternehmen sinnvollerweise zu verwenden ist.

- Registerkarten LOHNBEARBEITUNG/FREMDBEARBEITUNG

Bei Lohn- und Fremdbearbeitung handelt es sich jeweils um Arbeitsschritte, die – aus der Sicht unseres Unternehmens – von externen Dritten durchgeführt werden. Oft spricht man in diesem Zusammenhang auch von einer »verlängerten Werkbank«. Kennzeichnend für beide ist, dass von unserem Unternehmen dem externen Bearbeiter ein Material beigestellt wird, der daran bestimmte Veredelungsarbeiten vornimmt, und wir anschließend das Material wieder zurück in unseren Bestand nehmen. Dabei kann das zurückgenommene Material auch unter einer anderen Materialnummer geführt sein als das beigestellte.

Ein entscheidender Unterschied zwischen der Fremd- und der Lohnbearbeitung liegt darin, dass man von *Lohnbearbeitung* immer dann spricht, wenn die Bearbeitungsschritte des externen Dienstleisters Teil eines Arbeitsplans sind, also direkt mit der Fertigung zusammenhängen, während bei der *Fremdbearbeitung* das Material in der Regel anonym aus dem Lager entnommen wird und nach der Bearbeitung auch wieder ohne Bezug zu einem konkreten Fertigungsauftrag dorthin zurückgeliefert wird.

Für beide Bearbeitungsvarianten haben Sie die Möglichkeit, zur Bewertung auf Preise aus den Einkaufsdaten (Infosatz oder Angebot oder Bestellung) zuzugreifen, während Sie bei der Lohnbearbeitung zusätzlich den Bewertungspreis direkt aus dem Vorgang im Arbeitsplan heranziehen können.

- Registerkarte GEMEINKOSTEN

Hier tragen Sie schließlich das Kalkulationsschema ein, mit dem Sie Ihre Gemeinkostenzuschläge berechnen lassen wollen, also in unserem Fall das Schema ZKAROE.

3.5.3 Terminsteuerung

Mithilfe der Terminsteuerung legen Sie fest, zu welchen Stichtagen Ihre Kalkulation gültig sein soll. Das wichtigste Datum ist hier das KALKULATIONSDATUM AB, das angibt, ab welchem konkreten Tag die von Ihnen soeben angelegte Kalkulation gültig ist. Es steuert damit auch den frühesten Termin, an dem eine Preisfortschreibung der Kalkulationsergebnisse möglich ist. Das System bietet Ihnen verschiedene Voreinstellungen an:

- Für eine Erzeugniskalkulation, die zur Ermittlung des Standardpreises dient (Kalkulationsart 01), ist es sinnvoll, als Vorschlagswert entweder den ersten Geschäftstag des Folgemonats oder des nachfolgenden Geschäftsjahres zu wählen, je nachdem, ob Sie Ihre Standardpreise mehrmals oder einmal pro Geschäftsjahr kalkulieren und aktualisieren wollen.
- Für die übrigen Kalkulationsarten, die andere Preise als den Standardpreis fortschreiben, empfiehlt sich in der Konfiguration der Terminsteuerung die Auswahl des aktuellen Tagesdatums.

Kalkulationsdatum »Ab«

Beachten Sie, dass die Freigabe der Kalkulationsergebnisse frühestens zum Zeitpunkt des KALKULATION AB-Datums möglich ist und dass darüberhinaus Kalkulationen, deren KALKULATION AB-Datum in der Vergangenheit liegt, nicht abgespeichert (und auch nicht freigegeben) werden können.

Für die weiteren Parameter AUFLÖSUNGSTERMIN und BEWERTUNGSTERMIN setzen Sie als Defaultwert sinnvollerweise das KALKULATIONSDATUM AB. So stellen Sie sicher, dass die zum Kalkulationsstichtag gültigen Mengengerüste und Preise vom System verarbeitet werden.

Generell gilt, dass Sie in diesem Bearbeitungsschritt lediglich Vorschlagswerte hinterlegen, die Sie beim Anlegen einer konkreten Kalkulation auch noch verändern können.

3.5.4 Auflösungsssteuerung

Die *Auflösungssteuerung* legt fest, zu welchen Terminen das System nach den Komponenten des Mengengerüsts suchen soll. Sinnvollerweise wählen Sie hier einen Eintrag, der möglichst aktuell ist (das *Kalkulationsdatum ab* ist hier eine gute Wahl). Auch hier legen Sie lediglich Vorschlagswerte fest, die in der jeweiligen Anwendung noch geändert werden können.

3.5.5 Übernahmesteuerung

Die *Übernahmesteuerung* stellt, obwohl sie in der Auflistung der Steuerungsparameter an letzter Stelle erscheint, eine sehr wichtige Einflussgröße dar. Mit ihrer Hilfe erklären Sie, mit welchen Parametern das System beim Anlegen einer Kalkulation eventuell bereits vorhandene gültige Kalkulationen in anderen Organisationseinheiten suchen soll. Ein mögliches Szenario wäre, wenn Sie in einem Werk ausschließlich Komponenten fertigen, die Sie dann in einem zweiten Werk in Ihre Fertigerzeugnisse einbauen. Diese Komponenten werden in dem Werk für die Fertigerzeugnisse nur als ein Material ohne Stücklisten und Arbeitspläne vorhanden sein. Um diese Komponenten dennoch vollständig in die Kostenwälzung des Fertigprodukts einfließen zu lassen, kann man das System veranlassen, die ursprüngliche Kalkulation aus dem Werk für die Komponentenfertigung als Teil der Kalkulation des Fertigprodukts heranzuziehen. Auf diese Weise sparen Sie einerseits den Pflegeaufwand, weil Sie die Mengengerüstkomponenten nur in einem Werk pflegen müssen, und andererseits Systemperformance, weil alle Komponenten und Fertigungsschritte vom System nur einmal kalkuliert werden müssen.

Ein weiterer Aspekt erscheint mir jedoch mindestens genauso bedeutsam: Wenn Sie nämlich die Herstellkosten Ihrer Komponenten als Teil der Herstellkosten Ihres Fertigproduktes mithilfe der Übernahmesteuerung kalkulieren, können Sie mögliche, bei der offiziellen Umlagerung eingerechnete Zwischengewinne eliminieren. Betrachten wir dazu ein Beispiel:

Werksübergreifende Kalkulationen

Ein Unternehmen fertigt in zwei Werken, die zu verschiedenen Buchungskreisen gehören: Im Werk 1 werden ausschließlich Komponenten gefertigt, die nicht an Dritte verkauft werden, sondern nur an das zweite Werk im zweiten Buchungskreis. Dort gehen die Komponenten als Teile in das Fertigerzeugnis ein. Bei der Abgabe der Komponenten von Werk 1 an Werk 2 wird als Abgabepreis nun nicht nur der Wert der Herstellkosten gewählt, sondern es werden zusätzlich ein Aufschlag für die nicht zu den Herstellkosten, wohl aber zu den Selbstkosten zählenden sonstigen Kosten wie Vertrieb, Verwaltung und Ähnliches sowie ein Gewinnzuschlag eingerechnet, um auch für die Komponentenfertigung, die ja keine Marktpreise erzielen kann, einen angemessenen Gewinn ausweisen zu können.

Bei der buchungskreisübergreifenden Umlagerung von Werk 1 an Werk 2 wird diese Komponente nun zum definierten Transferpreis in Werk 2 eingelagert, was bedeutet, dass dieser Transferpreis die Bewertungsgrundlage für die Komponente in Werk 2 darstellt und daher als Preis für den Materialeinsatz der Komponente in die Kalkulation des Fertigproduktes in Werk 2 eingeht. Aus rechtlicher Bewertungssicht ist dieses Vorgehen in Ordnung, wobei uns Fragen zur Angemessenheit der Höhe des Gewinnzuschlags hier nicht interessieren.

Für interne Auswertungszwecke sind Sie aber daran interessiert, die Herstellkosten über Ihre gesamte Wertschöpfungskette zu ermitteln. Daher lesen Sie über eine geeignete Übernahmesteuerung die Herstellkosten in Werk 1 als Teil Ihrer Herstellkosten des Werkes 2 ein, ohne die angefallenen Gemeinkosten und Gewinnzuschläge zu berücksichtigen. Voraussetzung für dieses Vorgehen ist allerdings, neben der entsprechenden Ausgestaltung der Übernahmesteuerung in der Kalkulationsvariante, ein entsprechender Eintrag im Materialstamm.

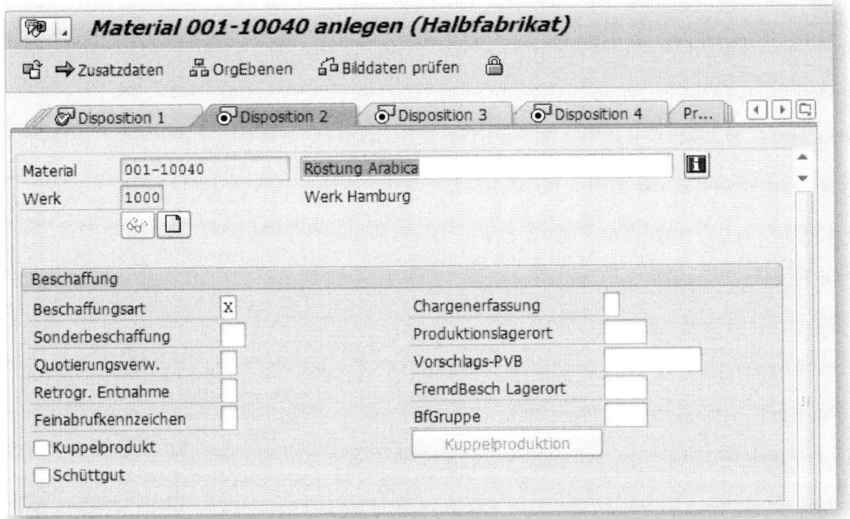

Abbildung 3.31: Sonderbeschaffungsschlüssel in der Sicht DISPOSITION 2 des Materialstamms

Konkret müssen Sie in der werksabhängigen Dispositionssicht des Materialstamms der Komponente in Werk 2 über das Feld SONDERBESCHAFFUNGSSCHLÜSSEL (siehe Abbildung 3.31) festlegen, dass dieses Teil in Werk 1 gefertigt wird. Das Feld Sonderbeschaffungsschlüssel finden Sie so ähnlich auch in der KALKULATIONSSICHT 1 Ihres Materials. Der Unterschied zwischen beiden Feldern besteht darin, dass der SONDERBESCHAFFUNGSSCHLÜSSEL KALKULATION (siehe Abbildung 3.32) nur zum Zweck der Kalkulation zur Anwendung kommt und dazu ggf. den allgemeinen Sonderbeschaffungsschlüssel der Disposition übersteuert. Wenn also Ihre Logistik den Sonderbeschaffungsschlüssel in der Disposition nicht (oder für andere Vorhaben) nutzen will, haben Sie die Möglichkeit, einen entsprechenden Schlüssel einzig für Ihre Kalkulationsabsichten in der Kalkulationssicht 1 einzutragen.

Einen entsprechenden Sonderbeschaffungsschlüssel müssen Sie zuvor im Einführungsmenü der Produktionsplanung (PP) unter PRODUKTION • BEDARFSPLANUNG • STAMMDATEN • SONDERBESCHAFFUNGSART definiert haben. Abbildung 3.32 zeigt den Sonderbeschaffungsschlüssel in der Kalkulationssicht, der für das MATERIAL CPH-2001 im WERK 1000 festlegt, dass das entsprechende Material im WERK 1100 gefertigt wird.

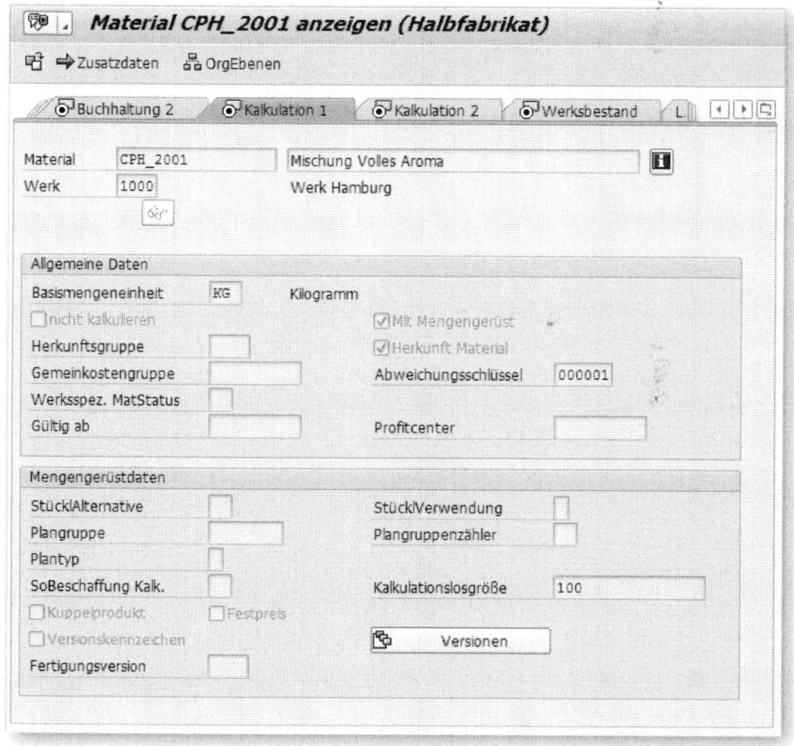

Abbildung 3.32: Sonderbeschaffungsschlüssel in der Sicht KALKULATION 1 des Materialstamms

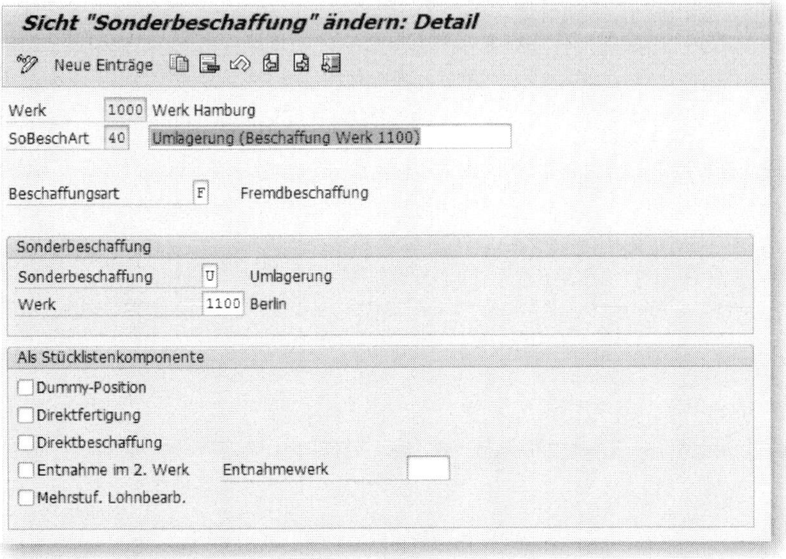

Abbildung 3.33: Sonderbeschaffungsschlüssel 40 für das Werk 1000

Additive Kosten

Bislang haben wir ausschließlich Parameter betrachtet, die erforderlich sind, um eine Kalkulation mit Mengengerüst anzulegen. *Mit Mengengerüst* bedeutet, dass alle Verbrauchsmengen, die zur Bewertung der einzelnen Kalkulationspositionen erforderlich sind, aus den Arbeitsplänen und Stücklisten der Produktionsplanung übernommen werden können. Es gibt jedoch auch Situationen, in denen die Produktionsplanung nicht alle Mengen liefern kann, die Sie zur vollständigen Kalkulation eines Artikels benötigen; etwa wenn Sie neue Produktvariationen kalkulieren möchten, die noch nicht produziert wurden, für die Sie aber schon einmal den Kostenrahmen abschätzen wollen. So könnte man sich vorstellen, dass Sie für unseren Röstkaffee eine neue Variante mit zusätzlichen Aromastoffen bereits kalkulieren möchten, lange bevor die Produktion oder das Marketing hierfür eine endgültige Produktionsfreigabe erteilen.

Für Fälle wie diesen steht Ihnen das Instrument der *additiven Kosten* zur Verfügung. Mittels additiver Kosten erfassen Sie für ein Material und eine bestehende Kalkulationsvariante weitere, frei definierbare Kostenbestandteile, die dann beim Ausführen der Kalkulation zu den Werten des bestehenden PP-Mengengerüsts hinzugerechnet werden (daher die Bezeichnung »additive« Kosten).

Sie legen additive Kostenbestandteile an, indem Sie im Anwendungsmenü über RECHNUNGSWESEN • CONTROLLING • PRODUKTKOSTENCONTROLLING • PRODUKTKOSTENPLANUNG • MATERIALKALKULATION • KALKULATION MIT MENGENGERÜST • ADDITIVE KOSTEN • ANLEGEN gehen. Alternativ können Sie diese Funktion auch mit der Transaktion `CK74N` aufrufen.

Im Einstiegsbild (siehe Abbildung 3.34) geben Sie die Werte für das MATERIAL eines bestimmten WERKS ein, für das Sie die Kosten erfassen möchten. Außerdem müssen Sie die KALKULATIONSVARIANTE eintragen, zu der die Kosten erfasst werden sollen.

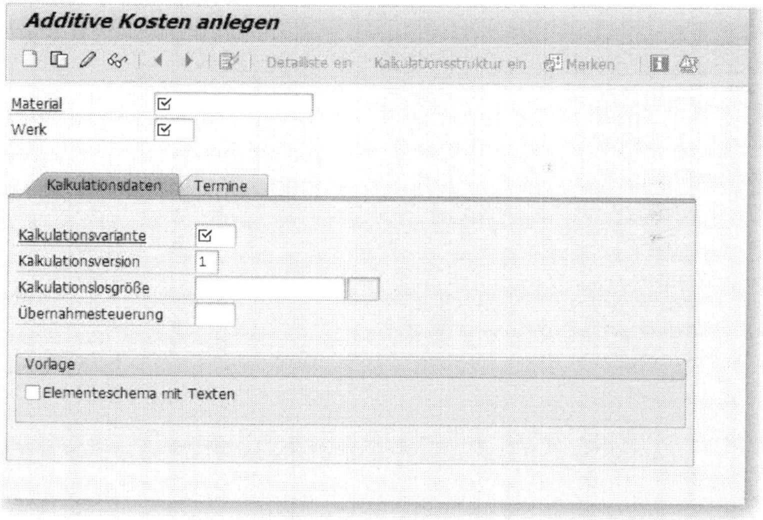

Abbildung 3.34: Erfassung additiver Kosten, Einstiegsbild

Die übrigen Parameter (Losgröße, Kalkulationsdaten) werden, sofern Sie sie nicht manuell eingeben, aus den vorhandenen Daten (Materialstammsatz und Kalkulationsvariante) automatisch herangezogen. Mit [Enter] gelangen Sie zum nächsten Bildschirm, auf dem Sie die einzelnen additiven Kalkulationspositionen nun manuell eingeben können (siehe Abbildung 3.35).

Abbildung 3.35: Erfassung additiver Kosten, Listbild

Der Bildschirm ist im Prinzip wie ein Tabellenkalkulationsblatt aufgebaut, auf dem die einzelnen Spalten festgelegte Bedeutungen haben, wobei T den Typ der jeweiligen Position angibt. Folgende Typen sind hier auswählbar (siehe Abbildung 3.36):

PositT...	Kurzbeschreib...
B	Musterkalkulation
E	Eigenleistung
F	Fremdleistung
L	Lohnbearbeitung
M	Material
N	Dienstleistung
O	Operation
P	Prozeß (manuell)
S	Summe
T	Textposition
V	Variable Position

Abbildung 3.36: Positionstypen für additive Kosten

B verweist auf eine bereits angelegte `Musterkalkulation`, die Sie hier als Ganzes einfügen können, etwa wenn Sie eine komplette Komponente hinzurechnen wollen, für die Sie zuvor bereits eine Kalkulation erstellt haben.

E kennzeichnet die Position als `Eigenleistung`. Hier geben Sie eine Leistungsart in Verbindung mit einer Kostenstelle an. Das System ermittelt sodann den Wert der Position anhand des hinterlegten Tarifs (gemäß Bewertungsvariante der zuvor eingegebenen Kalkulationsvariante).

F bedeutet, dass es sich um eine `Fremdbearbeitung` handelt. An dieser Stelle müssen Sie die Nummer eines Materials eintragen, das fremdbearbeitet wird, damit das System aus den gemäß Bewertungsvariante gefundenen Einkaufsdaten einen Preis ermitteln kann.

L steht für eine lohnbearbeitete Position; auch hier müssen Sie eine Materialnummer eingeben, damit das System den Preis aus den Einkaufsdaten gemäß Bewertungsvariante findet.

M bezieht sich auf ein `Material`. Es ist der entsprechende Stammsatz zu pflegen; der Preis wird wiederum aus der Bewertung für Einsatzmaterialien gemäß der Bewertungssteuerung ermittelt.

N zeigt an, dass es sich um eine DIENSTLEISTUNG handelt. Dienstleistungen werden analog zu Materialien behandelt, nur dass sie nicht bestandsgeführt werden.

O steht für eine `Operation`.

P steht für einen `manuell` einzugebenden `Prozess`. Ein Prozess ist ein Stammdatum aus der Prozesskostenrechnung, die einen Teilbereich des Gemeinkostencontrollings darstellt. Ein Geschäftsprozess wird ähnlich verrechnet wie eine Leistungsart; auch für einen Prozess müssen Sie zuvor einen Tarif ermittelt und im System hinterlegt haben, um ihn verrechnen zu können.

S bedeutet, dass es sich bei dieser Zeile um eine `Summe` handelt. Ähnlich wie bei den Summenzeilen im Zuschlagsschema, wird kein eigener Wert ermittelt, sondern die zuvor angelegten Zeilen werden lediglich aus Gründen der Übersichtlichkeit zu einer Zwischensumme addiert.

T bedeutet Textposition. Auch bei einer Textposition wird kein eigener Wert eingegeben, sondern nur ein erklärender Text, der beispielsweise auf ein externes Dokument (etwa eine Zeichnung) verweisen kann.

V schließlich besagt, dass es sich um eine variable Position handelt. Diese hat keinerlei Bezug zu anderen im System vorhandenen Daten und muss von Ihnen komplett spezifiziert werden. Sie müssen also die Bezeichnung, die Menge und den Preis (oder den Gesamtwert) vollständig manuell erfassen.

3.5.6 Kalkulation ohne Mengengerüst

Ähnlich wie additive Kosten, bei denen Sie einzelne Positionen erfassen, ohne auf ein PP-Mengengerüst zugreifen zu können, können Sie auch eine komplette Kalkulation anlegen, ohne auf ein Mengengerüst der Produktionsplanung zuzugreifen. Hierfür nutzen Sie die Funktion *Kalkulation ohne Mengengerüst*.

Sie legen eine Kalkulation ohne Mengengerüst an, indem Sie im Menüpfad den Eintrag RECHNUNGSWESEN • CONTROLLING • PRODUKTKOSTEN-CONTROLLING • PRODUKTKOSTENPLANUNG • MATERIALKALKULATION • MATERIALKALKULATION OHNE MENGENGERÜST • ANLEGEN wählen oder die Funktion mit der Transaktion KKPAN aufrufen (siehe Abbildung 3.37).

Sie müssen hier die gleichen Parameter pflegen, die Sie bei der Erfassung additiver Kosten im Abschnitt zuvor kennengelernt haben. Auch die Eingabe der einzelnen, gleichbedeutenden Kalkulationspositionen erfolgt vollkommen analog. Wenn Sie so wollen, handelt es sich bei einer Kalkulation ohne Mengengerüst um eine ausschließliche Zusammenfassung additiver Kosten.

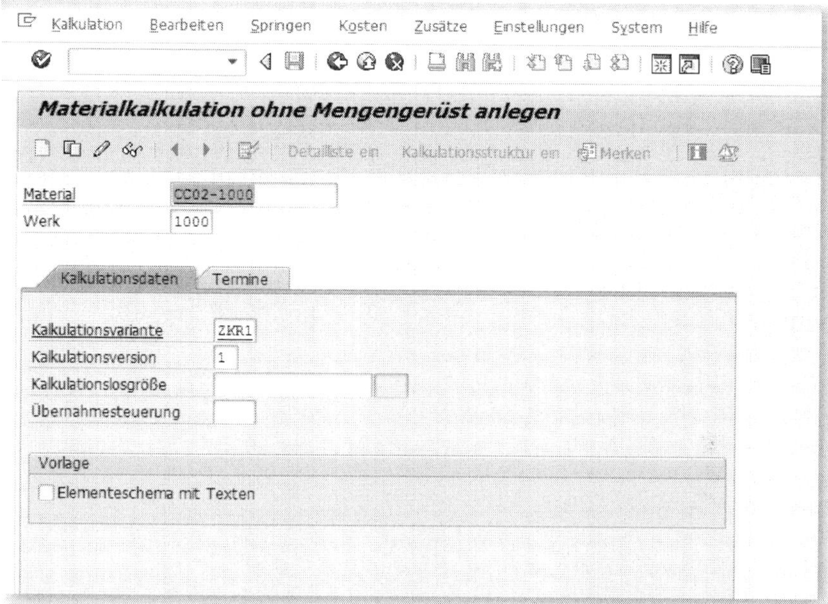

Abbildung 3.37: Kalkulation ohne Mengengerüst anlegen

3.6 Materialkalkulation mit Mengengerüst anlegen

Nachdem Sie nun alle Vorbereitungen zur Durchführung einer Materialkalkulation abgeschlossen haben, können Sie Ihre ersten Materialien tatsächlich kalkulieren. Grundsätzlich haben Sie hierzu zwei Möglichkeiten:

1. Mit der *Einzelkalkulation (CK11N)* kalkulieren Sie einzelne Materialien, die Sie beispielsweise im Laufe des Geschäftsjahres neu in Ihr Sortiment aufnehmen oder für die Sie vorhandene fehlerhafte Kalkulationen korrigieren wollen.
2. Mit dem *Kalkulationslauf (CK40N)* hingegen kalkulieren Sie zeitgleich große Mengen von Materialien. Dies ist klassischerweise die Option, die Sie zu Beginn eines Geschäftsjahres wählen, um die Bewertungspreise aller in Ihrem Unternehmen gefertigten Materialien auf den aktuellen Stand zu bringen.

3.6.1 Einzelkalkulation

Sie erreichen die Einzelkalkulation über den Menüpfad RECHNUNGSWESEN • CONTROLLING • PRODUKTKOSTENCONTROLLING • PRODUKTKOSTENPLANUNG • MATERIALKALKULATION • KALKULATION MIT MENGENGERÜST • ANLEGEN oder die Transaktion CK11N.

Im Einstiegsbild (siehe Abbildung 3.38) werden Sie aufgefordert, die MATERIALnummer und das WERK einzugeben, in dem Sie das Material kalkulieren wollen. Im unteren Abschnitt tragen Sie die KALKULATIONSVARIANTE ein, mit der kalkuliert werden soll.

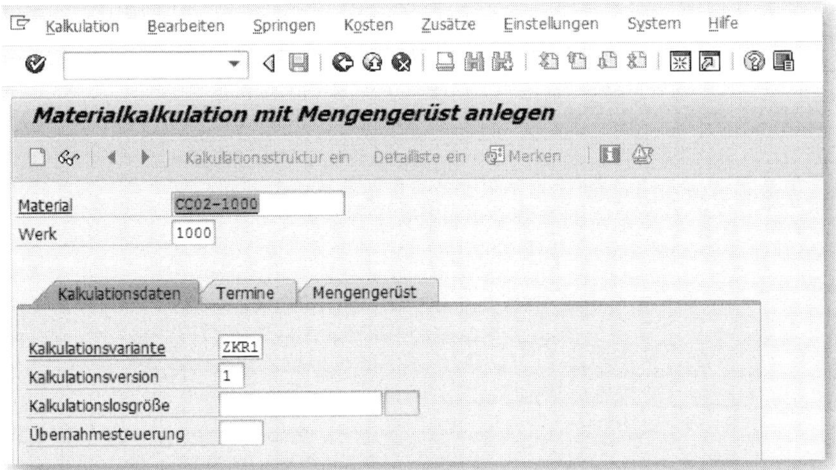

Abbildung 3.38: Materialkalkulation mit Mengengerüst, Anforderungsbild

Die Felder KALKULATIONSVERSION, LOSGRÖßE und ÜBERNAHMESTEUERUNG werden aus der Kalkulationsvariante bzw. aus dem Materialstamm (Losgröße) automatisch gefüllt. Hier müssen Sie also nur dann etwas ergänzen, wenn Sie von den vorgeschlagenen Werten abweichen wollen. Die Kalkulationslosgröße bestimmt, auf welche Menge des zu kalkulierenden Materials Ihre Kosten berechnet werden sollen. Die Standard-Kalkulationslosgröße ist in der KALKULATIONSSICHT 1 des Materialstamms hinterlegt. Diesen Wert zieht das System, wenn Sie hier keine abweichenden Einträge vornehmen.

Klicken Sie anschließend auf die Registerkarte TERMINE und dann auf die Schaltfläche VORSCHLAGSWERTE. Es werden Ihnen diejenigen Termine eingeblendet, die in der Terminsteuerung der gewählten Kalkulationsvariante bestimmt wurden (siehe Abbildung 3.39).

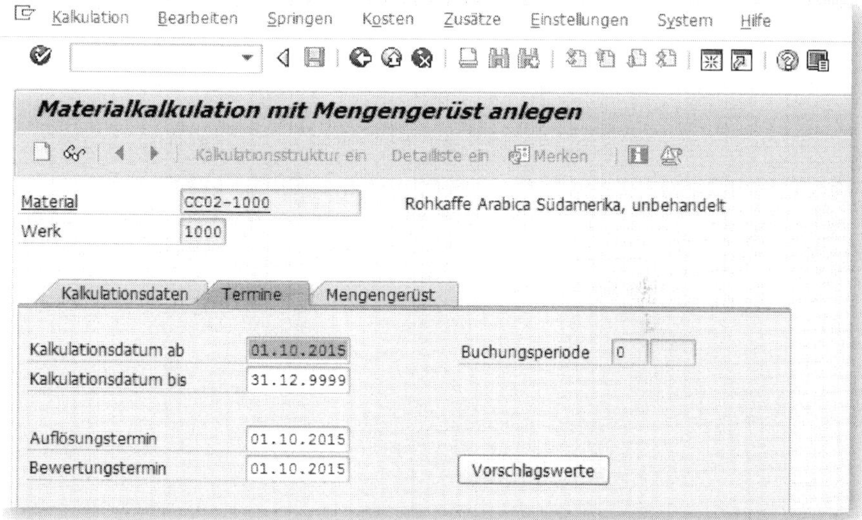

Abbildung 3.39: Terminauswahl für die Materialkalkulation

Diese Vorschlagswerte können Sie nun ggf. überschreiben. Beachten Sie, dass Sie die Ergebnisse einer Kalkulation erst freigeben können, wenn das KALKULATIONSDATUM AB tatsächlich erreicht ist. Häufig ist der 1. des Folgemonats als Vorschlagswert eingestellt; möchten Sie Ihr Ergebnis aber schon unmittelbar nach Durchführung der Kalkulation freigeben, tragen Sie hier das aktuelle Tagesdatum ein. Ein Datum aus der Vergangenheit (z. B. der 1. des aktuellen Monats) wird vom System zwar akzeptiert, es erscheint aber eine Warnung, dass eine Speicherung (und damit auch eine Freigabe) von Kalkulationen mit einem zurückliegenden Gültigkeitsdatum nicht möglich ist. Sie können diese Warnung zwar, wie alle Warnungen im SAP-System, durch Drücken der `Enter`-Taste überspringen und danach die Kalkulation durchführen; ein Abspeichern der Ergebnisse wäre aber in diesem Fall dennoch nicht durchführbar.

Nachdem Sie Ihre Eingaben vervollständigt haben, führen Sie Ihre Kalkulation durch Drücken der Enter-Taste aus.

Nach Abschluss der Berechnungen erscheinen die Kalkulationsergebnisse gemäß Abbildung 3.40.

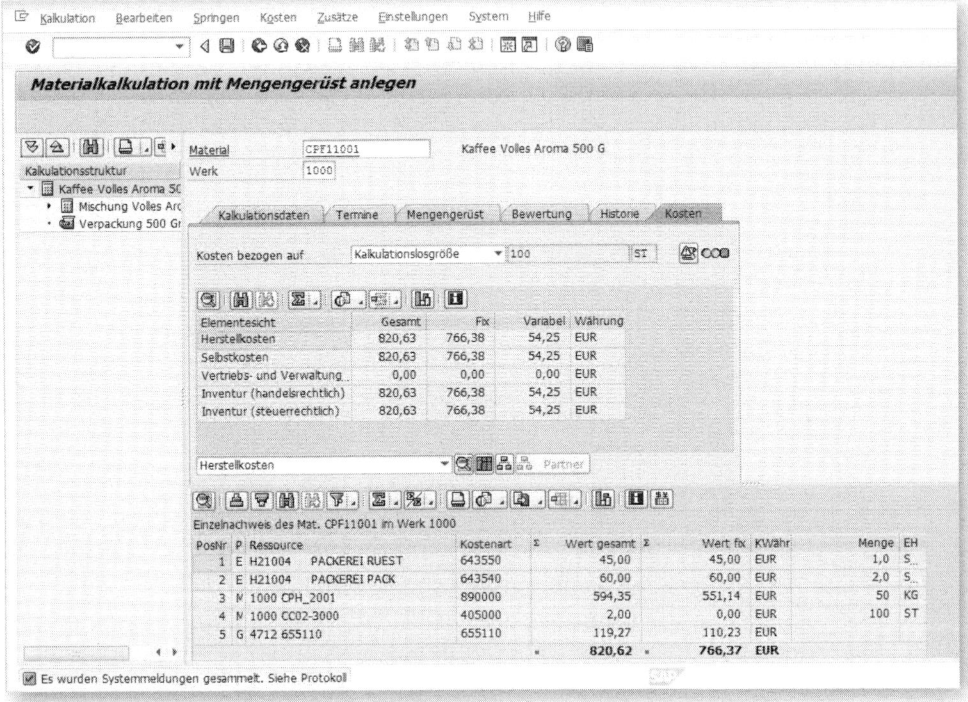

Abbildung 3.40: Kalkulationsergebnis, Grundbild

Dieser Bildschirm ist im gesamten SAP-System wohl einer derjenigen, die die meisten Informationen überhaupt bereithalten. Er besteht im Standard aus drei großen Bereichen: Im linken Teil erscheint die mit Kosten und Mengen bewertete Stückliste Ihrer Kalkulation. Im rechten Teil sind im unteren Abschnitt die Kalkulationsergebnisse als Einzelnachweis zusammengefasst, und über die verschiedenen Registerkarten im rechten oberen Teil werden Ihnen die zugrunde liegenden Kalkulationsparameter angezeigt. Betrachten wir zunächst den linken Bildschirmteil:

Es erscheinen im Standard zunächst nur die **Materialien**, die in Ihre Kalkulation eingeflossen sind, hierarchisch nach ihrer Verwendung mit den einzelnen Komponenten angeordnet. Die Positionen des Arbeitsplans sowie Zuschläge werden in diesem Bild noch nicht angezeigt. In der obersten Zeile finden Sie das Material, das Sie gerade kalkuliert haben, darunter sind die jeweiligen Komponenten aufgeführt, wiederum untergliedert in ihre Bestandteile.

Als ersten Schritt wollen wir uns den linken Teil etwas breiter darstellen lassen, um alle Informationen betrachten zu können. Dazu ziehen Sie mit der Maus die Begrenzungslinie nach rechts, bis diese etwa die Häfte des Bildschirms erreicht hat. Danach verbreitern Sie entsprechend die einzelnen Spalten, bis die in ihnen angezeigten Informationen vollständig lesbar sind.

Durch einen Klick auf die Schaltfläche NURMAT./ALLE POS. in der Symbolleiste des linken Teils können Sie sich zusätzlich die Werte für die Eigenleistungen und die Gemeinkostenzuschläge einblenden lassen. Schließlich expandieren Sie die Einsatzmaterialien durch Drücken der Schaltfläche TEILBAUM EXPANDIEREN, die Sie ganz links in der Symbolleiste finden. Danach sollte Ihr Bildschirm ungefähr wie in Abbildung 3.41 aussehen.

In den Spalten neben den einzelnen Komponenten finden Sie die GESAMTWERTE, die verwendeten MENGEN und die jeweils zugehörigen RESSOURCEN. Bei Materialien wird rechts oben das Werk angezeigt, aus dem das Material stammt, bei Eigenleistungen die Leistungsart und die jeweils abgebende Kostenstelle.

Sie sehen, dass jede Einsatzkomponente zunächst für sich kalkuliert wird und die Ergebnisse in die Kalkulation der jeweils nächsthöheren Stufe eingehen.

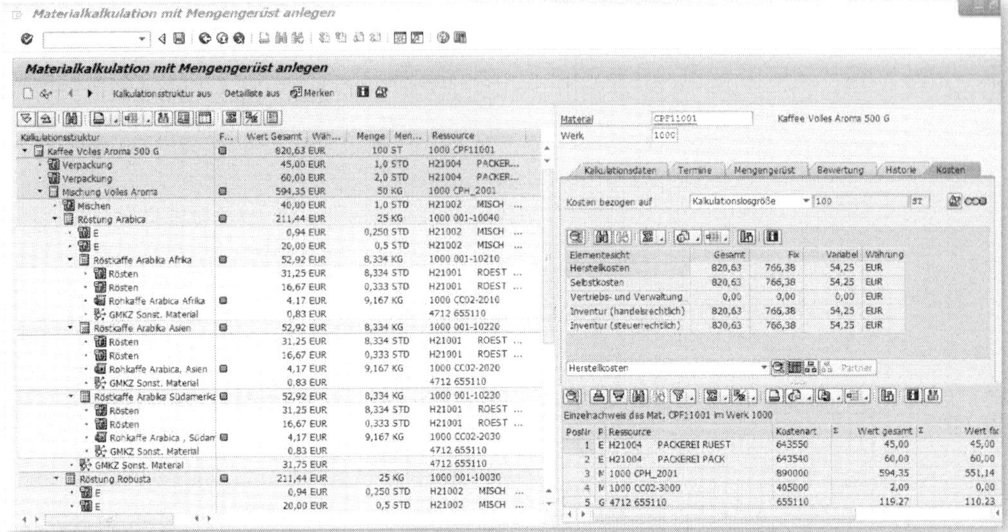

Abbildung 3.41: Kalkulationsergebnis nach Bildschirmanpassung

Wenn Sie den Cursor auf einer Zeile positionieren, können Sie mit einem Klick auf die Schaltfläche STAMMDATEN direkt in den Stammsatz des markierten Objekts abspringen. Besonders bei Materialien ist dies sehr hilfreich, da Sie hier direkt in die KALKULATIONSSICHT 1 des betreffenden Materials gelangen, um beispielsweise die verwendeten Preise oder andere kalkulationsrelevante Parameter direkt überprüfen zu können.

In der rechten Bildschirmhälfte sind die Kalkulationsergebnisse zusammengefasst dargestellt. Im Standard erscheint die Sicht auf die Einzelnachweise gegliedert nach Kostenarten und, falls Sie das Kennzeichen HERKUNFT MATERIAL im Materialstamm gesetzt haben, der eingesetzten Materialien.

Die Ergebnisse werden hier spaltenweise nach den Kategorien GESAMT, FIX und VARIABEL getrennt dargestellt.

Um vom Einzelnachweis auf die Elementesicht zu gelangen, drücken Sie die Schaltfläche KOSTENELEMENTE unmittelbar über den Ergebniszeilen. Sie sehen daraufhin Ihre Kalkulationsergebnisse nunmehr in der Gliederung der im Elementeschema definierten Kostenelemente.

Am unteren Rand dieses Bereichs können Sie die von Ihnen gewünschte Elementesicht auswählen: Im Bild sehen Sie die HERSTELLKOSTEN. Durch Drücken des Listensymbols gelangen Sie in die Darstellung der einzelnen Kostenelemente.

Oben rechts im Bild der Kalkulationsergebnisse sehen Sie das Symbol für die gesammelten Meldungen. Wenn Sie darauf klicken, werden Ihnen alle aufgelaufenen Meldungen zu dieser Kalkulation angezeigt.

An der Farbe des Symbols, in Abbildung 3.42 in der Spalte ganz links, erkennen Sie auch den aktuellen Status der Kalkulation: Rot bedeutet, dass Fehler aufgetreten sind, die eine Freigabe der Kalkulationsergebnisse verhindern. In diesem Fall müssen Sie zuerst die Ursachen für diese Fehler korrigieren, bevor Sie das Material erneut kalkulieren können. Grün hingegen bedeutet, dass ohne Fehler kalkuliert wurde und die Ergebnisse freigegeben werden können.

Protokoll zur Kalk. des Mat. CPF11001 im Werk 1000

A...	M	Material	Werk	AG...	MsgNr	Meldungstext
	I	CPF11001	1000	CK	037	Losgröße 100 ST aus der Kalkulationssicht übernommen

Abbildung 3.42: Kalkulation: Meldungen

In unserem Fall haben wir es lediglich mit einer Informationsmeldung zu tun, sodass wir unser Kalkulationsergebnis später abspeichern und für die Preisfortschreibung verwenden können.

Besondere Erwähnung verdient in Abbildung 3.41 die Anzeige der KALKULATIONSLOSGRÖßE auf der Registerkarte KOSTEN. Über den Auswahlpfeil können Sie die Anzeige der Kalkulationsergebnisse für unterschiedliche **Mengen** anpassen. Im Standard wird Ihnen die gewählte Kalkulationslosgröße angezeigt, wie Sie sie beim Ausführen der Kalkulation eingegeben bzw. übernommen hatten. Sie können alternativ z. B. auf eine Ergebnisanzeige pro Stück oder auf andere Mengen verzweigen. Beachten Sie jedoch, dass Sie hierdurch nur die Darstellung verändern. Die zugrunde liegenden Kalkulations**ergebnisse** beziehen sich weiterhin auf die kalkulierte Losgröße.

Preisfortschreibung

Nachdem Sie Ihre Kalkulation durchgeführt, die Ergebnisse überprüft und festgestellt haben, dass alles in Ordnung ist, können Sie die Preisfortschreibung vornehmen. Diese besteht aus zwei Schritten, die nacheinander bearbeitet werden müssen und unterschiedliche Auswirkungen haben:

1. der *Vormerkung* und
2. der eigentlichen *Freigabe*.

Preisvormerkung

Die Preisvormerkung wird über das Menü RECHNUNGSWESEN • CONTROLLING • PRODUKTKOSTEN-CONTROLLING • PRODUKTKOSTENPLANUNG • MATERIALKALKULATION • PREISFORTSCHREIBUNG oder mit der Transaktion `CK24` aufgerufen.

Bevor Sie die eigentliche Vormerkung durchführen können, müssen Sie diese im Einstiegsbildschirm über die Drucktaste [Vormerkerlaubnis] erst einmal zulassen. Die Vormerkerlaubnis wird immer explizit mit Bezug auf die Organisationseinheiten »Buchungskreis« und »Kalkulationsvariante« erteilt. Entsprechend erscheint nach dem Aufruf der Vormerkerlaubnis eine Liste aller in Ihrem System aktiven Buchungskreise (siehe Abbildung 3.43).

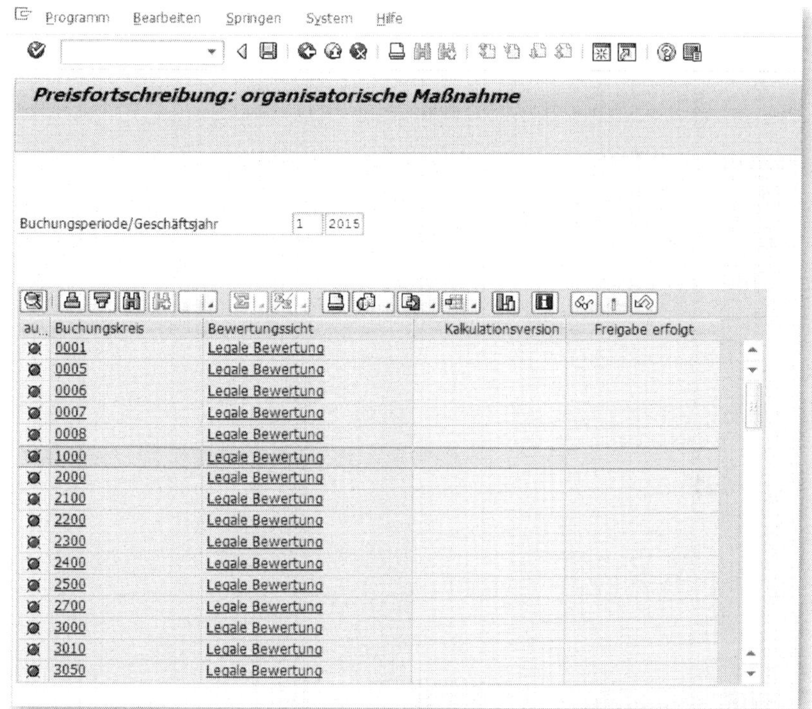

Abbildung 3.43: Auswahl der Buchungskreise für die Vormerkerlaubnis

Klicken Sie mit dem Cursor auf den Buchungskreis, für den Sie die Vormerkung erlauben möchten. In einem Pop-up werden Sie sodann aufgefordert, die KALKULATIONSVARIANTE und -VERSION anzugeben, für die die Vormerkung erlaubt werden soll (siehe Abbildung 3.44).

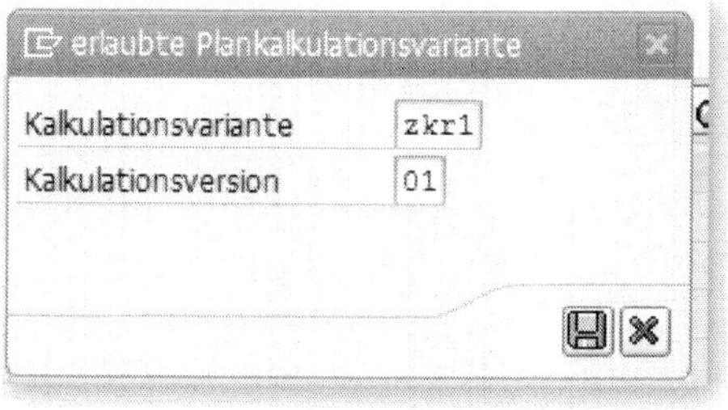

erlaubte Plankalkulationsvariante

Kalkulationsvariante zkr1

Kalkulationsversion 01

Abbildung 3.44: Kalkulationsvariante für die Preisfortschreibung

Bestätigen Sie Ihre Auswahl durch Sichern und kehren Sie zurück in den vorherigen Bildschirm. Sie sehen jetzt, dass der von Ihnen ausgewählte Buchungskreis mit einer grünen Markierung versehen ist, die Ihnen die erteilte Vormerkerlaubnis bestätigt (siehe Abbildung 3.45).

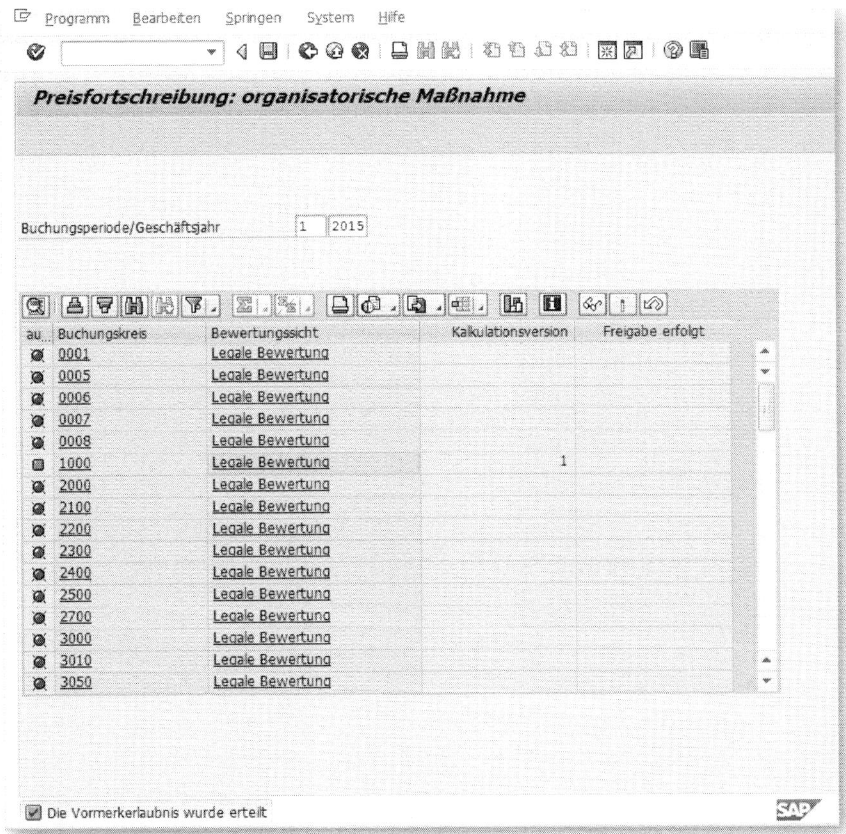

Abbildung 3.45: Vormerkerlaubnis erteilt

Gehen Sie mit dem grünen Pfeil zurück in den Startbildschirm und geben Sie die Materialnummer(n) und die Organisationseinheiten (WERK und BUCHUNGSKREIS) ein, für die Sie die Vormerkung vornehmen möchten. Außerdem müssen Sie die BUCHUNGSPERIODE angeben, ab der die Vormerkung gelten soll (siehe Abbildung 3.46).

Sie können auch hier die üblichen Verarbeitungsoptionen wie TESTLAUF, HINTERGRUNDVERARBEITUNG und MIT LISTAUSGABE aktivieren. Wenn Sie Detaillisten wählen, erhalten Sie im Anschluss eine Liste mit allen vorgemerkten Materialien und deren zukünftigen Preisen.

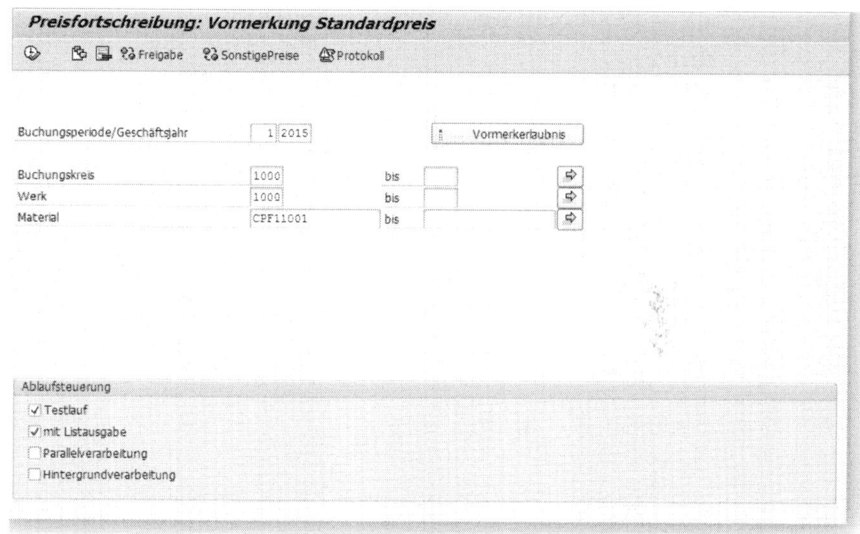

Abbildung 3.46: Preisfortschreibung, Einstiegsbild

Nach dem Ausführen erscheint zunächst ein Protokoll, das Ihnen das Resultat der Vormerkung zusammengefasst präsentiert (siehe Abbildung 3.47).

Preisfortschreibung

Fehlersteuerung

Protokoll vom 07.09.2000

Informationen 2
Warnungen
Fehler
Summe 2

M	Material	Werk	AGeb	MsgNr	Meldungstext	PosNr
I			CK	790	*************** Zusammenfassung Testlauf: *********************	
I			CK	705	Von 1 Materialien wurden 1 erfolgreich fortgeschrieben	

Abbildung 3.47: Protokoll der Preisvormerkung

Wenn Sie zuvor die Detaillisten-Option gewählt hatten, erhalten Sie nach Drücken der `Zurück`-Taste noch ein Listbild mit den von Ihnen bearbeiteten Materialien und nunmehr vorgemerkten Preisen (siehe Abbildung 3.48).

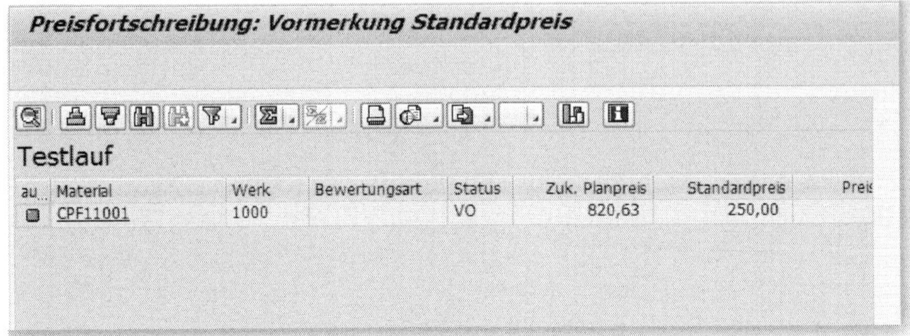

Abbildung 3.48: Ergebnisliste Preisvormerkung

Das Ergebnis Ihrer Preisvormerkung lässt sich zusätzlich noch an anderer Stelle verfolgen. Durch die Vormerkung wird nämlich ein Eintrag in der KALKULATIONSSICHT 2 des Materialstammsatzes vom kalkulierten Material erzeugt. Im Bereich PLANKALKULATION erscheint jetzt der Wert Ihrer vorgemerkten Kalkulation als ZUKÜNFTIGER PLANPREIS mit Gültigkeitsperiode (siehe Abbildung 3.49). Von dieser Sicht aus können Sie jederzeit wieder durch Drücken des Buttons ZUKÜNFTIG in das Detailbild der zugrunde liegenden Kalkulationsergebnisse verzweigen.

Zukünftiger Planpreis und Planpreise 1, 2 und 3

Machen Sie sich die Bedeutung der unterschiedlichen Planpreise genau klar. Der ZUKÜNFTIGE PLANPREIS ist etwas anderes als die PLANPREISE 1, 2 UND 3. Während dieser immer das Resultat einer Erzeugniskalkulation darstellt und vom System automatisch durch die Preisfortschreibung aktualisiert wird, handelt es sich bei den Planpreisen 1–3 um Felder, die manuell gefüllt und jederzeit überschrieben werden können.

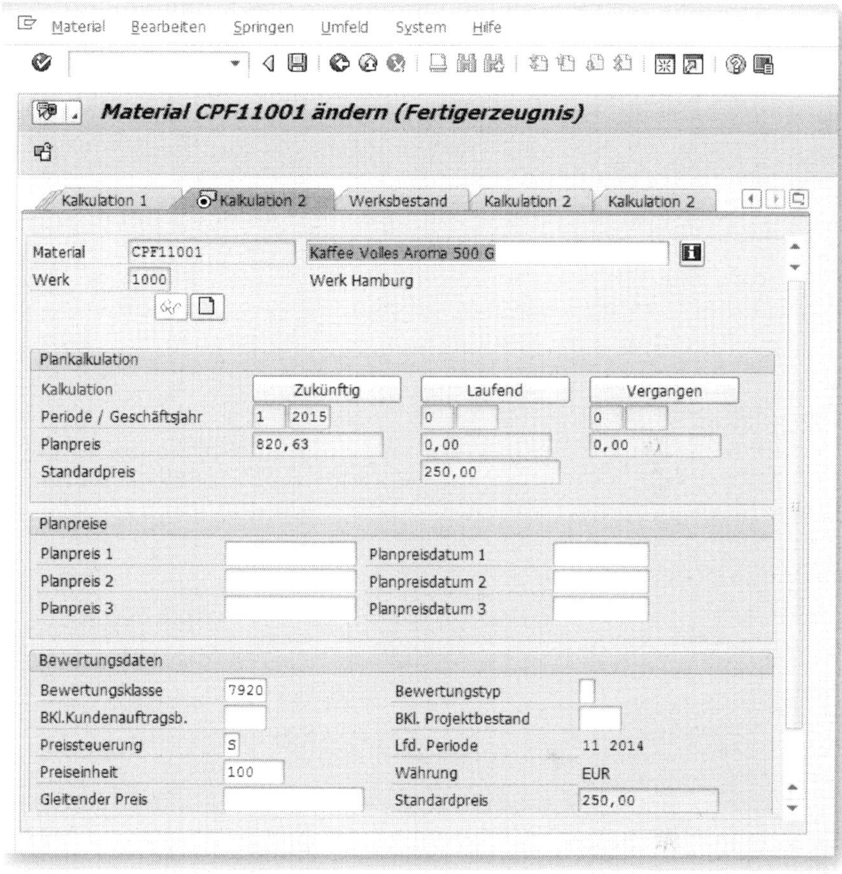

Abbildung 3.49: Materialstamm nach erfolgter Vormerkung

Freigabe

Nachdem Sie das Kalkulationsergebnis als zukünftigen Planpreis Ihres Materials vorgemerkt haben, bleibt Ihnen nun noch als zweiter Schritt die Freigabe. Mit dieser wird das vorgemerkte Kalkulationsergebnis in den ab dann gültigen Standardpreis überführt. Alle Warenbewegungen werden ab diesem Zeitpunkt mit diesem Standardpreis bewertet, außerdem findet im Augenblick der Preisfortschreibung eine Umbewertung Ihrer Lagerbestände auf denjenigen Wert statt, der sich aus dem neuen Standardpreis und Ihrem aktuellen Lagerbestand ergibt.

Sie rufen die Freigabe, genau wie die Vormerkung, mit der Transaktion `CK24` auf. Im Einstiegsbildschirm wechseln Sie durch Anklicken der Drucktaste FREIGABE in den diesbezüglichen Bearbeitungsmodus. Der Selektionsbildschirm ist weitgehend identisch mit demjenigen, den Sie bereits von der Vormerkung kennen; es erscheint lediglich eine zusätzliche Zeile, in der Sie angeben können, wie viele Belegzeilen Sie pro FI-Beleg zulassen wollen. Sie können den hier vorgeschlagenen Wert i. d. R. ohne Probleme übernehmen.

Auch in diesem Bearbeitungsschritt erhalten Sie nach dem Ausführen ein Ergebnisprotokoll und, sofern Sie die entsprechende Option aktiviert haben, eine Detailliste mit den Werten für Ihre neuen Standardpreise (siehe Abbildung 3.50).

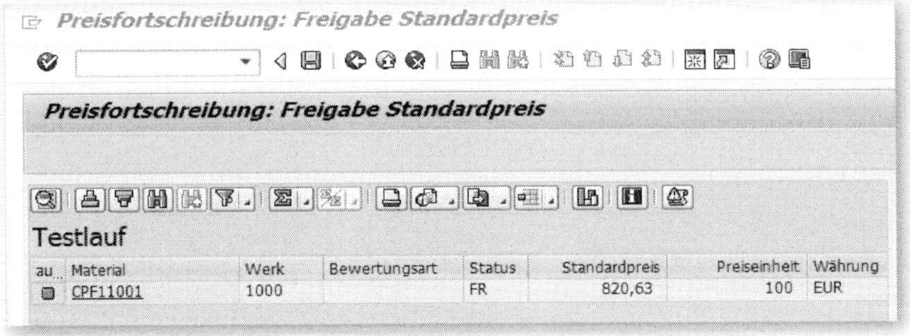

Abbildung 3.50: Preisfortschreibung, Detailliste

Ähnlich wie nach der Vormerkung können Sie auch nach der Freigabe die Auswirkungen unmittelbar in den Stammsätzen der betroffenen Materialien ablesen (siehe Abbildung 3.51).

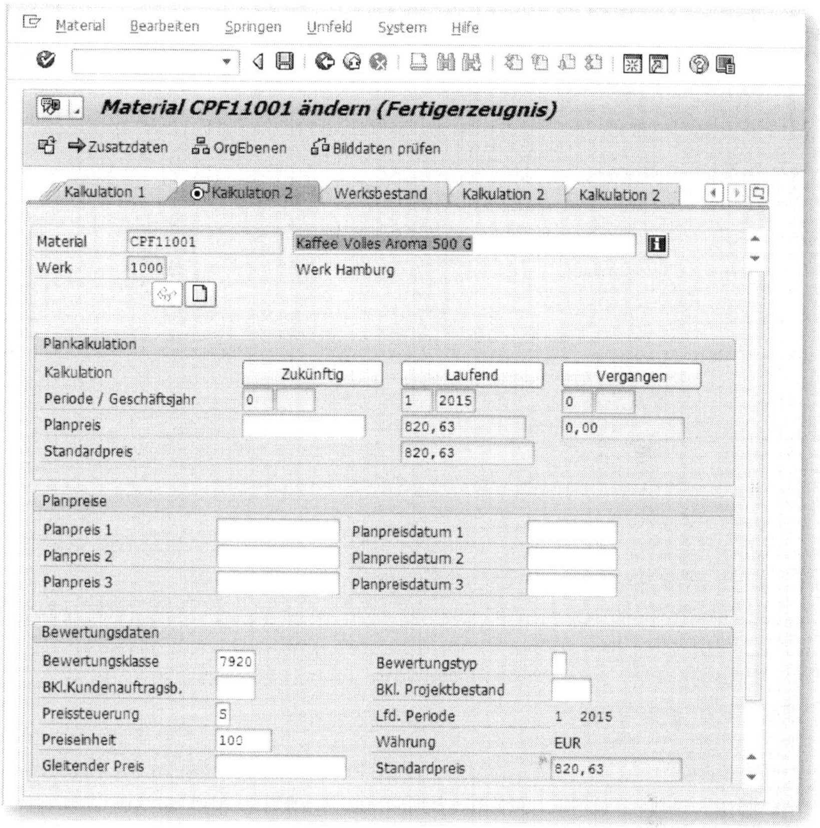

Abbildung 3.51: KALKULATIONSSICHT 2 des Materialstamms nach der Preisfreigabe

Nach erfolgter Freigabe ergeben sich im Materialstamm zwei Änderungen: Zum einen wird der neue Preis nun als LAUFENDER STANDARDPREIS in der BUCHHALTUNGSSICHT 1 angezeigt. Zum anderen wird der zuvor im Feld ZUKÜNFTIGER PLANPREIS ausgewiesene vorgemerkte Preis nun in das Feld LAUFENDER PLANPREIS in der KALKULATIONSSICHT 2 übertragen.

Freigabe nur aktuell möglich

Die Preisfreigabe wirkt unmittelbar. Das bedeutet, dass Sie die neuen Preise erst freigeben können, wenn Ihr KALKULATIONSDATUM AB tatsächlich erreicht ist; die Preisfreigabe wirkt weder zukünftig noch rückwirkend. Wenn Ihre neuen Preise ab dem 1. des Folgemonats gelten sollen, müssen Sie die Preisfreigabe auch an diesem Tag durchführen, und zwar noch bevor irgendwelche Warenbewegungen im neuen Monat gebucht werden.

3.6.2 Kalkulationslauf

Sie haben bisher gesehen, wie Sie eine Erzeugniskalkulation für ein einzelnes Material anlegen und die Ergebnisse als Standardpreis fortschreiben können. In der Praxis werden Sie natürlich nicht jedes Material für sich kalkulieren, sondern beispielsweise alle Materialien einer Materialart oder eines Werkes in einem Bearbeitungsschritt berücksichtigen wollen.

Das zentrale Instrument, um in einem Bearbeitungsschritt alle oder zumindest mehrere Ihrer Artikel gemeinsam zu kalkulieren, ist der *Kalkulationslauf*.

Sie erreichen den Kalkulationslauf über die Transaktion `CK40N` oder über den Menüpfad RECHNUNGSWESEN • CONTROLLING • PRODUKTKOSTENRECHNUNG • PRODUKTKOSTENPLANUNG • MATERIALKALKULATION • KALKULATIONSLAUF • KALKULATIONSLAUF BEARBEITEN.

Wenn Sie einen **neuen Kalkulationslauf** ohne existierende Vorlagen anlegen möchten, führen Sie die folgenden Schritte aus:

1. Klicken Sie auf das Symbol NEU 🗋 – der Bildschirm zum Anlegen eines neuen Kalkulationslaufes erscheint (siehe Abbildung 3.52).

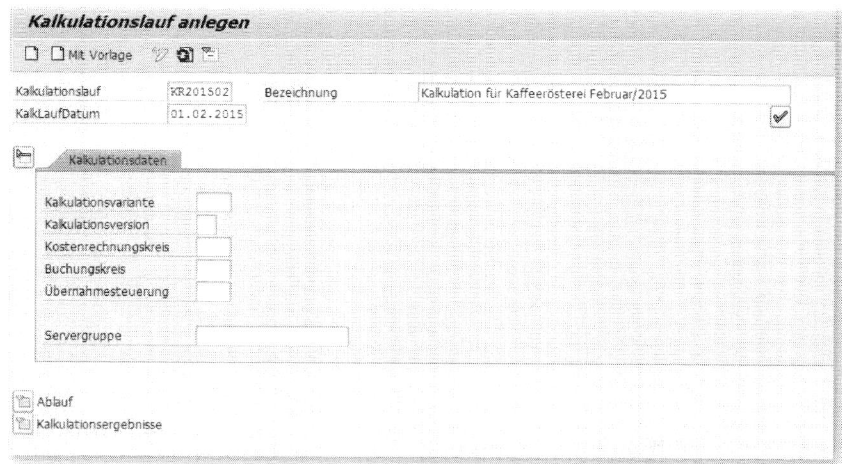

Abbildung 3.52: Kalkulationslauf anlegen, Einstiegsbild

2. Geben Sie nun die folgenden Informationen ein:
   a) einen achtstelligen Namen, der diesen Kakulationslauf eindeutig identifiziert, im Beispiel ist das `KR201502`,

   b) eine freie BEZEICHNUNG des Kalkulationslaufes, sodass der Inhalt leicht erkennbar ist. Ein Beispiel könnte die Werksbezeichnung mit dem Kalkulationsdatum sein,

   c) das Datum, zu dem der Kalkulationslauf angelegt oder ausgeführt wurde. Sie müssen hier noch nicht den Stichtag der Kalkulation (KALKULATIONSDATUM AB) eingeben, das erfolgt in einem späteren Schritt. Hier ist das aktuelle Tagesdatum eine gute Wahl, um ggf. zwischen mehreren Kalkulationsläufen unterscheiden zu können, die Sie alternativ anlegen.
3. Sichern Sie jetzt Ihre Eingaben.
4. Auf dem nun erscheinenden Reiter KALKULATIONSDATEN machen Sie die folgenden Angaben (siehe Abbildung 3.53):
   - die KALKULATIONSVARIANTE, die verwendet werden soll, um Ihr Mengengerüst und die Gemeinkosten zu bewerten. Wie bereits beschrieben, steuern Sie über die Kalkulationsvariante außerdem, ob und wie die Ergebnisse der Kalkulation fortgeschrieben werden können,

- eine KALKULATIONSVERSION (wenn Sie keine explizite Kalkulationsversion definiert haben, reicht hier die Version 01),
- den KOSTENRECHNUNGSKREIS,
- den BUCHUNGSKREIS sowie
- den Schlüssel für die ÜBERNAHMESTEUERUNG, sofern Sie bereits existierende Kalkulationen (z. B. für Baugruppen) wiederverwenden möchten. Andernfalls zieht sich das System den Eintrag aus den Parametern der Kalkulationsvariante.

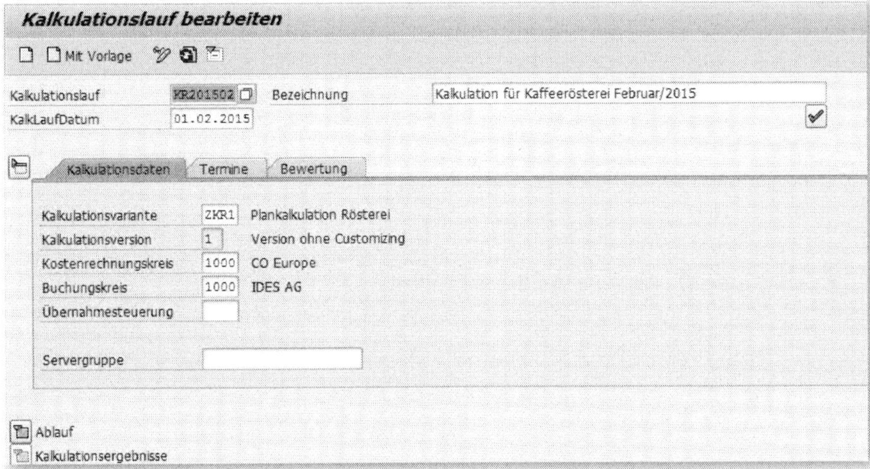

Abbildung 3.53: Kalkulationslauf – Kalkulationsparameter

5. Klicken Sie anschließend auf den Reiter TERMINE.
6. Prüfen Sie hier die aus der Kalkulationsvariante vorgeschlagenen Kalkulationsdaten, insbesondere das KALKULATIONSDATUM AB, und ändern oder bestätigen Sie diese (siehe Abbildung 3.54).
7. Schließen Sie Ihre Eingaben durch Speichern ab, um Ihren Kalkulationslauf zu sichern.

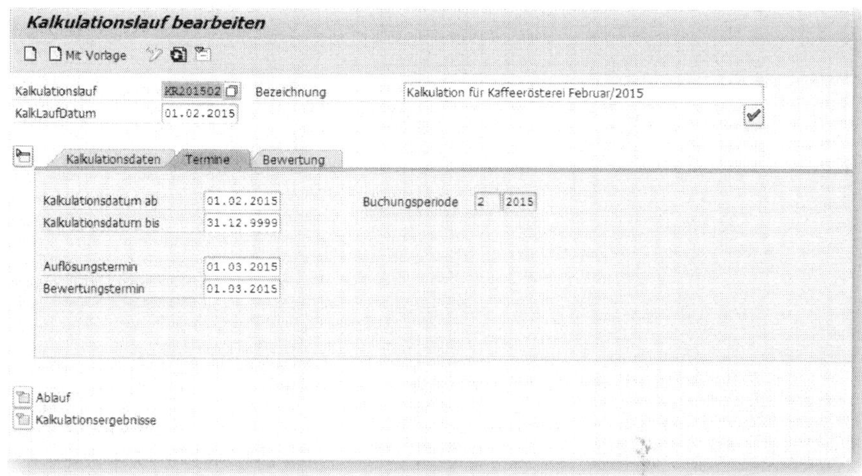

Abbildung 3.54: Kalkulationslauf – TERMINE

Das Buchungsdatum brauchen Sie nicht explizit anzugeben, es wird aus dem KALKULATIONSDATUM AB automatisch ermittelt.

Beim Anlegen eines **Kalkulationslaufs mit Vorlage** (Aufruf ebenfalls über die Transaktion `CK40N`) machen Sie sich die Eingaben ein wenig einfacher:

1. Drücken Sie die Schaltfläche ANLEGEN MIT VORLAGE, und der Startbildschirm erscheint.
2. Geben Sie auch hier die folgenden Daten ein:
   - wieder einen achtstelligen Namen zur eindeutigen Zuordnung dieses Kalkulationslaufs sowie
   - eine freie Beschreibung des Kalkulationslaufes, sodass der Inhalt leicht erkennbar ist (ein Beispiel könnte sein: `Materialkalkulation Werk 1000, Februar 2015`) und
   - das Datum, an dem der Kalkulationslauf angelegt oder ausgeführt wurde. Wiederum ist das aktuelle Tagesdatum zu empfehlen.
3. Sichern Sie jetzt Ihre Eingaben.

4. Im Feld VORLAGE geben Sie den Namen (achtstelliger Bezeichner) und das Datum des Kalkulationslaufs ein, den Sie als Vorlage verwenden möchten.
5. Bestätigen Sie Ihre Eingaben mit `Enter` oder FORTFAHREN. Das System kopiert nun die Daten des Vorlagekalkulationslaufs in den von Ihnen aktuell bearbeiteten Lauf.
6. Überprüfen Sie die kopierten Daten und korrigieren Sie diese, wenn nötig.

Kalkulationdatum Ab

Auch wenn Sie einen Kalkulationslauf kopieren, wird das KALKULATIONSDATUM AB immer aus den Einstellungen der Terminsteuerung in der Kalkulationsvariante (z. B. dem nächsten Periodenbeginn) gezogen. Wollen Sie Ihre Kalkulationsergebnisse unmittelbar freigeben, müssen Sie das KALKULATIONSDATUM AB bei jedem Kalkulationslauf mit dem aktuellen Tagesdatum überschreiben!

7. Sichern Sie Ihre Eingaben schließlich mit dem Speichern-Icon.

Die folgenden Ausführungen beziehen sich wieder auf den Kalkulationslauf generell, unabhängig davon, ob Sie den Lauf mit oder ohne Vorlagen angelegt haben.

Ablaufsteuerung des Kalkulationslaufs

Nachdem Sie die Kalkulationslaufdaten eingegeben und nochmals gesichert haben, fahren Sie fort, indem Sie auf die Schaltfläche ABLAUF klicken. Es wird Ihnen ein neuer Bereich eingeblendet, in dem Ihnen die einzelnen Schritte des Kalkalutionslaufs nacheinander angezeigt werden (siehe Abbildung 3.55).

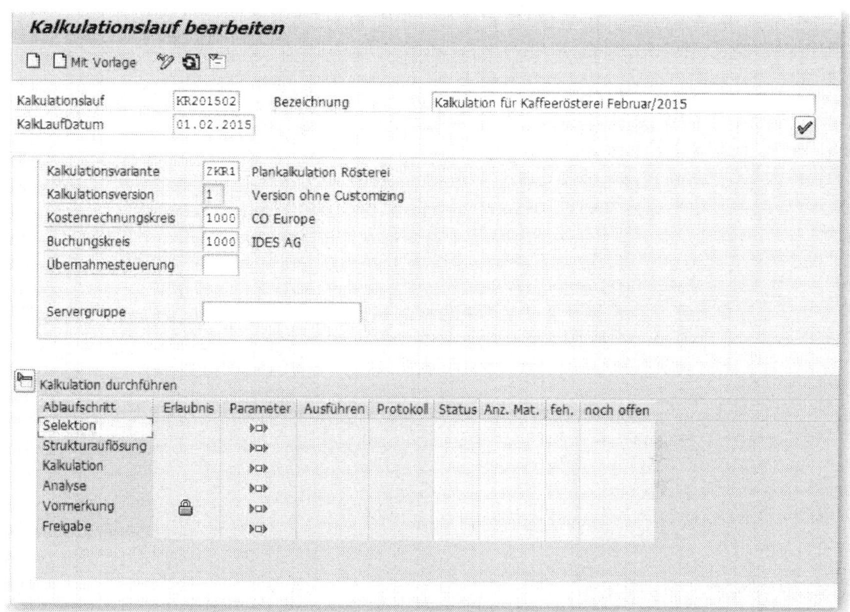

Abbildung 3.55: Kalkulationslauf – Ablaufsteuerung

Ich werde nun diese Schritte mit Ihnen nach und nach durchgehen und einzeln erklären.

1. SELEKTION

Im ersten Schritt der Ablaufsteuerung selektieren Sie diejenigen Materialien, die am Kalkulationslauf teilnehmen sollen. Es ist üblich, einen Kalkulationslauf pro Werk anzulegen und durchzuführen, in dem sie dann alle Materialien dieses Werks bearbeiten können; allerdings sind auch alternative Optionen (mehrere Werke gleichzeitig oder nur Materialien einer Materialart) möglich und denkbar.

In unserem Beispiel wollen wir jedoch zunächst nur das MATERIAL `CPF11001`, die fertige Mischung zu 500 Gramm, einschließlich seiner Komponenten kalkulieren.

Hierzu klicken Sie im Block KALKULATION DURCHFÜHREN (in Abbildung 3.55 in der Reihe SELEKTION) auf das Symbol in der Spalte PARAMETER, um die zugehörigen Optionen zu spezifizieren. Anschließend sehen Sie das Bild aus Abbildung 3.56.

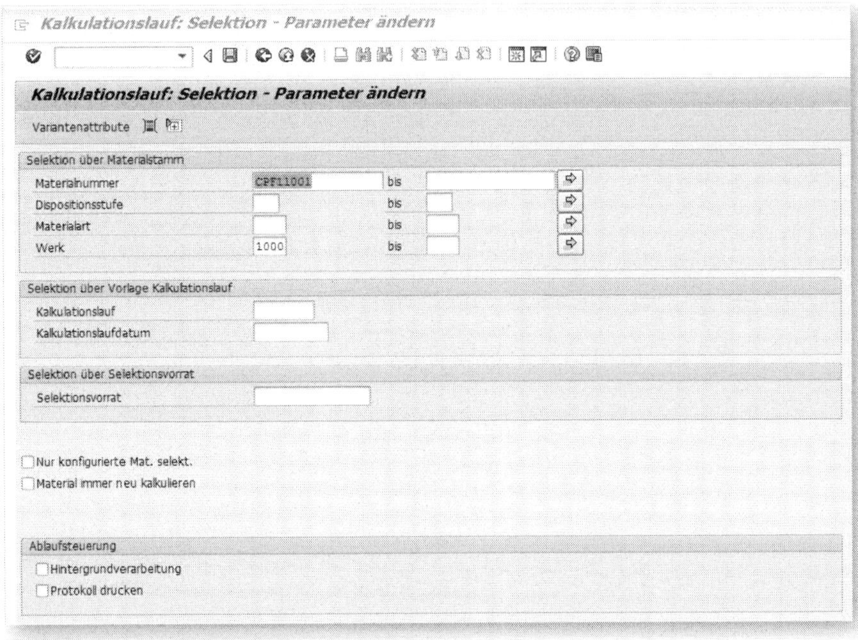

Abbildung 3.56: Kalkulationslauf – Selektionsparameter

Spezifizieren Sie hier die zu kalkulierenden Materialien. Neben den Optionen MATERIALNUMMER, DISPOSITIONSSTUFE, MATERIALART oder WERK haben Sie die Möglichkeit, für Ihre Materialauswahl durch Anwählen des Feldes FREIE ABGRENZUNGEN in der Symbolleiste weitere individuelle Selektionseinschränkungen über verschiedene Felder des Materialstamms anzugeben.

Das Feld MATERIAL IMMER NEU KALKULIEREN ist dann von Bedeutung, wenn Sie den gleichen Kalkulationslauf wiederholt ausführen, weil z. B. im ersten Lauf Fehler aufgetreten sind, die Sie zwischenzeitlich korrigiert haben. Setzen Sie hier ein Häkchen, werden immer alle selektierten Materialien kalkuliert, lassen Sie das Kästchen frei, werden Materialien, für die eine fehlerfreie Kalkulation bereits erfolgt ist, nicht berücksichtigt. Das hat natürlich Vorteile in der Performance, kann aber unter Umständen dazu führen, dass Materialien nicht korrigiert werden, die zwar technisch fehlerfrei kalkuliert wurden, aber inhaltlich noch Fehler aufweisen (z. B. weil Sie einen Tarif oder andere Preise falsch hinterlegt haben). Setzen Sie den Haken daher nur dann, wenn Sie keine Performanceprobleme haben.

Entscheiden Sie noch, ob die Selektion online oder im Hintergrund ausgeführt werden soll. In den meisten Fällen wird eine Online-Selektion keine nennenswerten Performanceprobleme bereiten. Wenn Sie ein Protokoll über Ihre selektierten Materialien mit dem entsprechenden Status wünschen, kreuzen Sie das betreffende Feld an.

Speichern Sie Ihre Eingaben schließlich mit SICHERN.

Über den grünen Pfeil in der allgemeinen Symbolleiste gelangen Sie wieder zurück zu den weiteren Bearbeitungsoptionen.

Um die Materialselektion tatsächlich durchzuführen, müssen Sie nun das Symbol in der Spalte AUSFÜHREN anklicken (siehe Abbildung 3.57).

Wenn Sie sich in Abbildung 3.56 für die Option HINTERGRUNDVERARBEITUNG entschieden haben, werden Sie noch aufgefordert, Ihre Verarbeitungsparameter zu spezifizieren. Sie können wählen zwischen `Sofortstart`, d. h., die Verarbeitung beginnt unmittelbar nach dem Sichern, und einem `definierten Starttermin`. Diese Option bietet sich an, wenn der Kalkulationslauf zu regelmäßigen Terminen (beispielsweise am Monats- oder Quartalsanfang) immer automatisch neu durchgeführt werden soll, ohne dass jedes Mal ein Starttermin manuell neu einzugeben ist.

Nachdem die Selektion ausgeführt wurde, erscheinen die Ergebnisse in den weiteren Spalten dieses Bearbeitungsbereichs: Anzahl der insgesamt selektierten Materialien (ANZ.MAT.), davon fehlerhaft (FEH) und NOCH OFFEN, d. h. noch zu bearbeiten (siehe Abbildung 3.57).

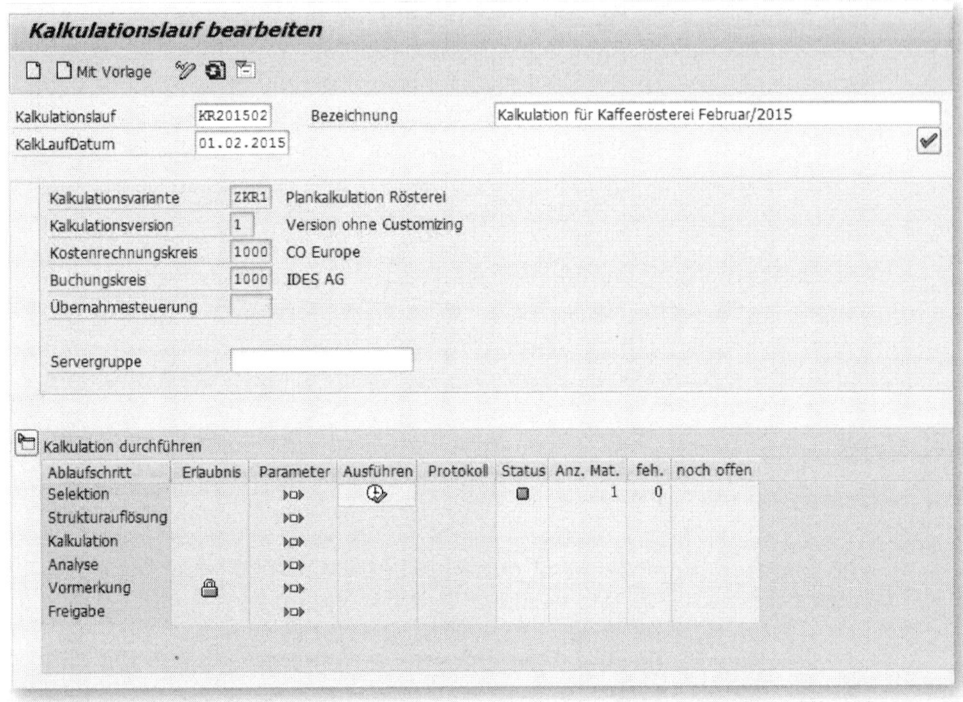

Abbildung 3.57: Kalkulationslauf – Statusanzeige nach Selektion

Sie erkennen eventuell fehlerhafte Ergebnisse der Selektion, indem Sie auf das entsprechende Symbol in der Spalte PROTOKOLL klicken. Da in unserer einfachen Selektion keine Fehler aufgetreten sind, bleibt die Spalte im Beispiel leer.

Es werden Ihnen alle berücksichtigten Materialien mit ihrem relevanten STATUS angezeigt. Grün bedeutet, dass (technisch) alles in Ordnung ist, Gelb zeigt an, dass zwar ein Fehler vorliegt, der weitere Ablauf dadurch aber nicht beeinträchtigt wird. Rot bedeutet, dass das System das entsprechende Material nicht weiterverarbeiten kann. In diesem Fall prüfen Sie die Meldungen und korrigieren die Fehlerursachen idealerweise, bevor Sie mit dem Kalkulationslauf fortfahren.

Eine detailliertere Liste erhalten Sie, wenn Sie sich im Ausgangsbild des Kalkulationslaufs (siehe Abbildung 3.52) durch Klick auf den untersten Schaltknopf KALKULATIONSERGEBNISSE eine Liste der selektierten Materialien anzeigen lassen. Hier finden Sie weitere Informationen zu den Materialien, wie Werk und Kalkulationslosgröße.

2. STRUKTURAUFLÖSUNG

Wählen Sie im Ausgangsbildschirm des Kalkulationslaufs in der Zeile STRUKTURAUFLÖSUNG wieder das Symbol für die Parameter, und der entsprechende Bildschirm erscheint (siehe Abbildung 3.58).

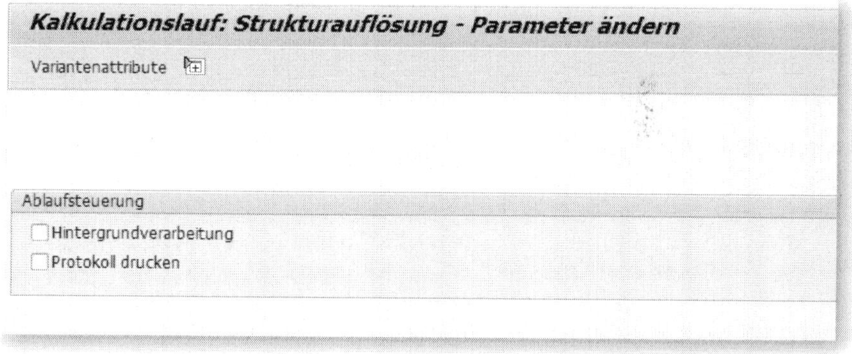

Kalkulationslauf: Strukturauflösung - Parameter ändern

Variantenattribute

Ablaufsteuerung

Hintergrundverarbeitung

Protokoll drucken

Abbildung 3.58: Kalkulationslauf – Parameter der Strukturauflösung

Wie Sie sehen, sind hier die einzugebenden Parameter nicht so zahlreich wie im vorangegangenen Schritt. Sie müssen lediglich entscheiden, ob Sie auch hier eine Hintergrundverarbeitung wünschen und ob ein Protokoll erstellt werden soll. Sichern Sie anschließend Ihre Eingaben, und gehen Sie mit dem grünen Pfeil zurück zum Ausgangsbildschirm.

Erneut können Sie durch Klick auf die Schaltfläche AUSFÜHREN die Stücklistenauflösung durchführen.

Auch nach diesem Schritt lassen sich die Ergebnisse in der gleichen Art anzeigen wie für die »Selektion« beschrieben. Ebenso sollten Sie eventuell noch auftretende Fehler korrigieren, bevor Sie fortfahren.

Strukturauflösung stets ausführen

Der Schritt STRUKTURAUFLÖSUNG ist nur dann zwingend erforderlich, wenn Sie in der Selektion nicht alle Materialien eines Werkes ausgewählt haben; andernfalls können Sie ihn überspringen. Gleichwohl lautet mein Rat, diesen Schritt bei jedem Kalkulationslauf mit einzuplanen und auszuführen, schon allein, um stets einen vollständigen Kalkulationslauf zu erzeugen, den Sie später eventuell wieder als Vorlage verwenden können.

3. KALKULATION

In diesem Schritt führen Sie die eigentliche Kalkulation Ihrer Materialien durch. Das bedeutet, die Mengengerüste der selektierten Materialien werden nun gemäß der von Ihnen gewählten Kalkulationsvariante mit Kosten bewertet.

Wieder legen Sie zunächst die Ausführungsparameter fest (siehe Abbildung 3.59).

Das Kennzeichen NUR FEHLERHAFTE KALKULATIONEN ist von Interesse, wenn Sie den Kalkulationslauf wiederholt starten, dann aber nur noch diejenigen Materialien nachkalkulieren wollen, die in den vorherigen Läufen fehlerhaft waren. Setzen Sie dieses Kennzeichen für diesen Fall, um die Laufzeit zu optimieren.

Das Kennzeichen PROTOKOLL PRO KALKULATIONSSTUFE kann Ihnen helfen, die Menge der Protokolleinträge zu ordnen. Es bewirkt, dass die Meldungen pro Kalkulationsstufe getrennt ausgegeben werden. Dabei zählt das System die Kalkulationsstufen intern durch, beginnend mit dem untersten Level (beispielsweise Rohstoffe) bis hoch zum kompletten Fertigprodukt. Insbesondere bei Kalkulationen sehr großer Materialienmengen hilft diese Strukturierung, den Überblick über die einzelnen Fehlermeldungen zu behalten.

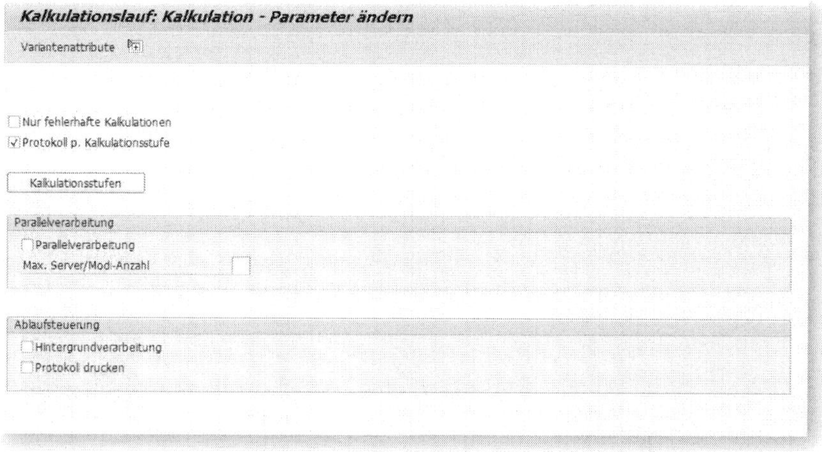

Abbildung 3.59: Kalkulationslauf – Parameter für die Durchführung der Kalkulation

Mit dem Kennzeichen PARALLELVERARBEITUNG können Sie wieder eine gewisse Performanceverbesserung erreichen. Definieren Sie ggf. in Abstimmung mit Ihrem Systemadministrator die Anzahl der gleichzeitig zu nutzenden Server.

Auch hier haben Sie wieder die Option, die Kalkulation online oder im Hintergrund mit den entsprechenden Startoptionen auszuführen.

Sichern Sie erneut Ihre Eingaben, und wechseln Sie mit dem grünen Pfeil zurück zum Grundbild (Abbildung 3.52). Nun können Sie mit dem Button AUSFÜHREN Ihre Materialkalkulationen starten.

Durch Klicken auf den Button AKTUALISIEREN in der Symbolleiste zeigt Ihnen das System jeweils den aktuellen Fortschritt der kalkulierten Materialien an.

Nachdem alle Kalkulationen beendet sind, werden Ihnen Protokolle zum Fehlerstatus sowie zur Anzahl der kalkulierten Materialien und der aufgetretenen Meldungen pro Kalkulationsstufe – vom Rohstoff bis zum Fertigprodukt – aufgelistet (siehe Abbildung 3.60), deren Details Sie durch Anklicken der jeweilige Zeile aufrufen können.

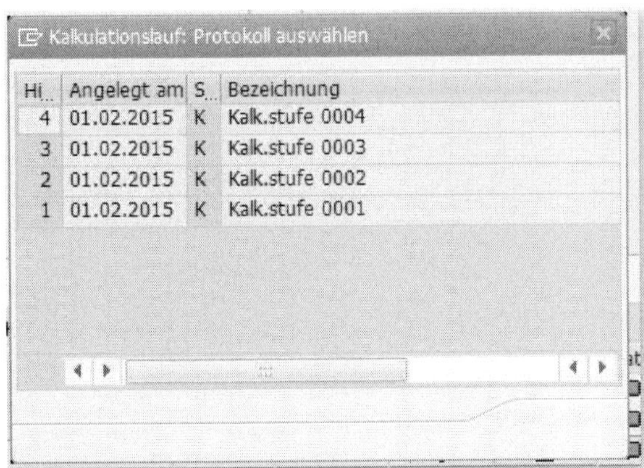
Kalkulationslauf: Protokoll auswählen

Hi..	Angelegt am	S...	Bezeichnung
4	01.02.2015	K	Kalk.stufe 0004
3	01.02.2015	K	Kalk.stufe 0003
2	01.02.2015	K	Kalk.stufe 0002
1	01.02.2015	K	Kalk.stufe 0001

Abbildung 3.60: Kalkulationslauf – Protokolle pro Kalkulationsstufe

Beachten Sie, dass es sich beim Fehlerstatus lediglich um den technischen Status handelt. Ob Ihre Kalkulationen inhaltlich richtig sind, (d. h., ob die richtigen Preise und Werte gefunden und verarbeitet wurden), können Sie prüfen, indem Sie im nächsten Schritt einen oder mehrere der aufgelisteten Berichte ausführen.

4. ANALYSE

Nachdem Sie Ihre Materialkalkulation durchgeführt haben, können Sie die Ergebnisse analysieren. Hierfür steht Ihnen im Bereich KALKULATIONSERGEBNISSE eine Reihe ausgelieferter und vordefinierter Berichte zur Verfügung. Es handelt sich hierbei um eine Auswahl derjenigen Reports, die Sie auch über das Infosystem zur Produktkostenplanung (Im Anwendungsmenü RECHNUNGSWESEN • CONTROLLING • PRODUKTKOSTEN-CONTROLLING • PRODUKTKOSTENPLANUNG • INFOSYSTEM • VERDICHTETE ANALYSE) erreichen. Sollten die Berichte, die Sie über den Kalkulationslauf finden, nicht ausreichen, können Sie Ihre Kalkulationsergebnisse selbstverständlich auch über das Infosystem analysieren.

Durch Klicken auf den Button KALKULATIONSERGEBNISSE in Abbildung 3.52 sehen Sie den Status der durchgeführten Kalkulationen gegliedert nach Kalkulationsstufen (sofern Sie das Kästchen in den Parametern aktiviert hatten) wie in Abbildung 3.61.

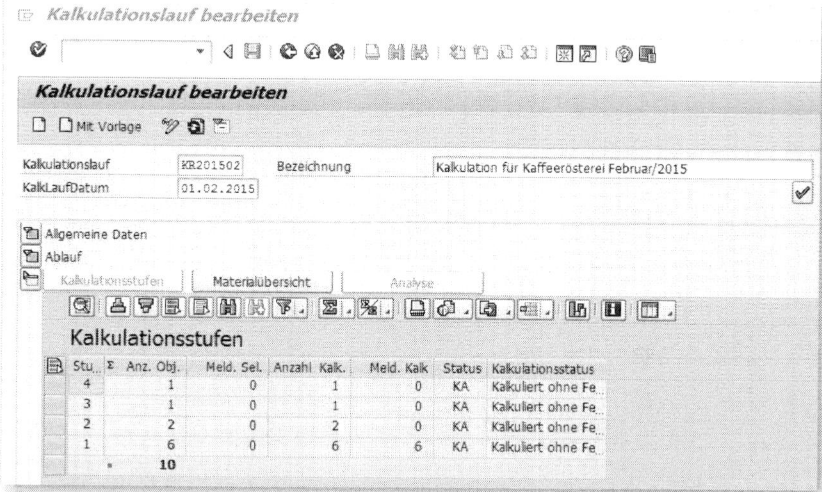

Abbildung 3.61: Status der Kalkulation pro Kalkulationsstufe

Durch Klicken auf den Button PARAMETER in der Zeile ANALYSE des Bereichs ABLAUF erscheint eine Liste der hier zur Auswahl stehenden Berichte (siehe Abbildung 3.62).

Vorlage Selektionsparameter auswählen

Variantenkatalog des Programms RKKBCAL2

Variantenname	Kurzbeschreibung
SAP&11	Ergebnisse Kalkulationslauf
SAP&12	Preis vs. Kalkulation
SAP&13	Abweichungen Kalkulationsläufe
SAP&14	Liste der Kalkulationen
SAP&COCKPIT	Kalkulationslauf
ZZ1	zz1

Abbildung 3.62 Kalkulationslauf – Berichte für die Analyse

Wählen Sie einen geeigneten Bericht (z. B. `SAP&12 Preis vs. Kalkulation`) durch Doppelklick aus, um Ihre Kalkulationsergebnisse zu überprüfen. Es erscheint zunächst der Selektionsbildschirm (siehe Abbildung 3.63):

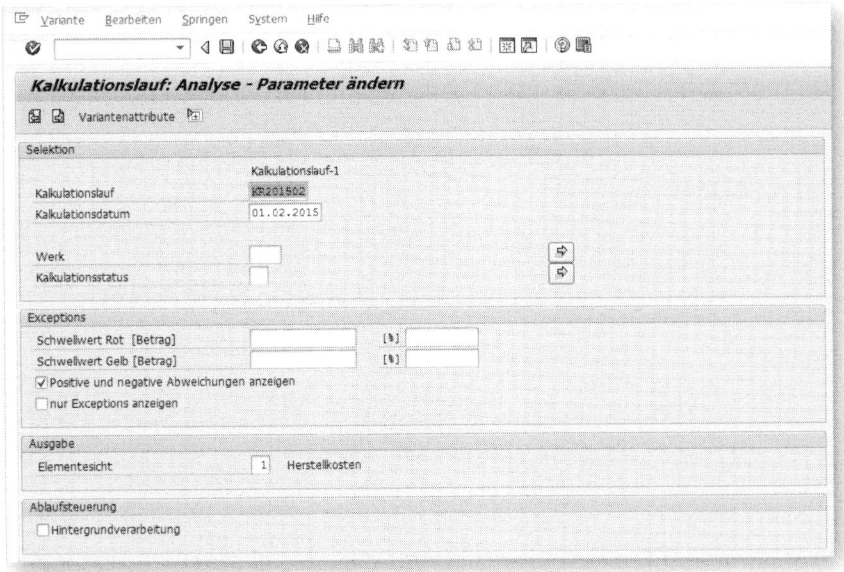

Abbildung 3.63: Selektionsbild zur Analyse des Kalkulationslaufs

Geben Sie hier Ihre Selektionsbedingungen für den Bericht ein, sichern Sie, und wechseln Sie mit dem grünen Pfeil zurück in den vorherigen Bildschirm KALKULATIONSLAUF BEARBEITEN, um den Report auszuführen. Sie sehen eine Liste, die Ihnen pro Material den gegenwärtigen Standardpreis und das neue Kalkulationsergebnis anzeigt. Zusätzlich sehen Sie die derzeit am Lager befindliche Menge und den hieraus zu erwartenden Umbewertungsbetrag, der sich ergibt, wenn Sie Ihre neuen Kalkulationsergebnisse beim derzeitigen Lagerbestand fortschreiben.

Sie können nun gegebenenfalls noch Korrekturen vornehmen und die Kalkulationen für alle oder für einzelne Materialien wiederholen.

5. PREISFORTSCHREIBUNG UND FREIGABE

Der abschließende Schritt im Rahmen eines Kalkulationslaufs besteht, analog zur Einzelkalkulation, in der Fortschreibung der Kalkulationsergebnisse, mit den beiden Schritten der »Vormerkung« und der endgültigen »Freigabe« der Kalkulationsergebnise als neue Materialbewertungspreise. Dabei hängt der Preis, welchen Sie fortschreiben, z. B. Standardpreis oder Planpreis, von der Kalkulationsart ab, mit der Sie Ihre Kalkulation durchgeführt haben.

Preisfelder für die Fortschreibung

Grundsätzlich können Sie fast alle Preisfelder des Materialstamms mithilfe einer geeigneten Kalkulation fortschreiben. Lediglich der »Gleitende Durchschnittspreis« wird vom System intern aus den gebuchten Waren- und Preisbewegungen fortgeschrieben und ist mit einer Kalkulation nicht änderbar.

Im Schritt «Vormerken« teilen Sie dem System mit, dass Sie Ihre soeben erzielten Kalkulationsergebnisse als zukünftigen Standardpreis für die kalkulierten Materialien verwenden möchten. Bevor Sie dies tun, müssen Sie jedoch zunächst noch die ERLAUBNIS zur Vormerkung setzen. Sie erreichen dies, indem Sie auf das SCHLOSS-Icon in der Zeile VORMERKUNG klicken und für Ihre Organisationseinheiten (Buchungskreis durch Anklicken auswählen) den Status durch Auswahl der entsprechenden Kalkulationsvariante im daraufhin erscheinenden Fenster markieren. (siehe Abbildung 3.57).

Nach dem Sichern ist der Status Ihres ausgewählten Buchungskreises in der Anzeige grün dargestellt. Wenn Sie zurück zum Ausgangsbildschirm wechseln, sehen Sie, dass die Vormerkung für die ausgewählte Kalkulationsvariante im Buchungskreis jetzt erlaubt ist. Das Schloss in der ersten Spalte wird nun geöffnet dargestellt (siehe Abbildung 3.64).

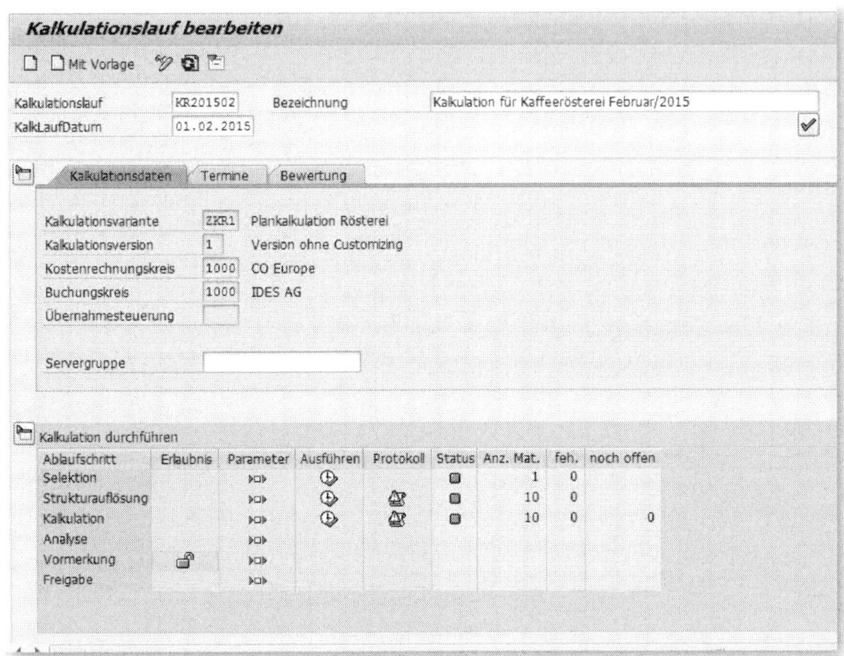

Abbildung 3.64 Kalkulationslauf nach erteilter Vormerkerlaubnis

Zum Durchführen der Vormerkung müssen Sie, den zuvor beschriebenen Schritten entsprechend, einige Parameter spezifizieren:

- Wenn Sie den Haken bei TESTLAUF setzen, erhalten Sie lediglich eine Liste mit den neuen Preisen, ohne dass diese auf der Datenbank fortgeschrieben werden. Wenn Sie zuvor Ihre Kalkulationsergebnisse sorgfältig geprüft und für richtig befunden haben, können Sie sich diese Option sparen.
- In der nächsten Zeile können Sie bestimmen, ob Sie eine detaillierte Ergebnisliste benötigen.
- Die bereits bekannten Optionen PARALLELVERARBEITUNG und HINTERGRUNDVERARBEITUNG wurden weiter oben bei der Vorstellung der einzelnen Kalkulationsschritte erläutert.

Gehen Sie nach dem Sichern der Parameter wieder zurück und starten Sie die Ausführung.

Nachdem die Vormerkung ausgeführt wurde, erhalten Sie erneut ein Protokoll mit dem Status der betroffenen Materialien. Zwar können Sie, im Gegensatz zur Freigabe, die Vormerkung für ein Material mehrmals pro Periode durchführen und dadurch vorhandene Fehler noch überschreiben, dennoch sollten spätestens in diesem Schritt keine Fehler mehr protokolliert sein.

Der abschließende Schritt der Preisfortschreibung und auch des gesamten Kalkulationslaufs dient schließlich der Freigabe der zuvor neu ermittelten Standardpreise. Die Freigabe führt dazu, dass der neue Standardpreis im Materialstammsatz fortgeschrieben wird und dass alle Warenbewegungen, die ab der Freigabe zu diesem Material erfolgen, ab sofort mit dem neuen Preis bewertet werden. Außerdem wird der am Lager befindliche Materialbestand entsprechend der neuen Preise umbewertet; es werden also mit der Freigabe auch Buchungen im Hauptbuch (FI) ausgelöst!

Wie für alle vorhergehenden Schritte müssen Sie auch für die Freigabe zunächst die Verarbeitungsparameter festlegen.

Zeitliche Restriktionen der Freigabe

Das System erlaubt die Fortschreibung des Standardpreises erst, wenn das aktuelle Systemdatum das KALKULATION AB-Datum erreicht hat. Das bedeutet, dass Sie zwar Kalkulationen für die Zukunft durchführen (und speichern) können, nicht jedoch die Preisfortschreibung. Sie müssen also eine Preisfortschreibung unmittelbar bevor diese wirksam werden soll durchführen. In der Praxis nutzt man hierfür in der Regel die *Hintergrundverarbeitung*, indem man als Startdatum für die Fortschreibung das KALKULATIONSDATUM AB (meist der 1. des Folgemonats) und eine möglichst frühe Startzeit (etwa 00:01 Uhr) hinterlegt. So gewährleisten Sie, dass die neuen Preise wirksam sind, bevor die ersten Materialbewegungen gebucht werden.

Der restliche Ablauf entspricht wieder dem bereits bekannten Procedere: sichern, zurück, ausführen und, wenn Sie möchten, Protokoll analysieren.

Nun haben Sie es geschafft! Sie haben einen kompletten Kalkulationslauf für Ihre Materialien durchgeführt, Ihre Ergebnisse als neue Standardpreise fortgeschrieben, und jedes Ihrer Materialien wird nun zum aktuell gültigen Standardpreis bewertet.

Sie haben damit alle Voraussetzungen dafür geschaffen, mit der Produktion Ihrer Produkte beginnen und die Kostenentwicklung der Produktion verfolgen zu können. Wie das vonstattengeht und welche Instrumente Ihnen hierbei zur Verfügung stehen, ist Gegenstand des nächsten Kapitels.

4 Kostenträgerrechnung

Nachdem Sie gesehen haben, wie Sie die auftragsunabhängigen Standard-Herstellkosten Ihrer Materialien ermitteln, wollen wir uns nun der Frage zuwenden, wie Sie die tatsächlich anfallenden (Ist-)Kosten Ihrer Produktion überwachen können. Dazu betrachten wir die einzelnen Schritte im Rahmen der mitlaufenden Kalkulation sowie des Periodenabschlusses für Fertigungsaufträge. Ich werde Ihnen außerdem vorstellen, wie Sie die erzielten Ergebnisse analysieren können.

Die Kostenträgerrechnung im Ist lässt sich in zwei große Bereiche gliedern: die mitlaufende Kalkulation innerhalb einer Abrechnungsperiode, bei der sämtliche Waren- und Leistungsbeziehungen mengen- und wertmäßig auf dem Produktionsauftrag fortgeschrieben werden, und die Arbeiten, die im Rahmen des Periodenabschlusses durchgeführt werden. Zu den zuletzt Genannten zählen insbesondere die Zuschlagsverrechnung, die Ergebnisermittlung (Ware in Arbeit oder Abweichungsermittlung) sowie die Abrechnung.

Im weiteren Verlauf dieses Kapitels zeige ich Ihnen, wie Sie einen Fertigungsauftrag konkret mit Istkosten belasten und welche Schritte im Rahmen des Periodenabschlusses durchzuführen sind.

Abschließend erfahren Sie, wie die anfallenden Fertigungsabweichungen auf einem Fertigungsauftrag ermittelt werden können und welche Möglichkeiten bestehen, diese in die Finanzbuchhaltung und in die Ergebnisrechnung abzurechnen.

4.1 Mitlaufende Kalkulation

Unter der *mitlaufenden Kalkulation* versteht man das zeitnahe Erfassen und Auswerten der auf einem Fertigungsauftrag angefallenen Istkosten. Hierfür steht Ihnen ein Auftragsinformationssystem zur

Verfügung, mit dessen Hilfe Sie den Kostenverlauf eines oder mehrerer Fertigungsaufträge jederzeit aktuell auswerten können.

Um überhaupt Kosten verrechnen zu können, müssen Sie zunächst einen Fertigungsauftrag anlegen. Wir verwenden wieder unser Beispiel der Rösterei, in der wir eine Menge von 100 Kilogramm Röstkaffee produzieren wollen. Dazu entnehmen wir Material (= den Rohkaffee) aus dem Lager und verrechnen außerdem Eigenleistungen (= die Betriebsstunden des Rösters) auf diesen Auftrag.

4.1.1 Fertigungsauftrag anlegen

Üblicherweise ist dies ein Schritt, der nicht von den Mitarbeitern des Controllings durchgeführt wird, sondern in der Produktion geschieht. Trotzdem zeige ich Ihnen eine (einfache) Möglichkeit, einen Fertigungsauftrag einzurichten.

Sie legen einen Fertigungsauftrag über die Transaktion `CO01` an, oder Sie wählen im Anwendungsmenü den Pfad LOGISTIK • PRODUKTION • FERTIGUNGSSTEUERUNG • AUTRRAG • ANLEGEN • MIT MATERIAL.

Im darauf folgenden Eingangsbildschirm geben Sie das Material an, das produziert werden soll, das Produktionswerk sowie eine Auftragsart, die Sie zuvor im Customizing der Produktionssteuerung definiert haben müssen. Einzelheiten hierzu finden Sie etwa in dem Buch »Produktionsplanung und -steuerung mit SAP ERP« (Dickersbach/Keller, 2010).

Im Beispiel der Abbildung 4.1 habe ich den AUFTRAG `60003585` angelegt, mit dem wir das MATERIAL `CPF11001 Kaffee Volles Aroma 500 G` herstellen wollen. Sie sehen den sogenannten *Auftragskopf*, der neben dem zu fertigenden MATERIAL und der zu produzierenden MENGE noch einige logistische Parameter zur TERMINIERUNG enthält, die aber für unsere weitere Betrachtung ohne Bedeutung sind.

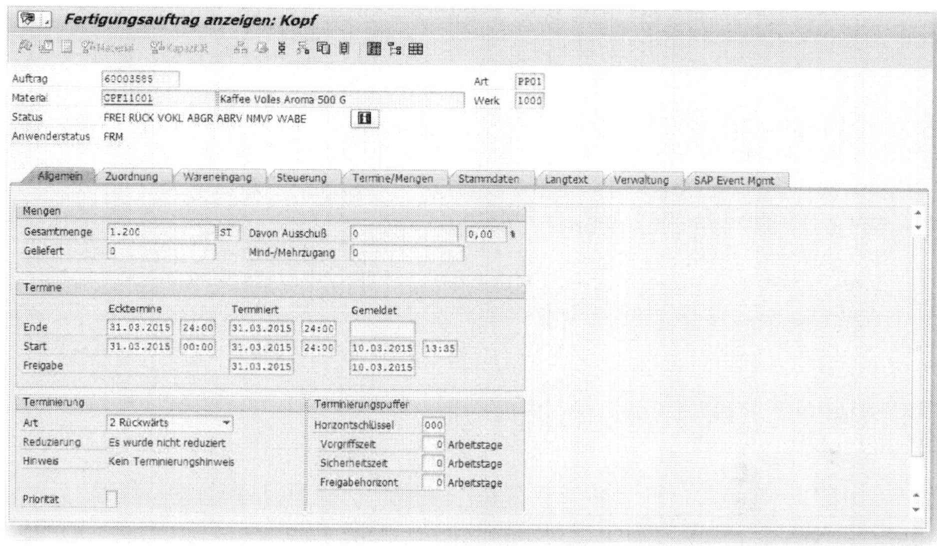

Abbildung 4.1: Fertigungsauftrag 600003585 – Kopfbild

Sie können sich, ausgehend von diesem Kopfbild, die zum Auftrag gehörende Stückliste und den Arbeitsplan anzeigen lassen. Dazu klicken Sie auf die Symbole in der Kopfleiste, die zur Komponentenübersicht (Stückliste) bzw. Vorgangsübersicht (Arbeitsplan) verzweigen. Beispielhaft für die Stückliste können Sie in Abbildung 4.2 sehen, dass unsere Stückliste, die wir als Vorbereitung unserer Materialkalkulation zum MATERIAL `CPF11001 Kaffee Volles Aroma 500 G` angelegt haben, 1:1 in den neu angelegten Produktionsauftrag hineinkopiert wurde.

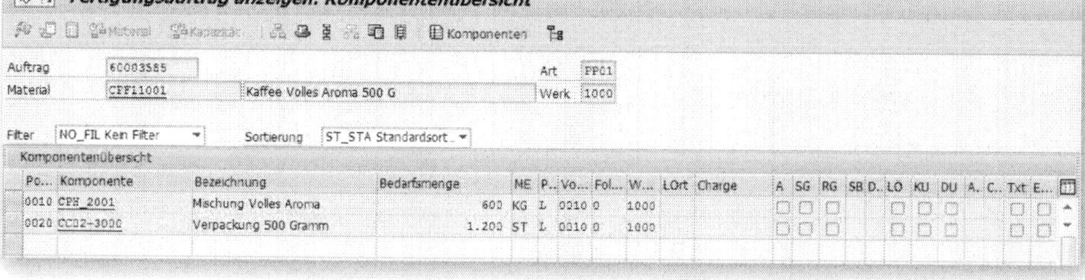

Fertigungsauftrag anzeigen: Komponentenübersicht

Material Kapazität Komponenten

Auftrag 60003585 Art PP01

Material CPF11001 Kaffee Volles Aroma 500 G Werk 1000

Filter NO_FIL Kein Filter Sortierung ST_STA Standardsort...

Komponentenübersicht

Po...	Komponente	Bezeichnung	Bedarfsmenge	ME	P...	Vo...	Fol...	W...	LOrt	Charge	A	SG	RG	SB	D..	LO	KU	DU	A.	C..	Txt	E...
0010	CPH_2001	Mischung Volles Aroma	600	KG	L	0010	0	1000			☐	☐	☐			☐	☐	☐			☐	☐
0020	CC02-3030	Verpackung 500 Gramm	1.200	ST	L	0010	0	1000			☐	☐	☐			☐	☐	☐			☐	☐

Abbildung 4.2: Stückliste des Fertigungsauftrags

Damit ist auch das Mengengerüst für den konkreten Fertigungsauftrag vordefiniert. Selbstverständlich hat die Fertigungssteuerung an dieser Stelle noch die Möglichkeit, einzelne Bestandteile des Arbeitsplans oder der Stückliste für diesen speziellen Auftrag zu ändern, um z. B. auf ungeplante Material- oder Kapazitätsengpässe reagieren zu können. Dieses neue Mengengerüst gilt dann nur für diesen einen Auftrag; das ursprüngliche zum Material bleibt hiervon unberührt. Aus den auf diese Weise pro Auftrag erfassten Daten des Mengengerüsts ermittelt das System nun beim Sichern des Auftrags die Auftragsplankosten.

4.1.2 Rückmeldung erfassen

Fertigungsaufträge können durch unterschiedliche Vorgänge innerhalb des SAP-Systems mit tatsächlichen (Ist-)Kosten bebucht werden. Zu nennen sind hier zum einen die Verbräuche für Rohstoffe, Halbfabrikate und Hilfsstoffe, die durch entsprechende Warenausgangsbuchungen aus dem eigenen Lager auf den Fertigungsauftrag kontiert und damit kostenwirksam werden. Derartige Warenausgänge können mit einer Vielzahl unterschiedlicher Transaktionen erfasst und verbucht werden. Zur Veranschaulichung werden wir unten eine »manuelle Warenausgangsbuchung« erfassen.

Außerdem entstehen Kosten durch verrechnete Eigenleistungen, die von anderen betrieblichen Ressourcen (normalerweise Kostenstellen) erbracht werden und so ebenfalls auf dem Fertigungsauftrag kostenwirksam werden. Derartige Eigenleistungen können über eine Vielzahl verschiedener Vorgänge verrechnet werden. Ein Beispiel hierfür ist die *Rückmeldung zum Fertigungsauftrag*. Mit ihr bestätigen Sie einen definierten Arbeitsschritt, wie er im Arbeitsplan des Auftrags hinterlegt ist. Sie müssen die Menge der erfolgreich bearbeiteten Fertigungsmaterialien angeben (die sogenannte *Gutmenge*) und außerdem die hierfür eingesetzten Ressourcen (*Leistungsmengen*) sowie die verbrauchten Einsatzmaterialien bestätigen. Das System schlägt Ihnen die – laut Arbeitsplan – aus der bestätigten Gutmenge resultierenden Leistungsmengen vor, die Sie im einfachsten Fall lediglich annehmen müssen. Haben Sie, abweichend von der Planmenge, mehr oder weniger Leistungsmengen in Anspruch genommen, können Sie die vorgeschlagenen Mengen in der Rückmeldung manuell ändern.

Grundsätzlich lassen sich Rückmeldungen auf Ebene des gesamten Auftrags (Kopfebene) oder zu einzelnen Vorgängen des Arbeitsplans (Vorgangsebene) erfassen. Die Rückmeldung auf Vorgangsebene ist naturgemäß detaillierter als auf Kopfebene, allerdings haben Sie hier auch einen höheren Bearbeitungsaufwand.

Eine Rückmeldung zum Fertigungsauftrag auf Auftragsebene erfassen Sie direkt mit der Transaktion `CO15` oder im Anwendungsmenü über LOGISTIK • PRODUKTION • FERTIGUNGSSTEUERUNG • RÜCKMELDUNG • ERFASSEN • ZUM AUFTRAG. Im Einstiegsbild geben Sie die Nummer unseres oben angelegten Fertigungsauftrags an, zu dem Sie die Rückmeldung erfassen wollen (siehe Abbildung 4.3).

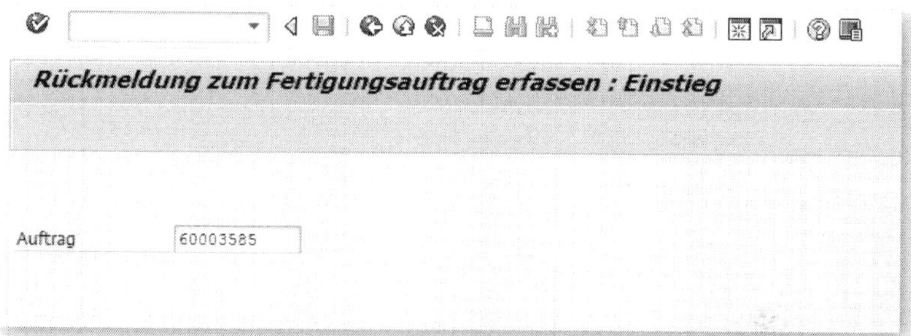

Abbildung 4.3: Rückmeldung erfassen – Einstiegsbild

Nach Drücken der `Enter`-Taste erscheint die Erfassungsmaske (siehe Abbildung 4.4). Sie können die rückzumeldende Menge, hier `1.200 ST`, entweder übernehmen oder manuell überschreiben. Außerdem können Sie einen Wert für den tatsächlich angefallenen AUSSCHUSS eingeben. Für unser Beispiel wollen wir lediglich eine Menge von 800 Stück bestätigen, Ausschuss soll keiner angefallen sein. Außerdem setzen wir das Kennzeichen TEILRÜCKMELDUNG. Das bedeutet, dass wir den Auftrag noch nicht als abgeschlossen betrachten und eine weitere Rückmeldung für die noch fehlenden 400 Stück in der Zukunft erwarten.

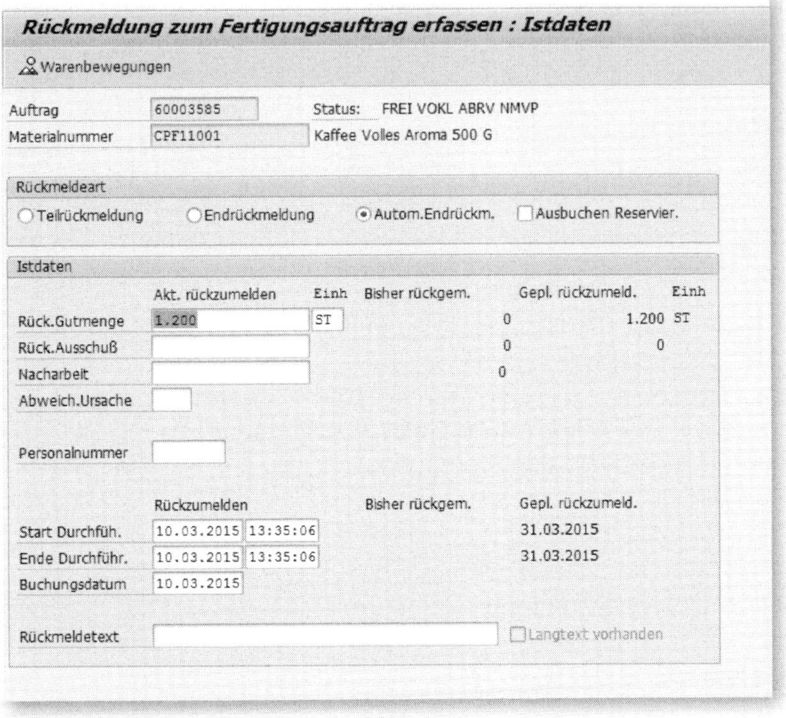

Abbildung 4.4: Auftragsrückmeldung – Erfassungsbild

Außerdem wollen wir noch den Verbrauch von 400 kg unserer Kaffeemischung erfassen, die wir zur Abarbeitung des Produktionsauftrags eingesetzt haben. Dazu springen Sie im Erfassungsbild der Rückmeldung über die Schaltfläche WARENBEWEGUNGEN in das Erfassungbild der Warenverbräuche (siehe Abbildung 4.5).

Geben Sie hier die MATERIALNUMMER und die auf dem Produktionsauftrag zu erfassende MENGE sowie das WERK ein. Im Standard müssen Sie neben dem Werk auch noch den Lagerort ergänzen, aus dem das Material entnommen wurde. Im Beispiel wählen wir den LAGERORT 0001.

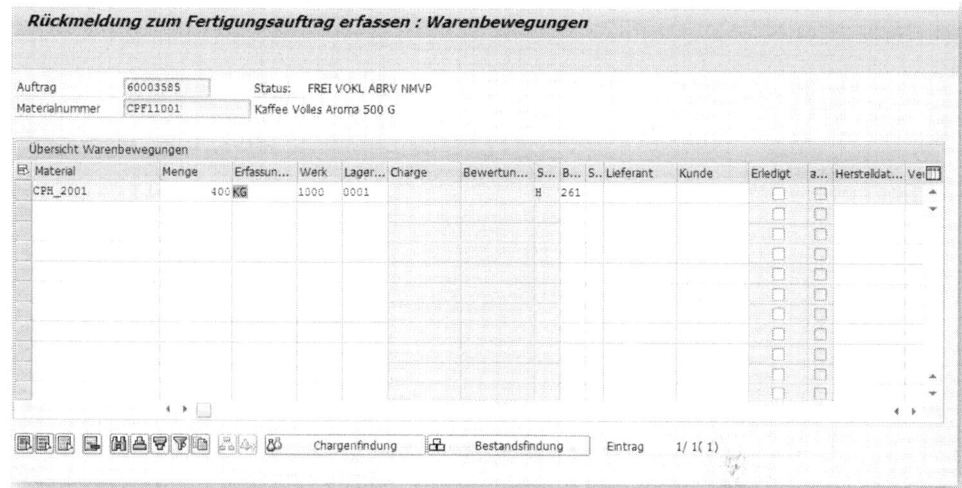

Abbildung 4.5 Erfassen von Warenbewegungen zur Rückmeldung

Je nach Konfiguration Ihres Systems kann es vorkommen, dass weitere Spezifikationen zu Ihrem Materialverbrauch verlangt werden, wie beispielsweise neben dem Lagerort der Lagerplatz (bei Einsatz des Warehouse-Managements [WMs]) oder eine Chargennummer (wenn die Chargenverwaltung aktiv und das Material chargenpflichtig sind). Allerdings werden Sie in einem produktiven System so gut wie nie derartige Warenbuchungen selbst durchführen. Das erledigen üblicherweise Ihre Kollegen aus der Logistik für Sie.

Zusammen mit dem Materialverbrauch hat das System im Hintergrund auch die anteiligen Leistungsmengen zurückgemeldet. Sie erkennen das, indem Sie sich den Kostenbericht zum Fertigungsauftrag (siehe Abbildung 4.8) ansehen.

Kostenbericht aufrufen

Von den zahlreichen Methoden, sich die Kostenberichte zum Fertigungsauftrag anzeigen zu lassen, ist der Weg über den Auftrag der praktischste, da Sie hier zugleich auch alle weiteren relevanten Informationen wie Auftragsstatus, Mengen, Termine etc. schnell abrufen können.

Zur Anzeige des Fertigungsauftrags gelangen Sie über LOGISTIK • PRODUKTION • FERTIGUNGSSTEUERUNG • AUFTRAG • ÄNDERN oder ANZEIGEN, die Transaktion heißt `C002` bzw. `C003`. Sie können den Auftragsbericht auch aus dem Anwendungsmenü des Rechnungswesens erreichen; hier lautet der entsprechende Pfad RECHNUNGSWESEN • CONTROLLING • PRODUKTKOSTEN-CONTROLLING • KOSTENTRÄGERRECHNUNG • AUFTRAGSBEZOGENES PRODUKT-CONTROLLING • AUFTRAG • FERTIGUNGSAUFRAG PP • ANZEIGEN.

Nachdem Sie die Auftragsnummer eingegeben und mit [Enter] bestätigt haben, erscheint ein Übersichtsbild mit allgemeinen Informationen zum Fertigungsauftrag, aus dem Sie den aktuellen Auftragsstatus und die geplante Gesamtmenge sowie die bereits gelieferte Menge erkennen können. Über SPRINGEN • KOSTEN • ANALYSE gelangen Sie zum Kostenbericht des Auftrags (siehe Abbildung 4.6).

In der Spalte ISTKOSTEN können Sie jetzt erkennen, dass für unsere rückgemeldeten 400 kg der `Mischung Volles Aroma` der Auftrag mit ISTKOSTEN von `1.600 €` belastet wurde. Das entspricht genau dem Wert, der sich aus dem Produkt von Menge und Bewertungspreis für die eingesetzte Mischung ergibt. Außerdem sehen Sie, dass gleichzeitig Stunden der Leistungsarten ILV PACKEN und die zugehörigen RÜSTZEITEN verrechnet wurden, und zwar exakt zu dem Wert, der für diese Leistungsarten auf den Kostenstellen geplant wurde.

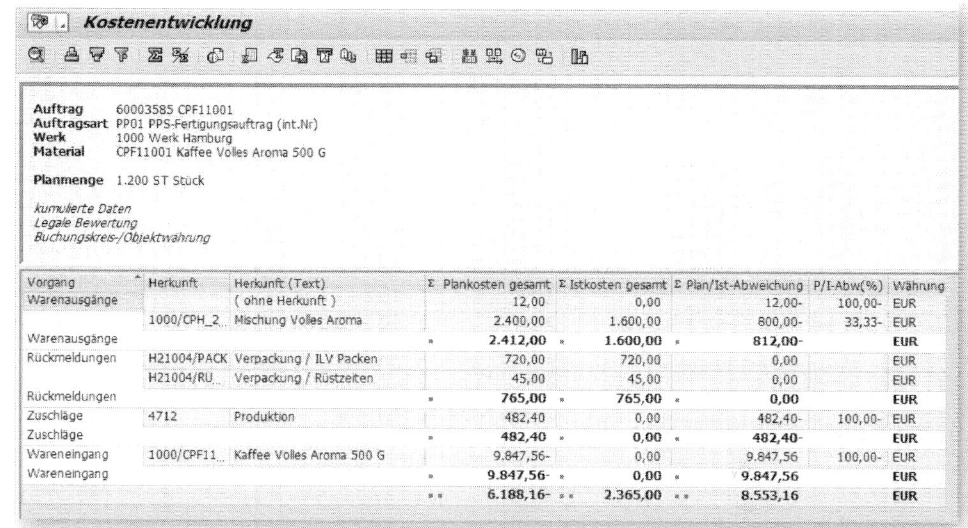

Kostenentwicklung

Auftrag 60003585 CPF11001
Auftragsart PP01 PPS-Fertigungsauftrag (int.Nr)
Werk 1000 Werk Hamburg
Material CPF11001 Kaffee Volles Aroma 500 G

Planmenge 1.200 ST Stück

kumulierte Daten
Legale Bewertung
Buchungskreis-/Objektwährung

Vorgang	Herkunft	Herkunft (Text)	Σ Plankosten gesamt	Σ Istkosten gesamt	Σ Plan/Ist-Abweichung	P/I-Abw(%)	Währung
Warenausgänge		(ohne Herkunft)	12,00	0,00	12,00-	100,00-	EUR
	1000/CPH_2...	Mischung Volles Aroma	2.400,00	1.600,00	800,00-	33,33-	EUR
Warenausgänge			▪ **2.412,00**	▪ **1.600,00**	▪ **812,00-**		**EUR**
Rückmeldungen	H21004/PACK	Verpackung / ILV Packen	720,00	720,00	0,00		EUR
	H21004/RU...	Verpackung / Rüstzeiten	45,00	45,00	0,00		EUR
Rückmeldungen			▪ **765,00**	▪ **765,00**	▪ **0,00**		**EUR**
Zuschläge	4712	Produktion	482,40	0,00	482,40-	100,00-	EUR
Zuschläge			▪ **482,40**	▪ **0,00**	▪ **482,40-**		**EUR**
Wareneingang	1000/CPF11...	Kaffee Volles Aroma 500 G	9.847,56-	0,00	9.847,56	100,00-	EUR
Wareneingang			▪ **9.847,56-**	▪ **0,00**	▪ **9.847,56**		**EUR**
			▪▪ **6.188,16-**	▪▪ **2.365,00**	▪▪ **8.553,16**		**EUR**

Abbildung 4.6 Kostenbericht zum Fertigungsauftrag nach erfolgter Rückmeldung

Das Layout dieses Auftragsberichts ist in unterschiedlichen SAP-Systemen nicht einheitlich und hängt von der Vorauswahl ab. Um zusätzliche Spalten anzeigen oder nicht benötigte Spalten ausblenden zu können, wählen Sie das Symbol LAYOUT ÄNDERN in der Symbolleiste und in der sich daraufhin öffnenden Ansicht diejenigen Spalten an oder ab, die Sie sehen bzw. nicht sehen möchten (siehe Abbildung 4.7). Dazu bewegen Sie den Cursor auf die entsprechende Spaltenbezeichnung und verschieben diese mittels der schwarzen Pfeiltasten in den linken (Spalte hinzufügen = das, was Sie sehen wollen) bzw. rechten Bildschirmteil (Spalte ausblenden).

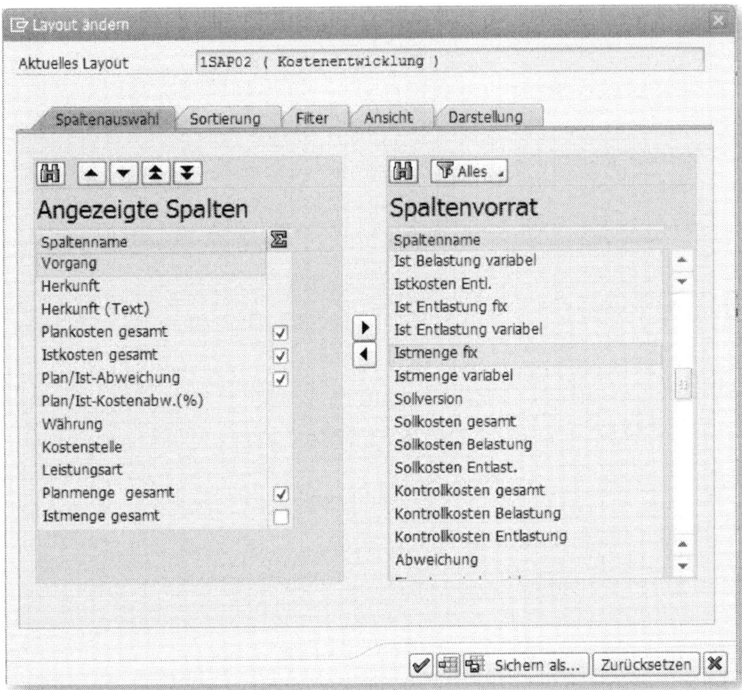

Abbildung 4.7: Auftragskostenbericht – Layout ändern

Im Beispiel haben wir die Spalten ISTMENGE und PLANMENGE sowie KOSTENSTELLE und LEISTUNGSART in das Layout aufgenommen. Wenn Sie dieses Layout häufiger verwenden wollen, können Sie es unter einer eigenen Bezeichnung abspeichern und als nutzerabhängigen Vorschlagswert sichern. Unser Auftragsbericht entspricht nun der in Abbildung 4.8 gezeigten Darstellung.

Unser Fertigungsauftrag hat jetzt einen Status, der die Ermittlung von *Ware in Arbeit* im Rahmen des Periodenabschlusses vorsieht. Wir werden uns diesen Vorgang im Rahmen des Periodenabschlusses im nächsten Abschnitt näher ansehen.

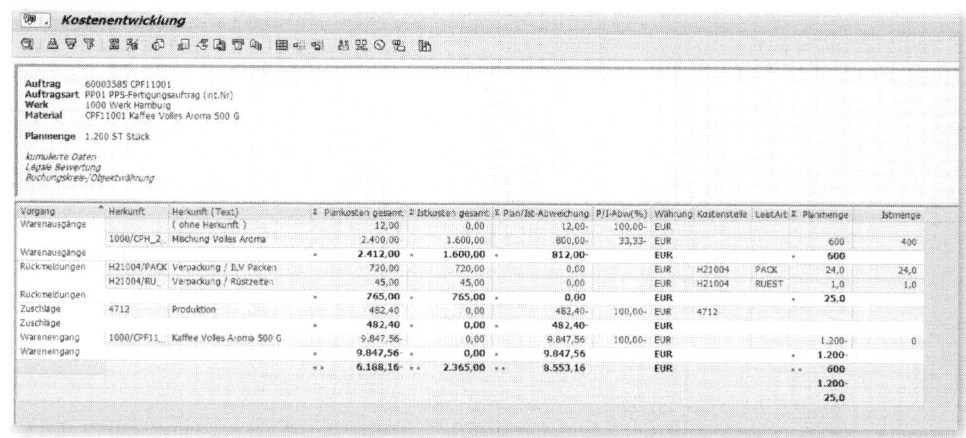

Kostenentwicklung

Auftrag 60003585 CPF11001
Auftragsart PP01 PPS-Fertigungsauftrag (int.Nr)
Werk 1000 Werk Hamburg
Material CPF11001 Kaffee Volles Aroma 500 G

Planmenge 1.200 ST Stück

kumulierte Daten
Legale Bewertung
Buchungskreis-/Objektwährung

Vorgang	Herkunft	Herkunft (Text)	Σ Plankosten gesamt	Σ Istkosten gesamt	Σ Plan/Ist-Abweichung	P/I-Abw(%)	Währung	Kostenstelle	LeistArt	Σ Planmenge	Istmenge
Warenausgänge		(ohne Herkunft)	12,00	0,00	12,00-	100,00-	EUR				
	1000/CPH_2	Mischung Volles Aroma	2.400,00	1.600,00	800,00-	33,33-	EUR			600	400
Warenausgänge			* **2.412,00**	* **1.600,00**	* **812,00-**		**EUR**			* **600**	
Rückmeldungen	H21004/PACK	Verpackung / ILV Packen	720,00	720,00	0,00		EUR	H21004	PACK	24,0	24,0
	H21004/RU_	Verpackung / Rüstzeiten	45,00	45,00	0,00		EUR	H21004	RUEST	1,0	1,0
Rückmeldungen			* **765,00**	* **765,00**	* **0,00**		**EUR**			* **25,0**	
Zuschläge	4712	Produktion	482,40	0,00	482,40-	100,00-	EUR	4712			
Zuschläge			* **482,40**	* **0,00**	* **482,40-**		**EUR**				
Wareneingang	1000/CPF11_	Kaffee Volles Aroma 500 G	9.847,56-	0,00	9.847,56	100,00-	EUR			1.200-	0
Wareneingang			* **9.847,56-**	* **0,00**	* **9.847,56**		**EUR**			* **1.200-**	
			** **6.188,16-**	** **2.365,00**	** **8.553,16**		**EUR**			** **600**	
										1.200-	
										25,0	

Abbildung 4.8: Kostenbericht zum Fertigungsauftrag mit angepasstem Layout

Neben der bisher beschriebenen Möglichkeit, einzelne Fertigungsaufträge hinsichtlich ihres Kostenverlaufs zu analysieren, haben Sie natürlich auch verschiedene Auswertungsoptionen für eine größere Anzahl von Aufträgen. Mithilfe einer Auftragshierarchie können Sie Ihre Fertigungsaufträge nach selbst definierten Kriterien abgestuft gliedern und anschließend analysieren.

Zur Definition einer Auftragshierarchie verzweigen Sie im Anwendungsmenü in den Pfad CONTROLLING • PRODUKTKOSTEN-CONTROLLING • KOSTENTRÄGERRECHNUNG • AUFTRAGSBEZOGENES PRODUKT-CONTROLLING • INFOSYSTEM • WERKZEUGE • VORBEREITUNG VERDICHTETE ANALYSE • VERDICHTUNGSHIERARCHIE ANLEGEN (Transaktion `KKR0`).

Geben Sie für die einzelnen Hierarchiestufen an, nach welchen Kriterien Ihre Aufträge strukturiert werden sollen. In unserem Beispiel wollen wir eine Hierarchie definieren, die auf der ersten Ebene den Kostenrechnungskreis, auf der nächsten das Werk, dann die Materialnummer und schließlich die Nummer des Fertigungsauftrags als Ordnungskriterium heranzieht.

Hierzu wählen wir im Ausgangsbild die Schaltfläche NEUE EINTRÄGE (siehe Abbildung 4.9).

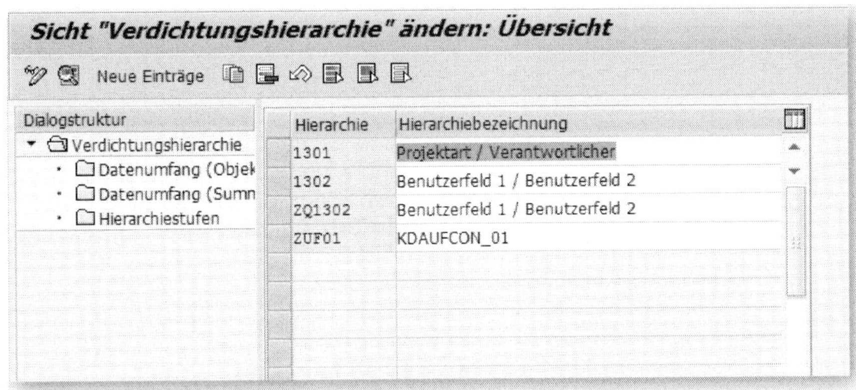

Abbildung 4.9: Verdichtungshierarchie anlegen – Einstiegsbild

Für die HIERARCHIE vergeben wir zunächst den Schlüssel `ZJANSEN1` und die Bezeichnung `Auftragshierarchie Beispiel` (siehe Abbildung 4.10).

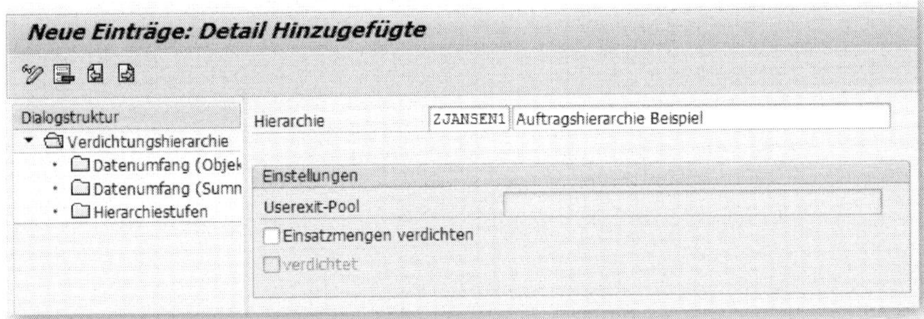

Abbildung 4.10: Verdichtungshierarchie anlegen

Im Teilmenü DATENUMFANG (OBJEKTARTEN) müssen Sie zunächst diejenigen Auftragstypen selektieren, die Sie in Ihre Verdichtung aufnehmen wollen. In unserem Beispiel markieren wir den vordefinierten Eintrag `Produktions-, QM-Aufträge, Produktkostensammler` (siehe Abbildung 4.11).

Sicht "Datenumfang (Objektarten)" ändern: Übersicht

Dialogstruktur
- Verdichtungshierarchie
  - Datenumfang (Objek
  - Datenumfang (Summ
  - Hierarchiestufen

Hierarchie	Beschreibung	verdicht...	Prio.	Status...	Sel.Variante
ZJANSEN1	Innenaufträge	☐	1		
ZJANSEN1	Instandhaltungs-/Serviceaufträge	☐	2		
ZJANSEN1	Produktions-, QM-Aufträge, ProdKoSammler	☑	3		
ZJANSEN1	Projekte	☐	4		
ZJANSEN1	Kundenaufträge ohne abhängige Aufträge	☐	5		
ZJANSEN1	Kundenaufträge mit abhängigen Aufträgen	☐	6		

Abbildung 4.11: Auftragshierarchie: Festlegen des Datenumfangs (Auftragsarten)

Im nächsten Schritt legen Sie den Datenumfang Ihrer Auftragsberichte fest, d. h., welche konkreten Aufträge Sie selektieren wollen. Im Standard werden die Dimensionen `Leistungsmengen`, `Primärkosten`, `Sekundärkosten` sowie `Abweichungen/Abgrenzungen` vorgeschlagen. Beachten Sie, dass Sie diese Berichtsdimensionen in der Auswahl von Abbildung 4.12 **nicht** markieren, um sie später im Bericht sehen zu können (Spaltenüberschrift NICHT VERWENDEN).

Sicht "Datenumfang (Summensatztabellen)" ändern: Übersicht

Dialogstruktur
- Verdichtungshierarchie
  - Datenumfang (Objektarten)
  - Datenumfang (Summensatztabellen)
  - Hierarchiestufen

Hierarchie	Beschreibung Summensatztabelle	nicht ver...	ohne Her...	Exit
ZJANSEN1	Strukturplan, Budget (Gesamtwerte)	☑	☐	
ZJANSEN1	Strukturplan, Budget (Jahreswerte)	☑	☐	
ZJANSEN1	Strukturplan, Budget (Periodenwerte)	☑	☐	
ZJANSEN1	Abweichungen/Abgrenzungen	☐	☐	
ZJANSEN1	Leistungsmengen	☐	☐	
ZJANSEN1	Primärkosten	☐	☐	
ZJANSEN1	Sekundärkosten	☐	☐	
ZJANSEN1	Projektinfo-Datenbank: Kosten, Erlö...	☑	☐	

Abbildung 4.12: Auftragshierarchie definieren – Festlegen des Datenumfangs

Indem Sie im linken Bildschirmteil auf den Eintrag HIERARCHIESTUFEN klicken, gelangen Sie schließlich zur Spezifikation Ihrer Hierarchie. Der oberste Hierarchieknoten ist mit dem Kostenrechnungskreis bereits fest vorgegeben. Durch Wählen der Schaltfläche NEUE EINTRÄGE haben Sie nun die Möglichkeit, die von Ihnen gewünschten weiteren Hierarchiestufen schrittweise zu definieren (siehe Abbildung 4.13).

Abbildung 4.13: Auftragshierarchie: Definition der Hierarchiestufen

Wir wählen für die STUFEN 2 bis 4 die von uns gewünschten Merkmale Werk, Material und Auftragsnummer. Sie können für das Feld HIERARCHIEFELD die [F4]-Auswahlhilfe nutzen, um die hier erforderlichen technischen Namen auszusuchen.

Nach dem Sichern haben wir unsere Auftragshierarchie definiert. Bevor allerdings alle unsere Fertigungsaufträge nach der vorgegebenen Struktur selektiert und uns die zugehörigen Kosten anzeigt werden, ist noch ein weiterer Bearbeitungsschritt erforderlich: Sie müssen nämlich Ihre soeben definierte Verdichtungshierarchie zunächst mit Daten füllen. Dies können Sie ebenfalls im Informationsmenü des Produktkosten-Controllings durchführen, indem Sie den Pfad RECHNUNGSWESEN • CONTROLLING • PRODUKTKOSTEN-CONTROLLING • KOSTENTRÄGERRECHNUNG • AUFTRAGSBEZOGENES PRODUKT-CONTROLLING – INFOSYSTEM • WERKZEUGE • DATENBESCHAFFUNG • ZUR VERDICHTUNGSHIERARCHIE oder die Transaktion KKRC aufrufen (siehe Abbildung 4.14).

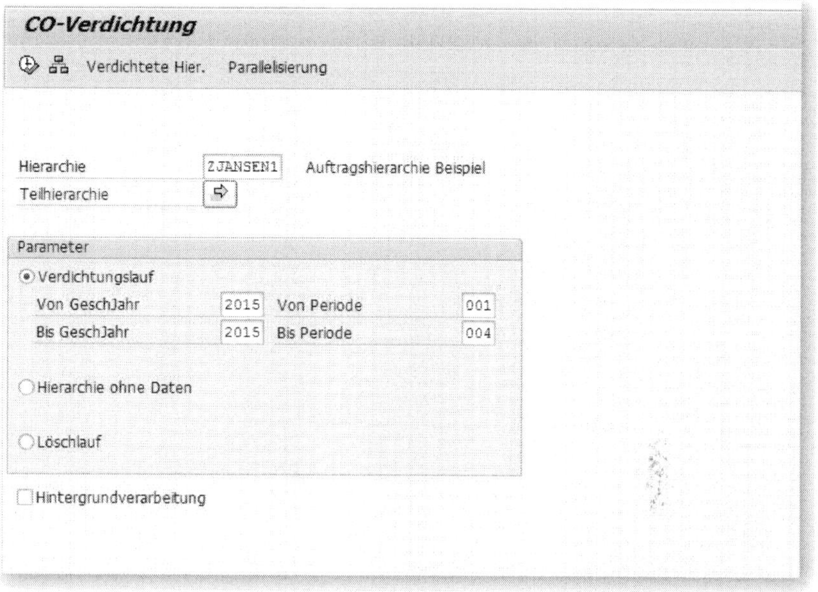

Abbildung 4.14: Anforderungsbild zum Datenaufbau der Verdichtungshierarchie

Geben Sie den Namen der definierten Verdichtungshierarchie ein, oder wählen Sie ggf. eine der definierten TEILHIERARCHIEN aus, wenn Sie nicht die gesamte Hierarchie mit Daten füllen wollen. Über die Parameter GESCHÄFTSJAHR und PERIODE können Sie den Zeitraum weiter einschränken, für den Sie einen Datenaufbau durchführen wollen. Dies ist vor allem dann hilfreich, wenn im System bereits eine große Datenmenge vorliegt, Sie sich aber nur noch für die Zahlen der laufenden Periode oder des aktuellen Geschäftsjahres interessieren.

Nach Beendigung des Verdichtungslaufs erhalten Sie ein Protokoll, ähnlich dem in Abbildung 4.15, das Ihnen die selektierten und verarbeiteten Aufträge anzeigt.

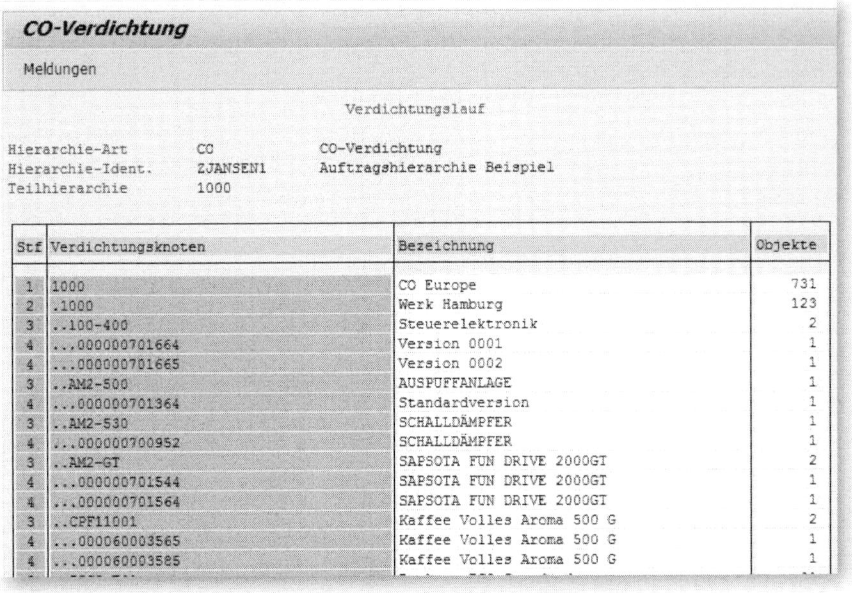

CO-Verdichtung

Meldungen

Verdichtungslauf

Hierarchie-Art	CO	CO-Verdichtung
Hierarchie-Ident.	ZJANSEN1	Auftragshierarchie Beispiel
Teilhierarchie	1000	

Stf	Verdichtungsknoten	Bezeichnung	Objekte
1	1000	CO Europe	731
2	.1000	Werk Hamburg	123
3	..100-400	Steuerelektronik	2
4	...000000701664	Version 0001	1
4	...000000701665	Version 0002	1
3	..AM2-500	AUSPUFFANLAGE	1
4	...000000701364	Standardversion	1
3	..AM2-530	SCHALLDÄMPFER	1
4	...000000700952	SCHALLDÄMPFER	1
3	..AM2-GT	SAPSOTA FUN DRIVE 2000GT	2
4	...000000701544	SAPSOTA FUN DRIVE 2000GT	1
4	...000000701564	SAPSOTA FUN DRIVE 2000GT	1
3	..CPF11001	Kaffee Volles Aroma 500 G	2
4	...000060003565	Kaffee Volles Aroma 500 G	1
4	...000060003585	Kaffee Volles Aroma 500 G	1

Abbildung 4.15: Ergebnisprotokoll des Verdichtungslaufs

Damit ist Ihre Verdichtungshierarchie mit den (aktuellen) Daten versorgt, und Sie können nun den entsprechenden Hierarchiebericht ansehen, indem Sie im Menü den Pfad CONTROLLING • PRODUKTKOSTEN-CONTROLLING – KOSTENTRÄGERRECHNUNG • AUFTRAGSBEZOGENES PRODUKT-CONTROLLING • INFOSYSTEM • BERICHTE ZUM AUFTRAGSBEZOGENEN PRODUKT-CONTROLLING • VERDICHTETE ANALYSE • MIT DEFINIERTER VERDICHTUNGSHIERARCHIE oder die Transaktion KKBC_HOE aufrufen (siehe Abbildung 4.16).

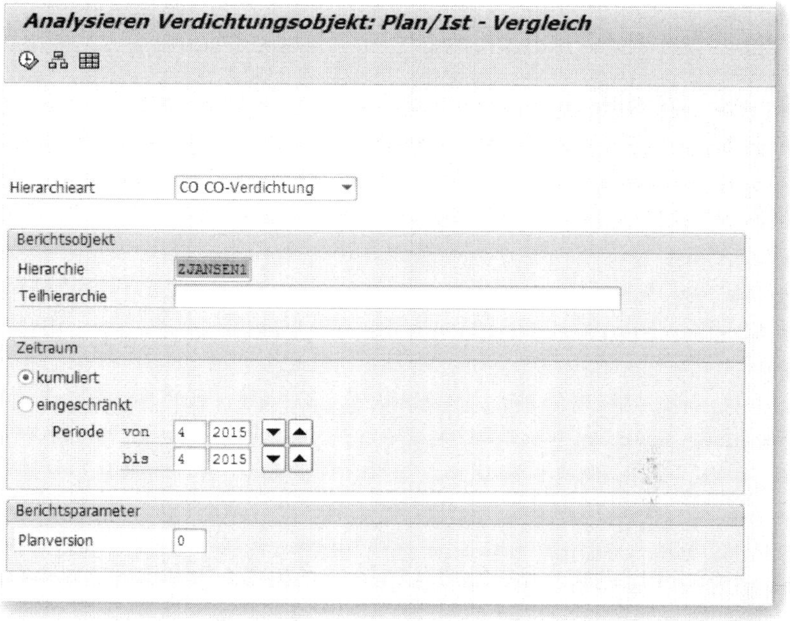

Analysieren Verdichtungsobjekt: Plan/Ist - Vergleich

Hierarchieart: CO CO-Verdichtung

Berichtsobjekt
Hierarchie: ZJANSEN1
Teilhierarchie

Zeitraum
kumuliert
eingeschränkt
Periode von 4 2015
bis 4 2015

Berichtsparameter
Planversion: 0

Abbildung 4.16: Hierarchiebericht – Selektionsbild

Ähnlich wie beim Aufbau der Hierarchie können Sie hier wählen, ob Sie die Kosten der gesamten Verdichtungshierarchie analysieren oder lediglich einen Teilbaum auswählen möchten. Im letzteren Fall geben Sie zusätzlich zum Namen der Verdichtungshierarchie den entsprechenden Namen der TEILHIERARCHIE an. Außerdem können Sie den Analysezeitraum wieder Ihren Erfordernissen gemäß einschränken.

Sie erhalten einen Bericht wie in Abbildung 4.17 dargestellt, dem Sie Ihre gesamten Auftragskosten entnehmen können.

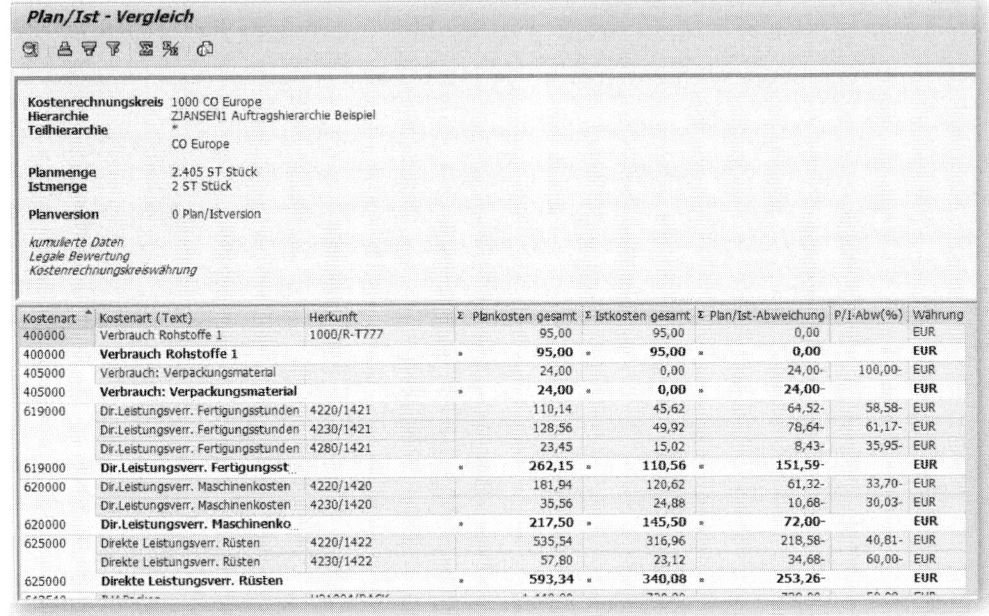

Plan/Ist - Vergleich

Kostenrechnungskreis 1000 CO Europe
Hierarchie ZJANSEN1 Auftragshierarchie Beispiel
Teilhierarchie *
CO Europe

Planmenge 2.405 ST Stück
Istmenge 2 ST Stück

Planversion 0 Plan/Istversion

kumulierte Daten
Legale Bewertung
Kostenrechnungskreiswährung

Kostenart	Kostenart (Text)	Herkunft	Σ Plankosten gesamt	Σ Istkosten gesamt	Σ Plan/Ist-Abweichung	P/I-Abw(%)	Währung
400000	Verbrauch Rohstoffe 1	1000/R-T777	95,00	95,00	0,00		EUR
400000	**Verbrauch Rohstoffe 1**		* **95,00**	* **95,00**	* **0,00**		**EUR**
405000	Verbrauch: Verpackungsmaterial		24,00	0,00	24,00-	100,00-	EUR
405000	**Verbrauch: Verpackungsmaterial**		* **24,00**	* **0,00**	* **24,00-**		**EUR**
619000	Dir.Leistungsverr. Fertigungsstunden	4220/1421	110,14	45,62	64,52-	58,58-	EUR
	Dir.Leistungsverr. Fertigungsstunden	4230/1421	128,56	49,92	78,64-	61,17-	EUR
	Dir.Leistungsverr. Fertigungsstunden	4280/1421	23,45	15,02	8,43-	35,95-	EUR
619000	**Dir.Leistungsverr. Fertigungsst...**		* **262,15**	* **110,56**	* **151,59-**		**EUR**
620000	Dir.Leistungsverr. Maschinenkosten	4220/1420	181,94	120,62	61,32-	33,70-	EUR
	Dir.Leistungsverr. Maschinenkosten	4230/1420	35,56	24,88	10,68-	30,03-	EUR
620000	**Dir.Leistungsverr. Maschinenko...**		* **217,50**	* **145,50**	* **72,00-**		**EUR**
625000	Direkte Leistungsverr. Rüsten	4220/1422	535,54	316,96	218,58-	40,81-	EUR
	Direkte Leistungsverr. Rüsten	4230/1422	57,80	23,12	34,68-	60,00-	EUR
625000	**Direkte Leistungsverr. Rüsten**		* **593,34**	* **340,08**	* **253,26-**		**EUR**

Abbildung 4.17: Auftragsbericht zur Verdichtungshierarchie

4.2 Periodenabschluss

Zum Periodenabschluss zählt man alle diejenigen Arbeiten, die im regelmäßigen Turnus, typischerweise zu jedem Monatsende, durchgeführt werden und mit denen Sie Ihre Fertigungsaufträge für die weitere Verarbeitung vorbereiten bzw. diese durchführen. Zu diesen Arbeiten gehören namentlich die Verrechnung von Gemeinkostenzuschlägen, die Ergebnisermittlung sowie die Abrechnung.

4.2.1 Gemeinkostenzuschläge verrechnen

Gemeinkosten sind Kosten, die nicht direkt auf die Kostenträger verbucht, sondern pauschal über definierte Bezugsgrößen verrechnet werden. Typische Verursacher von Gemeinkosten sind etwa die Aufwendungen für das Materiallager, die allgemeine Fertigungsleitung oder von mehreren Kostenstellen gemeinsam genutzte Einrichtungen.

Der erste Schritt im Rahmen der üblicherweise als *Monatsabschlussarbeiten* bezeichneten Tätigkeiten besteht darin, auf Ihre Kostenträger die Gemeinkostenzuschläge zu verrechnen. Dies ist ein eigener Bearbeitungsschritt, weil die Zuschläge – anders als bei der Plankalkulation – nicht automatisch bei der Verbuchung der Berechnungsbasen (also z. B. des Materialverbrauchs) mit verbucht werden. Da Gemeinkosten häufig in die Berechnung der Ware in Arbeit (engl.: work in process [*WIP*], siehe nachfolgender Abschnitt) und immer in die Kalkulation der Abweichungen eingehen sollen, muss deren Berechnung zu Beginn der Monatsabschlussaktivitäten vorgenommen werden.

Auch wenn an dieser Stelle die Gemeinkostenverrechnung als einmaliger Schritt im Rahmen des Monatsabschlusses dargestellt wird, ist es selbstverständlich ebenso möglich, Gemeinkosten laufend zu berechnen und zu verbuchen. Hierzu definieren Sie einen periodischen Job, den Sie beispielsweise täglich über Nacht laufen lassen, um jederzeit tagesaktuelle Istkosten auf den Kostenträgern ausweisen zu können.

Die verschiedenen Bearbeitungsschritte zur Verrechnung der Gemeinkosten auf Kostenträger sind im Folgenden dargestellt.

Zuschlagsberechnung

Ein verbreitetes Instrument zur Verrechnung von Gemeinkosten ist die *Zuschlagsberechnung*.

Zuschläge können grundsätzlich als *prozentuale Zuschläge* (x % vom Basiswert) oder als *mengenabhängige Zuschläge* (x € pro verbrauchter Mengeneinheit) definiert und berechnet werden. Die entsprechenden Festlegungen haben Sie bereits bei der Definition des Kalkulationsschemas im Rahmen der Produktkostenplanung (Einzelheiten hierzu vgl. Abschnitt 3.4) getroffen. Natürlich ist es aus Gründen der Vergleichbarkeit und Konsistenz der Werteermittlung sinnvoll, bei Ihrer Erzeugniskalkulation und in der Kostenträgerrechnung das gleiche Zuschlagsschema zu verwenden.

Ist-Zuschläge werden im Rahmen des Monatsabschlusses gemäß der im Kalkulationsschema definierten Berechnungslogiken auf die im Ist auf den Kostenträgern (Produktionsaufträgen) verbrauchten und verbuchten Mengen oder Werte verrechnet.

Wie bei allen Monatsabschlussarbeiten haben Sie auch bei der Zuschlagsberechnung grundsätzlich die Wahl zwischen der Einzelverarbeitung (`KGI2`) und der Sammelverarbeitung (`CO43`).

Wir wählen für unser Beispiel die Sammelverarbeitung mit der Transaktion `CO43` oder den Menüpfad: CONTROLLING • PRODUKTKOSTENRECHNUNG • KOSTENTRÄGERRECHNUNG AUFTRAGSBEZOGENES PRODUKTKOSTENCONTROLLING • MONATSABSCHLUSS • EINZELFUNKTIONEN • ZUSCHLÄGE.

Nach Aufruf der Transaktion machen Sie zunächst die erforderlichen Angaben im Selektionsbildschirm (siehe Abbildung 4.18).

Da wir uns mit der Fertigungssteuerung des Moduls PP im Bereich der Logistik befinden, ist das oberste Selektionskriterium erst einmal das WERK.

Im ersten Block geben Sie weiter an, welche der zur Auswahl stehenden Auftragstypen Sie in die Verarbeitung einbeziehen wollen.

Neben den PP-Produktionsaufträgen können Sie auch PROZESSAUFTRÄGE als eigene Kategorie wählen. Prozessaufträge sind Produktionsaufträge, die im Rahmen des Moduls PP-PS (Produktionssteuerung für die Prozessindustrie) angelegt werden. Prozessindustrie findet man häufig in den Bereichen Chemische Industrie, Mineralölverarbeitung, Lebensmittel oder pharmazeutische Industrie. Die Unterschiede zum klassischen Produktionsauftrag liegen in erster Linie in bestimmten Bereichen der logistischen Abwicklung, auf die an dieser Stelle aber nicht weiter eingegangen werden soll. Darüber hinaus werden im Zusammenhang mit Prozessaufträgen teilweise eigene Begriffe verwendet; so spricht man beispielsweise statt von einem Arbeitsplan hier von einem »Planungsrezept«.

Bzgl. der Behandlung innerhalb des Rechnungswesens, insbesondere im Controlling, unterscheiden sich Prozessaufträge jedoch nicht von den hier behandelten Produktions- oder Fertigungsaufträgen, weshalb wir für Prozessaufträge an dieser Stelle auch keine gesonderte Beschreibung benötigen.

Des Weiteren stehen Ihnen PRODUKTKOSTENSAMMLER sowie Kostenträger aus dem Modul »Qualitätssicherung« (MIT QM-AUFTRÄGEN) zur Auswahl sowie AUFTRÄGE ZU NETZPLÄNEN und allgemeine KOSTENTRÄGER. Je nach Anzahl der bei Ihnen vorhandenen Aufträge des jeweiligen Typs kann eine getrennte Behandlung der einzelnen Typen aus Performancegründen vorteilhaft sein.

Auch wenn Sie alle Auftragstypen in Ihren Verarbeitungslauf einbeziehen, kommt dennoch für jeden einzelnen Auftrag das für dieses Objekt über die Kalkulationsvariante in der Auftragsart hinterlegte Zuschlagsschema zur Anwendung. Sie können also durchaus Aufträge mit verschiedenen Zuschlagsschemata in einem Lauf verarbeiten.

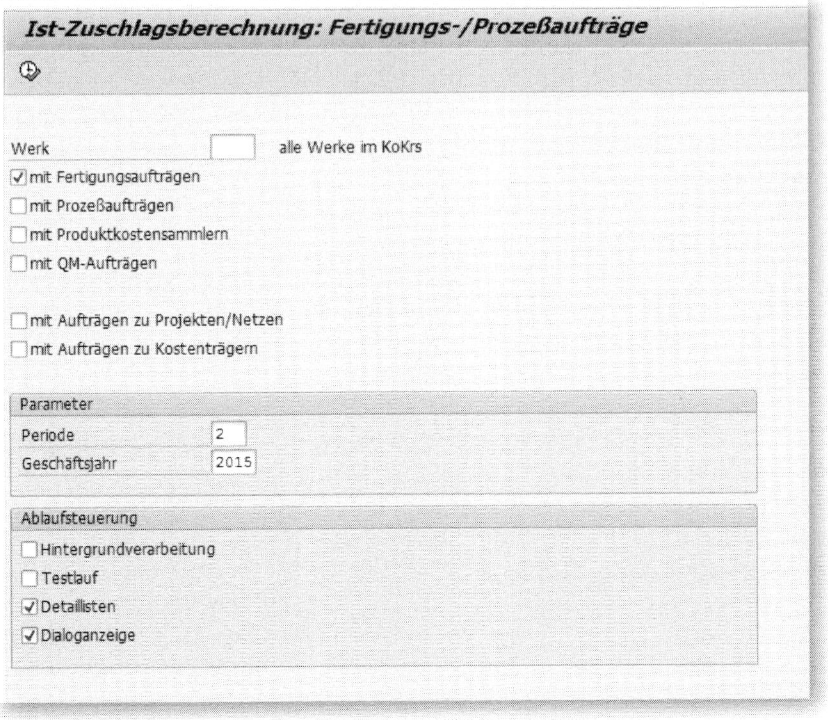

Ist-Zuschlagsberechnung: Fertigungs-/Prozeßaufträge

Werk alle Werke im KoKrs
mit Fertigungsaufträgen
mit Prozeßaufträgen
mit Produktkostensammlern
mit QM-Aufträgen
mit Aufträgen zu Projekten/Netzen
mit Aufträgen zu Kostenträgern

Parameter
Periode 2
Geschäftsjahr 2015

Ablaufsteuerung
Hintergrundverarbeitung
Testlauf
Detaillisten
Dialoganzeige

Abbildung 4.18: Zuschlagsberechnung auf Fertigungsaufträgen – Selektionsbild

Unter PARAMETER müssen Sie außerdem die VerarbeitungsPERIODE mit dem GESCHÄFTSJAHR angeben, in der die Zuschläge verbucht werden sollen. Diese Buchung erfolgt dann unabhängig vom Tagesdatum, immer mit dem letzten Tag der angegebenen Buchungsperiode.

Im Rahmen der ABLAUFSTEUERUNG haben Sie die Möglichkeit, neben den bereits bekannten Parametern TESTLAUF und HINTERGRUNDVERARBEITUNG die Optionen DETAILLISTEN sowie eine DIALOGverarbeitung auszuwählen. Diese beiden Parameter sind immer dann zu empfehlen, wenn Sie zunächst einen Testlauf durchführen, um die Ergebnisse der Zuschlagsberechnung vor der Verbuchung noch einmal zu validieren. Das System zeigt ihnen bei diesen Optionen die einzelnen Rechenschritte der Zuschlagsermittlung detailliert an.

Mit dem Button AUSFÜHREN starten Sie die Ermittlung der Zuschläge:

Das System sucht nun für jedes der selektierten Objekte die zu verrechnenden Zuschläge und die zugehörigen Entlastungen entsprechend der im jeweiligen Kalkulationsschema zum Auftrag hinterlegten Berechnungslogik. Wenn Sie den Testlauf nicht markiert haben, werden die Zuschläge und die Entlastungen umgehend verbucht (mit Buchungsdatum »letzter Tag der Periode«!).

Im Ergebnis erscheint die Darstellung der IST-ZUSCHLAGSBERECHNUNG: FERTIGUNGS-/PROZESSAUFTRÄGE GRUNDLISTE (siehe Abbildung 4.19).

Ist-Zuschlagsberechnung: Fertigungs-/Prozeßaufträge Grundliste

Selektion

Selektionsparameter	Wert	Bezeichnung
Werk	1000	Werk Hamburg
mit Fertigungsaufträgen	X	
Periode	002	
Geschäftsjahr	2015	
Kostenrechnungskreis	1000	CO Europe
Währung	EUR	Euro
Kurstyp	M	Standardumrechnung zum Mittelkurs

Ablaufsteuerung

Selektionsparameter	Wert
Ausführungsart	Zuschläge ausgeführt
Verarbeitungsmodus	Testlauf

Verarbeitung wurde fehlerfrei abgeschlossen

Statistik

Verarbeitungskategorie	Σ Anzahl
Zuschläge ausgeführt	1
Nicht relevant	
Unpassender Status	
Fehler	

Abbildung 4.19: Zuschlagsberechnung – Ergebnisliste

Sie enthält zunächst statistische Informationen über die Anzahl und den Status der selektierten Aufträge. Folgende Status werden hierbei unterschieden:

- `Zuschläge ausgeführt`: Anzahl der Aufträge, für die Zuschläge ermittelt (und verbucht) wurden, auch wenn der Zuschlagsbetrag null ist.
- `Nicht relevant`: Anzahl der Aufträge, für die aus folgenden Gründen kein Zuschlag ermittelt wurde:
  - Der Auftrag ist statistisch.
  - Dem Auftrag ist kein Kalkulationsschema zugeordnet.
- `Unpassender Status`: Anzahl der Aufträge, für die aus anderen Gründen kein Zuschlag ermittelt wurde:
  - Der Auftrag hat den Status »eröffnet«.
  - Der Auftrag ist technisch abgeschlossen.
  - Der Auftrag ist zum Löschen vorgemerkt.

Statuslogik bei Fertigungsaufträgen

Es werden bei der Zuschlagsermittlung nur diejenigen Aufträge berücksichtigt, die zum Buchen freigegeben sind. Bei diesen Aufträgen muss entweder der Systemstatus »freigegeben« oder «geliefert« gesetzt sein. Der Status »freigegeben« kann automatisch bei der Eröffnung des Auftrags gesetzt werden; den Status »geliefert« setzt das System ebenfalls automatisch, wenn Sie eine Rückmeldung als »Endlieferung« kennzeichnen.

- `Fehlerhaft`: Anzahl der Aufträge, bei denen Fehler aufgetreten sind.

Status manuell setzen

Sollten Sie Fertigungsaufträge haben, die – aus welchen Gründen auch immer – nicht beliefert werden, aber in die Zuschlagsberechnung eingehen sollen, dann achten Sie darauf, dass der Status »technisch abgeschlossen« erst gesetzt wird, nachdem die Zuschläge berechnet wurden.

Mit der Schaltfläche NÄCHSTE SEITE gelangen Sie auf eine Liste mit den verrechneten Zuschlägen pro Auftrag.

4.2.2 Ware in Arbeit

Der nächste Schritt im Rahmen der Periodenabschlussaktivitäten nach der Zuschlagsberechnung ist die Ermittlung der Ware in Arbeit (WIP). Hierbei handelt es sich um den Wert der angearbeiteten Erzeugnisse auf einem Fertigungsauftrag, solange der Auftrag noch nicht als Ganzes beendet ist und somit noch kein vollständiger Wertausweis im Fertigwarenlager erfolgt. Ware in Arbeit wird für Produktionsaufträge ermittelt, die bereits mit Istkosten belastet sind (durch Materialverbräuche, Leistungsverrechnungen oder Rechnungen externer Lieferanten/ Dienstleister, die direkt auf den Auftrag kontiert wurden), die aber bislang weder endgeliefert noch technisch abgeschlossen sind. Ob für einen konkreten Auftrag Ware in Arbeit ermittelt wird, entscheidet sich nach dessen Systemstatus. Aufträge mit Status »freigegeben« (FREI) nehmen an der WIP-Ermittlung teil; für Aufträge mit Status »endgeliefert« (GLFT) oder »technisch abgeschlossen« (TABG) wird kein WIP mehr ermittelt. Vielmehr wird der auf diesen Aufträgen bereits vorher ermittelte WIP mit dem nächsten Lauf wieder aufgelöst.

Im Rahmen der Werkstattfertigung wird Ware in Arbeit zu Istkosten ermittelt. Das bedeutet, dass der Saldo des Fertigungsauftrags (die Summe aller Belastungen aus Materialverbräuchen, Leistungsverrechnungen, Fremdleistungen, Zuschlägen etc. abzüglich bereits erfolgter Entlastungen durch Lieferungen an das Lager) automatisch als Wert der Ware in Arbeit angesehen wird.

Der Wert der Ware in Arbeit wird an ein Bilanzkonto der Finanzbuchhaltung (FI) und – sofern im Einsatz – auch an die Profitcenter-Rechnung abgerechnet. Damit ist gewährleistet, dass dieser Wert sowohl in der Bilanz (als Umlaufvermögen) als auch in der GuV-Rechnung (als Bestandsveränderungen) ausgewiesen wird, um einen bilanziellen Gegenwert zu den verbrauchten Ressourcen auszuweisen, solange das gefertigte Produkt noch nicht in das Umlaufvermögen (durch Ablieferung ans Lager) gebucht wurde.

Customizing »Ware in Arbeit«

Abhängig davon, auf welche Art und mit welchen Wertansätzen Sie Ihre Ware in Arbeit ermitteln wollen, müssen Sie im Customizing der Kostenträgerrechnung einige Einstellungen vornehmen. Das entsprechende Einstellungsmenü erreichen Sie im Customizing über CONTROLLING • PRODUKTKOSTENCONTROLLING • KOSTENTRÄGERRECHNUNG • AUFTRAGSBEZOGENES PRODUKT • CONTROLLING • PERIODENABSCHLUSS • WARE IN ARBEIT.

1. Abgrenzungsschlüssel

Sie beginnen das Customizing damit, einen oder mehrere *Abgrenzungsschlüssel* zu definieren. Der Abgrenzungsschlüssel wird in den jeweiligen Stammsatz desjenigen Objekts eingetragen, für das eine WIP-Ermittlung stattfinden soll. Bei Fertigungsaufträgen geschieht dies indirekt, nämlich über einen entsprechenden Eintrag in der KALKULATIONSSICHT 1 im Stammsatz des zu fertigenden Materials. Bei der Anlage eines Fertigungsauftrags zu diesem Material wird der Abgrenzungsschlüssel dann in die Auftragsstammdaten übernommen.

Im Customizing müssen Sie an dieser Stelle lediglich einen Schlüssel und eine Bezeichnung eingeben. Sie können die Standard-Auslieferungen nutzen oder auch einen eigenen, neuen Abgrenzungsschlüssel definieren. Im Allgemeinen genügt aber der voreingestellte Schlüssel `000002: WIP-Ermittlung zu Istkosten` den Anforderungen. Im Beispiel haben wir den ausgelieferten Abgrenzungsschlüssel 000002 auf den neu angelegten Schlüssel `Z00002` kopiert (siehe Abbildung 4.20).

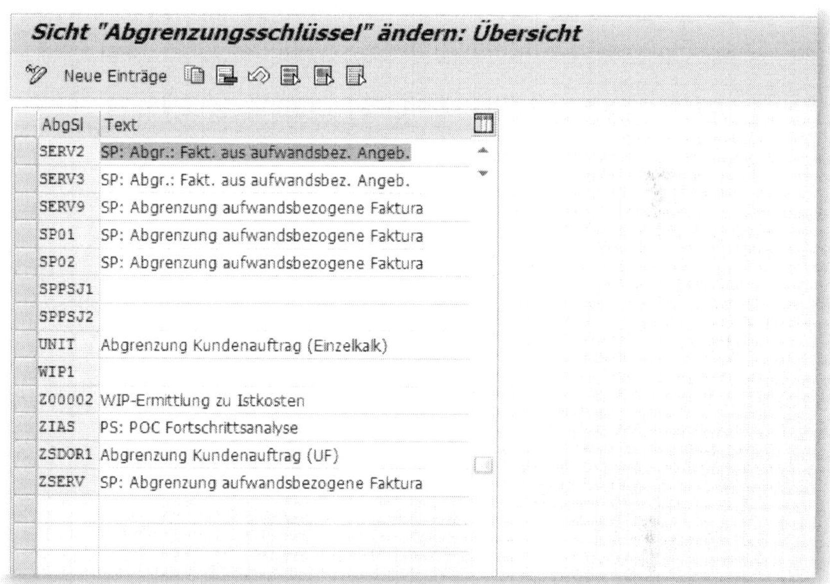

Abbildung 4.20: Abgrenzungsschlüssel definieren – neuer Eintrag Z00002

2. Kostenarten für WIP-Ermittlung definieren

In diesem Schritt legen Sie eigene *Sekundärkostenarten* an, unter denen der vom System ermittelte WIP intern auf den Kostenträgern fortgeschrieben wird. Die Kostenarten, die Sie hierfür benötigen, müssen sekundäre Kostenarten vom Typ 31 (Auftrags-/Projektabgrenzung) sein. Für eine vereinfachte Ermittlung der Ware in Arbeit zu Istkosten, wie sie bei Fertigungsaufträgen üblicherweise durchgeführt wird, reicht es aus, nur eine Abgrenzungskostenart zu verwenden.

Sie gelangen beim Aufruf der Transaktion in die allgemeine Anlagetransaktion für sekundäre Kostenarten KA06, die Sie bereits kennen. Selbstverständlich können Sie Abgrenzungskostenarten auch direkt, ohne den Umweg über das Customizing pflegen und hier verwenden. In Abbildung 4.21 haben wir die KOSTENART 675300 definiert.

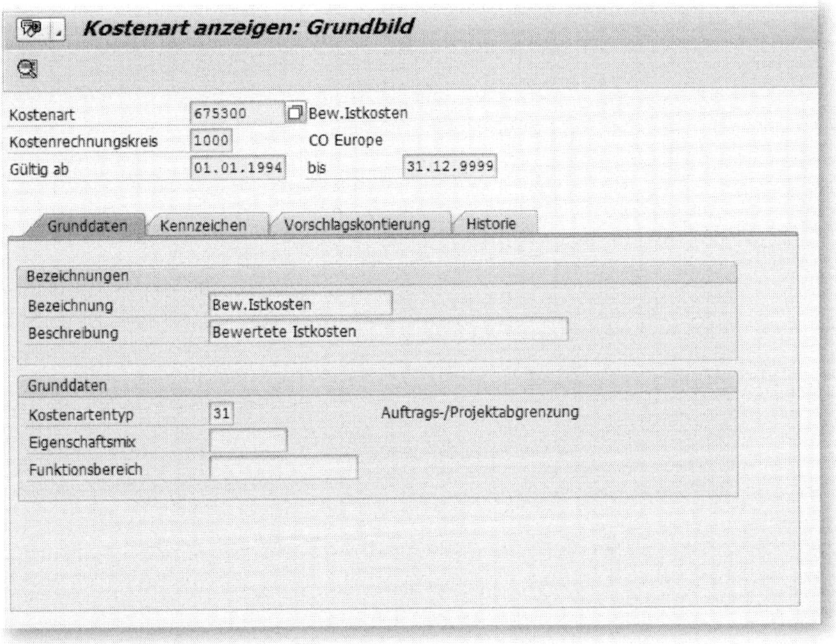

Kostenart anzeigen: Grundbild

Kostenart 675300 Bew.Istkosten
Kostenrechnungskreis 1000 CO Europe
Gültig ab 01.01.1994 bis 31.12.9999

Grunddaten | Kennzeichen | Vorschlagskontierung | Historie

Bezeichnungen
Bezeichnung Bew.Istkosten
Beschreibung Bewertete Istkosten

Grunddaten
Kostenartentyp 31 Auftrags-/Projektabgrenzung
Eigenschaftsmix
Funktionsbereich

Abbildung 4.21: Abgrenzungskostenart 675300 für die WIP-Fortschreibung

3. Abgrenzungsversionen definieren

Vom Abgrenzungsschlüssel, der immer nur einmal pro Kostenträger hinterlegt werden kann, zu unterscheiden ist die *Abgrenzungsversion*. Hier können Sie mehrere Versionen definieren, für die Sie bei gleichem Abgrenzungsschlüssel im Auftrag parallel eine unterschiedliche Ermittlung der Abgrenzungswerte durchführen können. Diese Option kommt vor allem dann zur Anwendung, wenn Sie Ihre Rechnungslegung gleichzeitig nach verschiedenen Vorschriften durchführen (z. B. nach IFRS für den internationalen Abschluss und nach HGB für den Abschluss nach lokalem deutschem Recht) und sich diese Vorschriften hinsichtlich der Bewertungsansätze für einzelne Bestandteile des WIP unterscheiden. Dies wird beispielsweise bei komplexer Projekt- oder Kundenauftragsfertigung der Fall sein.

Grundsätzlich gilt, dass Sie, bevor Sie in diesem Menüpunkt eine neue Abgrenzungsversion definieren können, in der allgemeinen Versionspflege eine entsprechende allgemeine Planversion angelegt und diese als relevant für die Abgrenzungsermittlung gekennzeichnet haben müssen.

Sie erreichen die allgemeine Versionspflege im Customizing über CONTROLLING • CONTROLLING ALLGEMEIN • ORGANISATION • VERSIONEN PFLEGEN.

Dabei wird die VERSION 0, die Sie standardmäßig für die Angrenzung verwenden, bereits automatisch vom System angelegt, sobald Sie die Definition eines Kostenrechnungskreises gesichert haben. Lediglich für den Fall, dass Sie zusätzliche Abgrenzungsversionen benötigen, müssen Sie manuell tätig werden.

In der allgemeinen Versionsdefinition müssen die Kennzeichen für die WIP-/ERGEBNISERMITTLUNG gesetzt sein. Analoges gilt für das Kennzeichen ABWEICHUNGEN für die Abweichungsermittlung (siehe Abbildung 4.22).

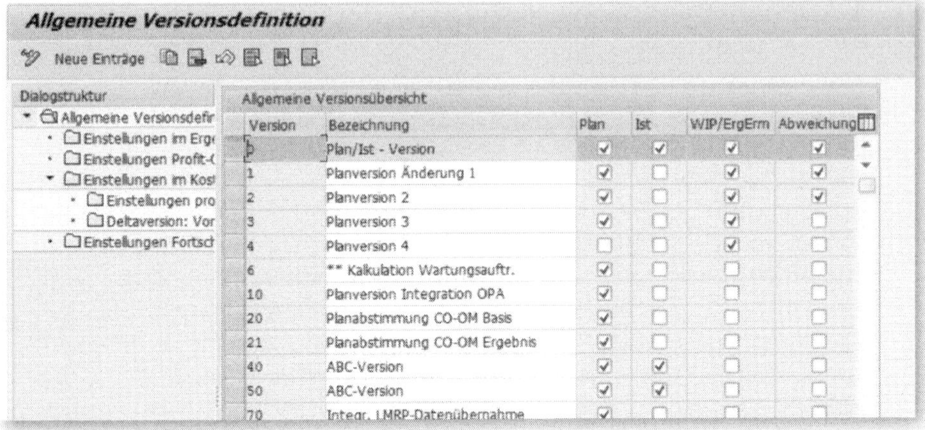

Abbildung 4.22: Allgemeine Versionsdefinition

Für unser Beispiel haben wir für den KOSTENRECHNUNGSKREIS 1000 die ausgelieferte VERSION 0 übernommen (siehe Abbildung 4.23).

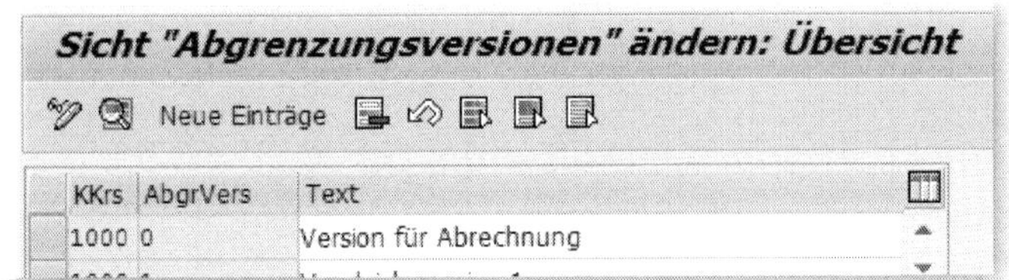

Abbildung 4.23: Abgrenzungsversion 0

Anders als beim Abrechnungsschlüssel müssen Sie für Ihre Abrechnungsversion allerdings noch einige steuernde Parameter einstellen, die ich Ihnen kurz vorstellen möchte. Diese werden über das Icon DETAIL aufgerufen. Die sich daraufhin öffnende Sicht sehen Sie in Abbildung 4.24.

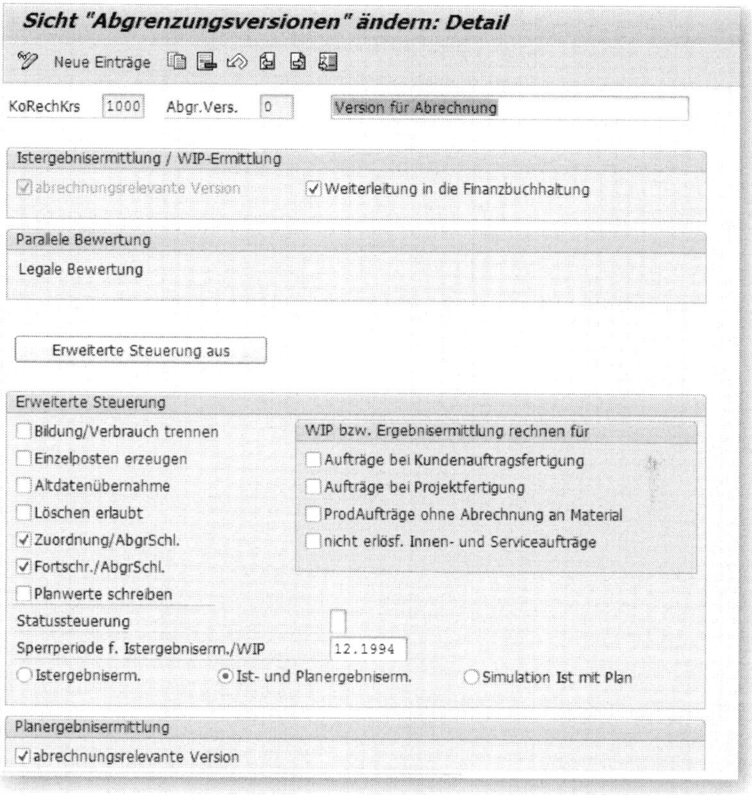

Sicht "Abgrenzungsversionen" ändern: Detail

Neue Einträge

KoRechKrs 1000 Abgr.Vers. 0 Version für Abrechnung

Istergebnisermittlung / WIP-Ermittlung
abrechnungsrelevante Version
Weiterleitung in die Finanzbuchhaltung

Parallele Bewertung
Legale Bewertung

Erweiterte Steuerung aus

Erweiterte Steuerung
Bildung/Verbrauch trennen
Einzelposten erzeugen
Altdatenübernahme
Löschen erlaubt
Zuordnung/AbgrSchl.
Fortschr./AbgrSchl.
Planwerte schreiben
Statussteuerung
Sperrperiode f. Istergebniserm./WIP 12.1994
Istergebniserm.
Ist- und Planergebniserm.
Simulation Ist mit Plan

WIP bzw. Ergebnisermittlung rechnen für
Aufträge bei Kundenauftragsfertigung
Aufträge bei Projektfertigung
ProdAufträge ohne Abrechnung an Material
nicht erlösf. Innen- und Serviceaufträge

Planergebnisermittlung
abrechnungsrelevante Version

Abbildung 4.24: Abgrenzungsversion 0 – Detailbild

- Über das Kennzeichen ABRECHNUNGSRELEVANTE VERSION steuern Sie, ob die Daten, die aus der WIP-Ermittlung dieser Version resultieren, in die Ergebnisrechnung abgerechnet werden sollen. Wenn Sie eine Ergebnisermittlung auf Kundenaufträgen oder Projekten durchführen und die Ergebnisrechnung (CO-PA) im Einsatz haben, sollten Sie dieses Kennzeichen auf jeden Fall setzen. Für die Ermittlung von WIP zu Istkosten auf Fertigungsaufträgen ist das Kennzeichen hingegen ohne Relevanz, da in diesem Fall lediglich Bestandswerte in die Finanzbuchhaltung übermittelt werden.

- Das Kennzeichen ABRECHNUNG AN DIE FINANZBUCHHALTUNG steuert, ob die Daten an das FI weitergeleitet werden dürfen. Dieses Kennzeichen sollten Sie setzen, wenn Sie den auf Ihren Fertigungsaufträgen angefallenen WIP auch in der Finanzbuchhaltung im Umlaufvermögen ausweisen möchten. Das ist normalerweise immer der Fall.
  Während Sie lediglich die Daten aus der führenden Abgrenzungsversion (i. d. R. Version 0) an die Ergebnisrechnung weiterleiten, um im CO-PA und im führenden Ledger konsistente Wertansätze fortzuschreiben, können Sie Abgrenzungswerte aus mehreren parallelen Versionen an das FI abrechnen, um die unterschiedlichen Wertansätze gemäß zugrunde liegender Rechnungslegungsvorschrift (IFRS oder HGB) zu berücksichtigen. Hierzu definieren Sie für Ihre Abgrenzungsversion bei der Pflege der Buchungsregeln, für welche Rechnungslegungsvorschrift Ihre Version gültig sein soll.
- Im Bereich ERWEITERTE STEUERUNG legen Sie fest, wie das System die ermittelten Abrechnungsdaten intern fortschreiben soll. Von besonderer Bedeutung sind die Punkte ZUORDNUNG/AGRSCHL. bzw. FORTSCHREIBUNG/ABGRSCHL. Diese steuern, ob bei der Definition der Zuordnungs- und Fortschreibungsregeln der Abgrenzungsschlüssel als differenzierendes Merkmal mitgeführt werden soll. Einzelheiten hierzu finden Sie weiter unten in diesem Kapitel.
- Im Feld TECHNISCHE KOSTENART tragen Sie Ihre zuvor definierte Abgrenzungskostenart ein, in unserem Fall also die KOSTENART 675300.

4. Bewertungsmethode definieren

In diesem Schritt legen Sie fest, wie das System die Ware in Arbeit ermitteln und wie mit den ermittelten Werten verfahren werden soll. Für die Bewertung müssen Sie lediglich angeben, ob Ware in Arbeit gebildet oder aufgelöst wird. Für »WIP zu Istkosten« gibt es im Standard vier mögliche Status, die vom System automatisch über den Punkt NEUE EINTRÄGE vorgeschlagen werden, nachdem Sie die Frage in dem aufkommenden Pop-up mit einem Klick auf ISTKOSTEN beantwortet haben (siehe Abbildung 4.25). Über diese Status wird gesteuert, ob auf dem betreffenden Fertigungsauftrag neue WIP gebildet oder ob die bereits gebildete WIP aufgelöst werden soll.

Abbildung 4.25: Bewertungsmethode für Ware in Arbeit festlegen

Geben Sie für Ihren neuen Eintrag die Schlüsselfelder zum Kostenrechnungskreis, den Abgrenzungsschlüssel und die Abgrenzungsversion gemäß Abbildung 4.26 ein.

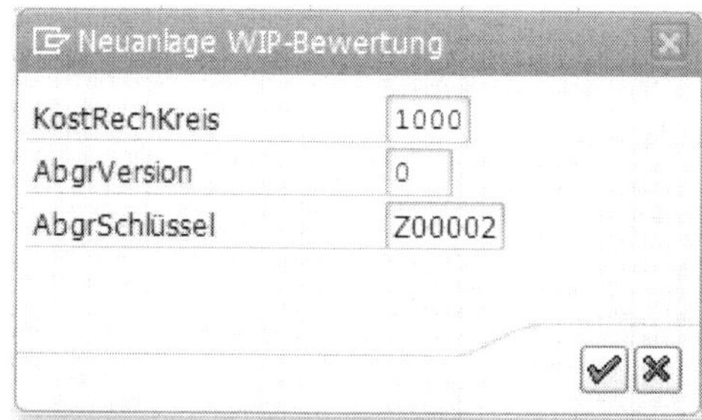

Abbildung 4.26: Neuer Eintrag WIP-Ermittlung

Das System legt nun automatisch die Standardeinträge zur Ermittlung der Ware in Arbeit in Abhängigkeit vom aktuellen Systemstatus des Fertigungsauftrags zum Zeitpunkt der Durchführung der WIP-Ermittlung an (siehe Abbildung 4.27):

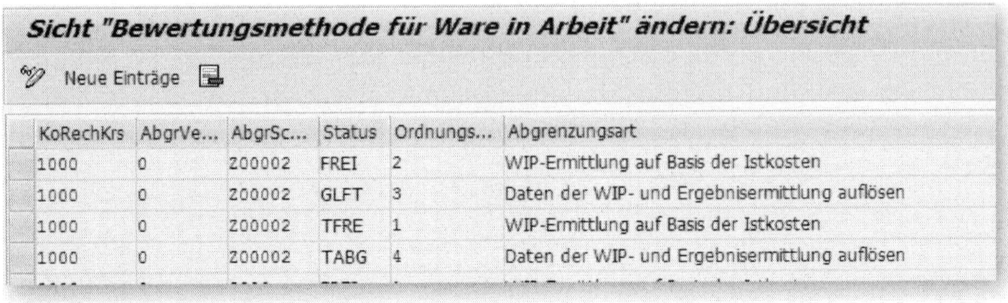

Sicht "Bewertungsmethode für Ware in Arbeit" ändern: Übersicht

Neue Einträge

KoRechKrs	AbgrVe...	AbgrSc...	Status	Ordnungs...	Abgrenzungsart
1000	0	200002	FREI	2	WIP-Ermittlung auf Basis der Istkosten
1000	0	200002	GLFT	3	Daten der WIP- und Ergebnisermittlung auflösen
1000	0	200002	TFRE	1	WIP-Ermittlung auf Basis der Istkosten
1000	0	200002	TABG	4	Daten der WIP- und Ergebnisermittlung auflösen

Abbildung 4.27: Neu angelegte Einträge für die Ermittlung der Ware in Arbeit

- Ermitteln von Ware in Arbeit bei STATUS `Freigegeben (FREI)` oder `Teilfreigegeben (TFRE)`:
  Solange sich ein Fertigungsauftrag in einem der Status FREI oder TFRE befindet, wird für diesen Auftrag Ware in Arbeit gebildet. Dabei wird nur Ware in Arbeit, die für diesen Auftrag bereits gebildet wurde, berücksichtigt, sodass lediglich die seit der letzten WIP-Ermittlung neu hinzugekommenen Kosten einbezogen werden.
- Auflösen von zuvor ermittelter Ware in Arbeit bei STATUS `Geliefert (GLFT)` oder `Technisch abgeschlossen (TABG)`:
  Erst wenn sich der Satus des Fertigungsauftrags auf »geliefert« oder »technisch abgeschlossen« geändert hat, wird die zuvor für diesen Auftrag gebildete Ware in Arbeit vollständig aufgelöst. Der Status »endgeliefert« wird normalerweise über eine entsprechende Lieferung des Fertigungsauftrags an das Lager ausgelöst. Den Status »technisch abgeschlossen« hingegen müssen Sie manuell setzen. Dies sollte immer dann geschehen, wenn der Auftrag noch nicht vollständig an das Lager geliefert wurde und dies aufgrund besonderer Umstände auch nicht mehr zu erwarten ist, der Auftrag also nicht mehr endgeliefert werden kann (beispielsweise beim Ausfall einer wichtigen Maschine).

5. Buchungsregeln definieren

Schließlich müssen Sie noch festlegen, auf welche Konten im Hauptbuch die ermittelten Werte für Ware in Arbeit gebucht werden sollen. Sie tun dies im Schritt *Buchungsregeln definieren*, den Sie im Customizing über den Pfad CONTROLLING • PRODUKTKOSTEN-CONTROLLING • KOSTENTRÄGERRECHNUNG • AUFTRAGSBEZOGENES PRODUKT-CONTROLLING • PERIODENABSCHLUSS • WARE IN ARBEIT • BUCHUNGSREGELN FÜR ABRECHNUNG DER WARE IN ARBEIT DEFINIEREN erreichen.

Weiterleitung in die Finanzbuchhaltung

Denken Sie daran, dass Sie die Option `Weiterleitung in die Finanzbuchhaltung` in der Abgrenzungsversion deaktivieren, bevor Sie die Buchungsregeln bearbeiten können. Nachdem Sie Ihre Buchungsregeln hinterlegt haben, müssen Sie diese Option dann wieder aktivieren!

Nach Aufruf der Transaktion erscheint eine Tabelle, aus der Abbildung 4.28 einen Ausschnitt zeigt. Wichtig ist hier die Kategorie. Für die in unserem Zusammenhang betrachtete Ware in Arbeit zu Istkosten ist die Kategorie *WIPA* (WIP auf Aufträgen) relevant. Für diese Kategorie müssen Sie zu Ihren Organisationseinheiten »Kostenrechnungskreis«, »Buchungskreis« und ggf. »Abgrenzungsversion« je ein GuV- (für die Bestandsveränderungen) und ein Bilanzkonto (für den Bestand) angeben.

Sicht "Buchungsregeln WIP- und Ergebnisermittlung" ändern: Übersicht

Neue Einträge

KoRe...	Buch...	AbgrV...	Kategorie	Saldo/...	Kostenart	Lfd. S...	GuV-Konto	Bilanz-Konto	Re...
1000	1000	0	WIPA			0	893000	793000	

Abbildung 4.28: Buchungsregeln für WIP definieren

Die letzte Spalte RECHNUNGSLEGUNGSVORSCHRIFT ist nur für Fälle relevant, in denen Sie Ihren WIP nach unterschiedlichen Rechnungslegungsvorschriften (IFRS, HGB etc.) ermitteln und daher im FI in verschiedene Ledger fortschreiben wollen. Tragen Sie hier nichts ein, wird der WIP in allen zur Verfügung stehenden Ledgern gebucht.

5. WIP-Ermittlung durchführen

Der Aufruf der WIP-Ermittlung erfolgt über die Transaktion KKA0 oder das Menü CONTROLLING • PRODUKTKOSTEN-CONTROLLING • KOSTENTRÄGERRECHNUNG • AUFTRAGSBEZOGENES PRODUKTKOSTEN-CONTROLLING • PERIODENABSCHLUSS • EINZELFUNKTIONEN • WARE IN ARBEIT • ERMITTELN.

Ähnlich wie bei der Zuschlagsberechnung müssen Sie auch hier im Selektionsbild zunächst das WERK und den Auftragstypen spezifizieren. Darüber hinaus müssen Sie angeben, für welche ABGRENZUNGSVERSION Sie die Ware in Arbeit ermitteln wollen. Bei der Ermittlung zu Istkosten auf Fertigungsaufträgen ist im Allgemeinen lediglich die in Abbildung 4.29 gewählte ABGRENZUNGSVERSION 0 relevant, die Sie zuvor im Customizing definiert haben.

Auch bei der WIP-Ermittlung haben Sie die Möglichkeit, neben den Optionen für TESTLAUF und HINTERGRUNDVERARBEITUNG eine detaillierte Liste der Berechnungsergebnisse anzufordern. Aktivieren Sie hierzu das Feld OBJEKTLISTE AUSGEBEN.

Zusätzlich können Sie auswählen, in welcher WÄHRUNG (Buchungskreiswährung oder Kostenrechnungskreiswährung) Ihnen die Ergebnisse angezeigt werden sollen. Um Ihre Ergebnisliste vollständig mit allen selektierten Aufträgen darzustellen, markieren Sie die Option FEHLERHAFTE AUFTRÄGE ANZEIGEN, und deaktivieren AUFTRÄGE MIT WIP = 0 AUSBLENDEN.

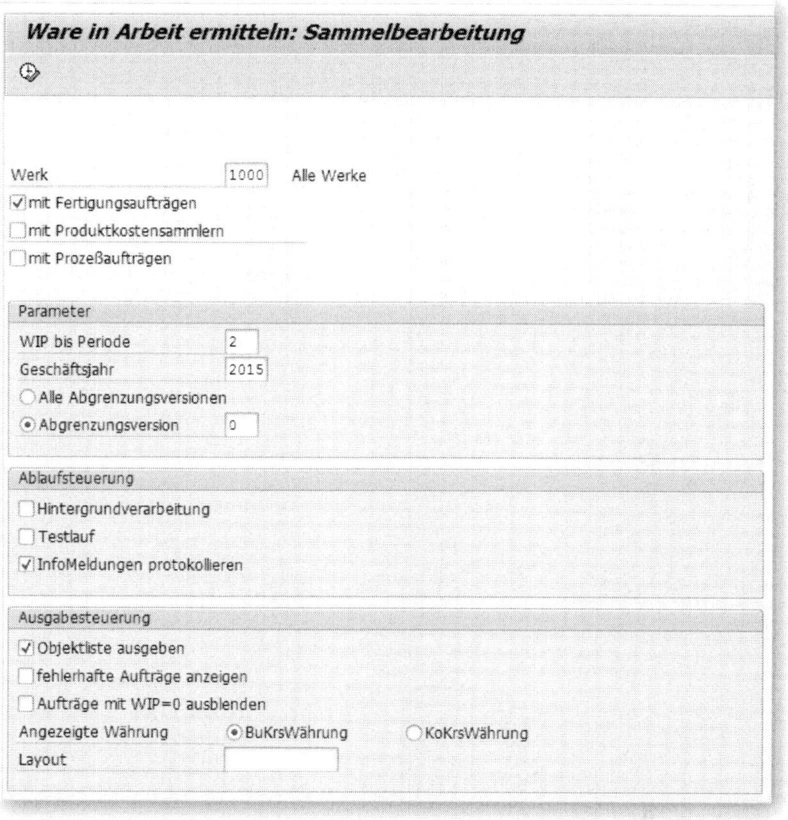

Ware in Arbeit ermitteln: Sammelbearbeitung

Werk 1000 Alle Werke

☑ mit Fertigungsaufträgen

☐ mit Produktkostensammlern

☐ mit Prozeßaufträgen

Parameter

WIP bis Periode 2

Geschäftsjahr 2015

○ Alle Abgrenzungsversionen

◉ Abgrenzungsversion 0

Ablaufsteuerung

☐ Hintergrundverarbeitung

☐ Testlauf

☑ InfoMeldungen protokollieren

Ausgabesteuerung

☑ Objektliste ausgeben

☐ fehlerhafte Aufträge anzeigen

☐ Aufträge mit WIP=0 ausblenden

Angezeigte Währung ◉ BuKrsWährung ○ KoKrsWährung

Layout

Abbildung 4.29: Ware in Arbeit ermitteln – Selektionsbild

Sollte Ihre Ergebnisliste dadurch allzu unübersichtlich werden, verfahren Sie mit diesen beiden Anzeigeparametern entsprechend Ihren Anforderungen.

Nach dem Ausführen erhalten Sie eine Ergebnisliste (siehe Abbildung 4.30), sortiert nach Auftragsarten.

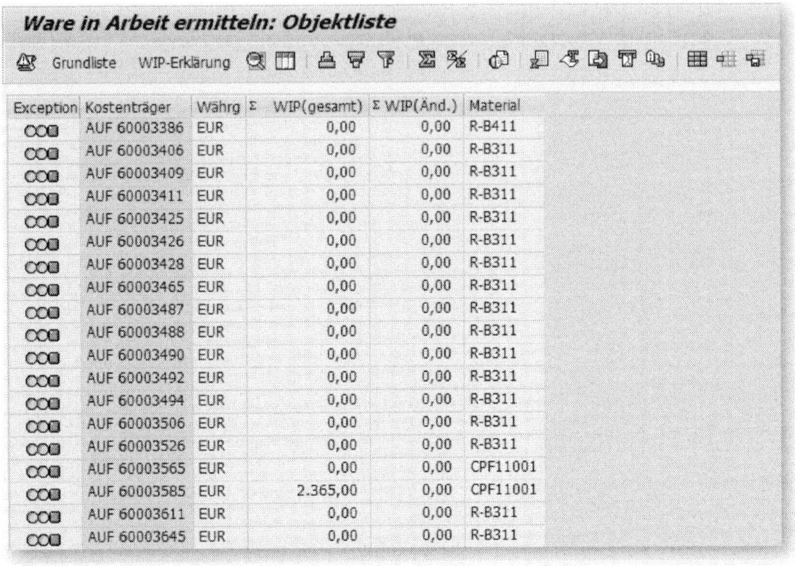

Ware in Arbeit ermitteln: Objektliste

Grundliste WIP-Erklärung

Exception	Kostenträger	Währg	Σ WIP(gesamt)	Σ WIP(Änd.)	Material
	AUF 60003386	EUR	0,00	0,00	R-B411
	AUF 60003406	EUR	0,00	0,00	R-B311
	AUF 60003409	EUR	0,00	0,00	R-B311
	AUF 60003411	EUR	0,00	0,00	R-B311
	AUF 60003425	EUR	0,00	0,00	R-B311
	AUF 60003426	EUR	0,00	0,00	R-B311
	AUF 60003428	EUR	0,00	0,00	R-B311
	AUF 60003465	EUR	0,00	0,00	R-B311
	AUF 60003487	EUR	0,00	0,00	R-B311
	AUF 60003488	EUR	0,00	0,00	R-B311
	AUF 60003490	EUR	0,00	0,00	R-B311
	AUF 60003492	EUR	0,00	0,00	R-B311
	AUF 60003494	EUR	0,00	0,00	R-B311
	AUF 60003506	EUR	0,00	0,00	R-B311
	AUF 60003526	EUR	0,00	0,00	R-B311
	AUF 60003565	EUR	0,00	0,00	CPF11001
	AUF 60003585	EUR	2.365,00	0,00	CPF11001
	AUF 60003611	EUR	0,00	0,00	R-B311
	AUF 60003645	EUR	0,00	0,00	R-B311

Abbildung 4.30: WIP-Ermittlung – Ergebnisliste

Sie können erkennen, dass für unseren Auftrag 60003585 ein WIP von insgesamt 2.365,00 € gebildet wurde. Dies entspricht genau dem Wert der bislang rückgemeldeten Verbrauchsmengen und Leistungen.

Sie haben außerdem die Möglichkeit, sich über das Protokollsymbol detaillierte Informationen wie FEHLER- oder WARNMELDUNGEN anzeigen zu lassen (siehe Abbildung 4.31).

Durch einen weiteren Klick auf das Schriftrollensymbol hinter der Meldungskategorie erhalten Sie eine detaillierte Liste, die die Art der aufgetretenen Fehler verzeichnet. In unserem Beispiel betreffen sämtliche 27 Fehler andere als unsere Produktionsaufträge, sodass wir uns die Detailsicht hier sparen können.

Ware in Arbeit ermitteln: Meldungsprotokoll

Meldungsprotokoll vom 13.10.2015

Anzahl gesammelter Meldungen	
Informationsmeldungen	0
Warnmeldungen	0
Fehlermeldungen	27
Abbruchmeldungen	0
Summe	27

Abbildung 4.31 Meldungen zur WIP-Ermittlung

Verbuchung der WIP-Daten in der Finanzbuchhaltung

Die in diesem Schritt ermittelte Ware in Arbeit wird noch nicht automatisch an die Finanzbuchhaltung weitergeleitet. Vielmehr werden die ermittelten Werte intern mittels der Abgrenzungskostenarten vom Typ 31 auf Auftragsebene fortgeschrieben. Die Verbuchung in der Finanzbuchhaltung erfolgt erst im letzten Schritt der Monatsabschlussaktivitäten, der Abrechnung, die Sie mit einer eigenen Transaktion ausführen müssen.

4.2.3 Abweichungsermittlung (KKS1/KKS2)

Der nächste Schritt im Periodenabschluss der Kostenträgerrechnung ist die *Abweichungsermittlung.* Sie bemisst, nachdem der Auftrag vollständig beliefert wurde, den Saldo der Be- und Entlastungen auf den Fertigungsaufträgen, und zwar untergliedert in vordefinierte Abweichungskategorien. Diese werden dann im letzten Schritt des Monatsabschlusses sowohl an die Finanzbuchhaltung (FI) als auch an die Ergebnisrechnung (CO-PA), sofern im Einsatz, abgerechnet.

Mit der Abrechnung der Fertigungsabweichungen in FI und CO-PA ist schließlich ein konsistenter Ausweis der gesamten Herstellkosten auf Ebene der hergestellten Fertigerzeugnisse gewährleistet. Dieser Gesamtausweis setzt sich quasi aus zwei Komponenten zusammen:

1. Aus den auf den Materialbestandskonten geführten Materialbeständen, **bewertet zum jeweiligen Standardpreis**, und
2. aus den Produktionsabweichungen, die gegen diesen Standardpreis ermittelt werden, also **allen tatsächlichen Istkosten** des Fertigungsauftrags, die noch nicht durch den Standardpreis abgedeckt sind. Diese Kosten werden als Summe ebenfalls auf ein Bestandskonto gebucht, sodass der Gesamtwert des Bestandes an Fertigerzeugnissen aus Sicht der Finanzbuchhaltung den tatsächlich angefallenen Herstellkosten der Periode entspricht.

Analoges gilt für die Betrachtung des Werteflusses im CO-PA. Auch hier werden zunächst die mit der Erzeugniskalkulation des Materials ermittelten Herstellkosten zum Standardpreis des verkauften Materials zu jedem einzelnen Verkaufsvorgang hinzugelesen und fortgeschrieben, sodass Sie auf den Ebenen der einzelnen Verkaufsbelegpositionen im ersten Schritt einen Deckungsbeitrag »1« (DB 1) aus Verkaufserlösen und Standardherstellkosten ermitteln können.

Durch die Abrechnung der Produktionsabweichungen ziehen Sie im zweiten Schritt die aus der Differenz der Istkosten der Produktion und der Standardkosten resultierenden Abweichungen in die Berechnung ein, um so zu den Gesamtherstellkosten der Periode zu gelangen. Die Einbeziehung der Abweichungen in die Gesamt-Herstellkosten ist damit selbstverständlich nicht mehr auf der Ebene des einzelnen Verkaufsvorgang möglich, sondern nur noch auf aggregierte Ebene, wie beispielsweise des Materials oder noch höher aggregiert auf Werks- oder Buchungskreisebene. Daher finden die Produktionsabweichungen üblicherweise auch keinen Eingang in die Berechnung des DB 1, sondern werden erst auf einer höheren Ebene, wie DB 2 oder DB 3, betrachtet.

Für die gleichzeitige Abrechnung nach CO-PA können Sie Ihre gesamten Abweichungen in mehrere vordefinierte Abweichungskategorien aufsplitten lassen, um so neben der gesamten Deckungsbeitragsrechnung auch noch eine detaillierte Analyse der Abweichungsgründe vornehmen zu können.

Die *Abweichungsanalyse* zeigt die Gesamtabweichungen zwischen den Ist- und den Sollkosten des Fertigungsauftrags.

Dies entspricht gleichzeitig dem Auftragssaldo, d. h. der Differenz zwischen Belastungen aus der Inanspruchnahme von Ressourcen und Entlastungen durch Ablieferung der gefertigten Auftragsmenge an das Lager (bewertet zum Standardpreis).

Neben den Abweichungen der Istkosten von den beizulegenden Standardkosten gibt es noch weitere Abweichungsversionen, deren jeweiliger Zweck hier kurz dargestellt wird. Die unterschiedlichen Abweichungsversionen werden vom System in sogenannten *Sollversionen* fortgeschrieben, von denen die gerade beschriebenen Abweichungen zur Erzeugniskalkulation Eingang in die Sollversion »0« finden. Die übrigen Sollversionen sind folgendermaßen definiert:

Sollversion 1: Abweichungen zwischen Auftragsplankalkulation und Istkosten

Bei dieser Abweichungsvariante legen Sie als Referenz zur Ermittlung der Produktionsabweichung nicht die auftragsunabhängige (Standardpreis-)Erzeugniskalkulation zugrunde, sondern die zum jeweiligen Fertigungsauftrag angelegte Auftragsplankalkulation. Damit beziehen sich diese Abweichungen – in der Regel – rein auf ungeplante kurzfristige Änderungen auf der Inputseite, weil Änderungen auf der Outputseite, insbesondere abweichende Losgrößen, bereits bei der Anlage der Auftragsplankalkulation berücksichtigt wurden.

Sollversion 2: Abweichungen zwischen der Erzeugnis- und der Auftragsvorkalkulation

Bei dieser Abweichungsversion liegt der Analyseschwerpunkt auf den Abweichungen, die sich bereits vor dem Beginn der eigentlichen Produktion ergeben haben und die daher schon Eingang in die auftragsspezifische Vorkalkulation gefunden haben.

Sollversion 3: Abweichungen der Istkosten zu anderen als der Erzeugniskalkulation

In dieser Abweichungsversion haben Sie die Möglichkeit, Ihre Istkosten gegen eine frei definierte alternative Kalkulation, die nicht die Erzeugniskalkulation ist, auszuweisen.

Die Abweichungen der Sollversionen 1–3 können Sie, anders als die Abweichungen der Version 0, lediglich an das CO-PA abrechnen, nicht aber an die Finanzbuchhaltung. Die Ergebnisse haben rein informativen Charakter und dienen der Auswertung und Optimierung der Produktionskennzahlen; eine Wertefortschreibung im Sinne eines geschlossenen Rechnungswesens ist mit ihnen nicht vorgesehen und daher auch nicht möglich.

Zusammenhang zwischen Abweichungen und Ware in Arbeit

Zwischen der Ermittlung der Ware in Arbeit und der Abweichung gibt es einen eindeutigen Zusammenhang, der über den Systemstatus des Fertigungsauftrags gesteuert wird. Ist der Systemstatus des Auftrags noch nicht auf `Endgeliefert (GLFT)` oder `Technisch abgeschlossen (TABG)` gesetzt, nimmt der Auftrag automatisch an der WIP-Ermittlung teil. Ist hingegen einer der Status `GLFT` oder `TABG` gesetzt, wird der eventuell zuvor für diesen Auftrag gebildete WIP aufgelöst, und der Auftrag nimmt an der Abweichungsermittlung teil. Höhere als diese Status, also insbesondere die Löschvormerkung, bewirken, dass dieser Auftrag an keinem der genannten Verarbeitungsprozesse mehr teilnimmt. Daraus ergibt sich folgende Konsequenz:

Soll ein Auftrag, für den bereits Kosten angefallen sind, der aber nicht weiter bearbeitet werden soll, aus der WIP-Ermittlung herausfallen und in die Abweichungsermittlung einbezogen werden, müssen Sie dessen Status manuell auf `TABG` setzen, damit die zuvor gebildete WIP aufgelöst und der Auftrag bei der Abweichungsermittlung verarbeitet werden. Auch wenn für diesen Auftrag keine Entlastungen in Form von Lieferungen an das Lager vorliegen, haben Sie doch Abweichungen in der vollen Höhe der Istkosten.

Erst nach der Ermittlung und Abrechnung der Abweichungen können Sie das Kennzeichen für die Löschvormerkung setzen.

Customzing der Abweichungsermittlung

Für die Abeichungsermittlung müssen Sie im Customizing zunächst einen Abweichungsschlüssel definieren. Sie erreichen den entsprechenden Punkt im Einführungsmenü unter Controlling • Produktkosten-Controlling • Kostenträgerrechnung • Auftragsbezogenes Produkt-Controlling • Periodenabschluss • Abweichungsermittlung • Abweichungsschlüssel definieren (Transaktion `OKV1`).

Vergeben Sie zunächst einen sechsstelligen Schlüssel und eine Bezeichnung (siehe Abbildung 4.32).

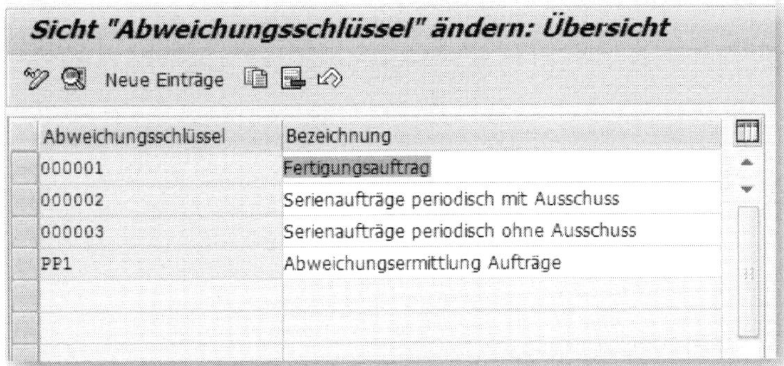

Abbildung 4.32: Definition Abweichungsschlüssel

Im Detailbild geben Sie an, ob ein eventuell angefallener Ausschuss gesondert ausgewiesen werden soll. Dazu müssen Sie den entsprechenden Haken setzen, andernfalls werden die Kosten des Ausschusses in die übrigen Abweichungskategorien einbezogen (siehe Abbildung 4.33). Sie können zusätzlich festlegen, dass das System für die ermittelten Abweichungen Einzelposten schreibt, was bedeutet, dass pro Abweichunsermittlungsvorgang ein eigener Beleg erzeugt wird. SAP empfiehlt, dieses Kennzeichen nicht zu setzen, und auch ich kann mich nicht erinnern, Einzelposten für Abweichungen je benötigt zu haben.

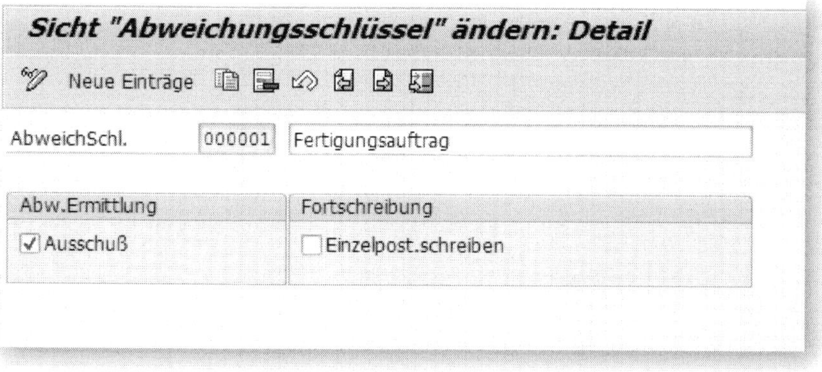

Sicht "Abweichungsschlüssel" ändern: Detail

Neue Einträge

AbweichSchl. 000001 Fertigungsauftrag

Abw.Ermittlung
☑ Ausschuß

Fortschreibung
☐ Einzelpost.schreiben

Abbildung 4.33: Abweichungsschlüssel – Detailbild

Nachdem Sie Ihren Abweichungsschlüssel definiert haben, ordnen Sie diesen im Menüpunkt ABWEICHUNGSSCHLÜSSEL PRO WERK VORSCHLAGEN Ihren Werken zu (siehe Abbildung 4.34). Dadurch wird dieser Abweichungsschlüssel bei der Neuanlage von Materialien in die werksabhängige KALKULATIONSSICHT 1 des Materialstamms und aus dem Materialstamm anschließend in den Fertigungsauftrag übernommen.

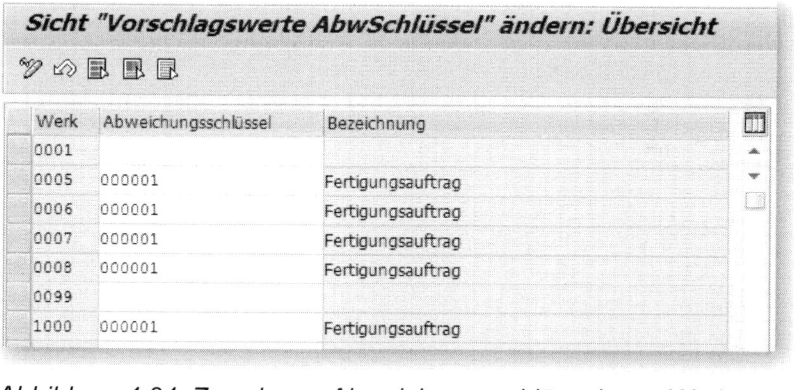

Sicht "Vorschlagswerte AbwSchlüssel" ändern: Übersicht

Werk	Abweichungsschlüssel	Bezeichnung
0001		
0005	000001	Fertigungsauftrag
0006	000001	Fertigungsauftrag
0007	000001	Fertigungsauftrag
0008	000001	Fertigungsauftrag
0099		
1000	000001	Fertigungsauftrag

Abbildung 4.34: Zuordnung Abweichungsschlüssel zum Werk

Haben Sie die separate Ermittlung von Ausschuss im Abweichungsschlüssel aktiviert, müssen Sie dem System noch mitteilen, auf welche Weise es diesen Ausschuss bewerten soll. Dazu rufen Sie den

Menüpunkt BEWERTUNGSVARIANTE WIP UND AUSSCHUSS (SOLLKOSTEN) DEFINIEREN auf. Hier geben Sie eine Strategiefolge an, die festlegt, mit welcher Kalkulation der ermittelte Ausschuss bewertet werden soll (siehe Abbildung 4.35).

Es gibt im SAP-System eine Vielzahl von Möglichkeiten, geplanten und ungeplanten Ausschuss zu berücksichtigen und zu bewerten. Einzelheiten hierzu finden Sie sehr detailliert in dem Buch »Production Variance Analysis« (Jordan, 2011).

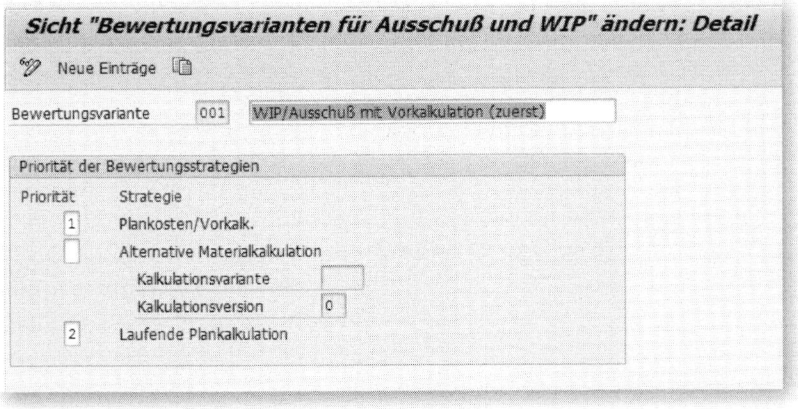

Abbildung 4.35: Bewertungsvariante für Ausschuss bei der Abweichungsermittlung

Durchführen der Abweichungsermittlung

Zur Ermittlung der Abweichungen gelangen Sie über die Transaktion `KKS1` oder den Menüpfad CONTROLLING • PRODUKTKOSTEN-CONTROLLING • KOSTENTRÄGERRECHNUNG • AUFTRAGSBEZOGENES PRODUKTKOSTEN-CONTROLLING • PERIODENABSCHLUSS • EINZELFUNKTIONEN • ABWEICHUNGEN – SAMMELVERARBEITUNG.

Im Selektionsbild (siehe Abbildung 4.36) geben Sie wieder zunächst das WERK, die PERIODE und das GESCHÄFTSJAHR an, für welche(s) Sie die Abweichungsermittlung durchführen möchten. Ferner spezifizieren Sie auch hier Ihre Auftragstypen, die in die Abweichungsermittlung eingehen sollen.

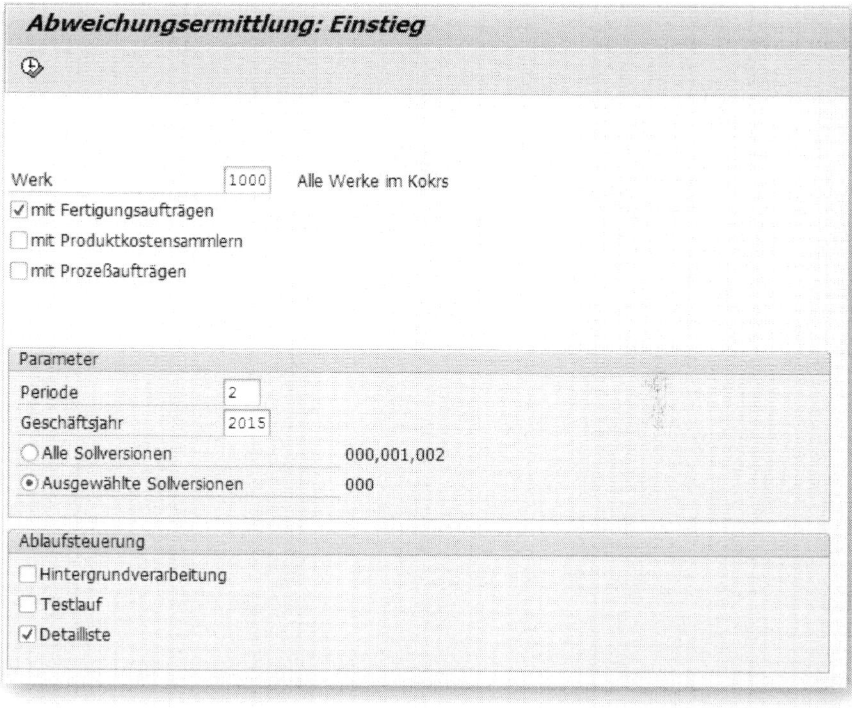

Abweichungsermittlung: Einstieg

Werk 1000 Alle Werke im Kokrs

☑ mit Fertigungsaufträgen

☐ mit Produktkostensammlern

☐ mit Prozeßaufträgen

Parameter

Periode 2

Geschäftsjahr 2015

○ Alle Sollversionen 000,001,002

◉ Ausgewählte Sollversionen 000

Ablaufsteuerung

☐ Hintergrundverarbeitung

☐ Testlauf

☑ Detailliste

Abbildung 4.36: Abweichungsermittlung – Selektionsbild

Im Bereich PARAMETER geben Sie nun an, für welche der zuvor definierten SOLLVERSIONEN Sie Ihre Abweichungsermittlung durchführen möchten. Dies ist entweder nur für eine oder für alle definierten Sollversionen möglich. Im Beispiel beschränken wir uns auf die SOLLVERSION 000. Sie finden die entsprechenden Einträge über den Menüpunkt ZUSÄTZE • SOLLVERSIONEN SETZEN.

Die Parameter zur ABLAUFSTEUERUNG wurden bereits an anderer Stelle erläutert (vgl. Abschnitt 3.6.2).

Sie starten die Verarbeitung auch hier wieder über die bereits bekannte Schaltfläche AUSFÜHREN.

Nach der Durchführung erhalten Sie eine detaillierte Liste mit den Ergebnissen, sortiert nach Auftragsnummern (siehe Abbildung 4.37).

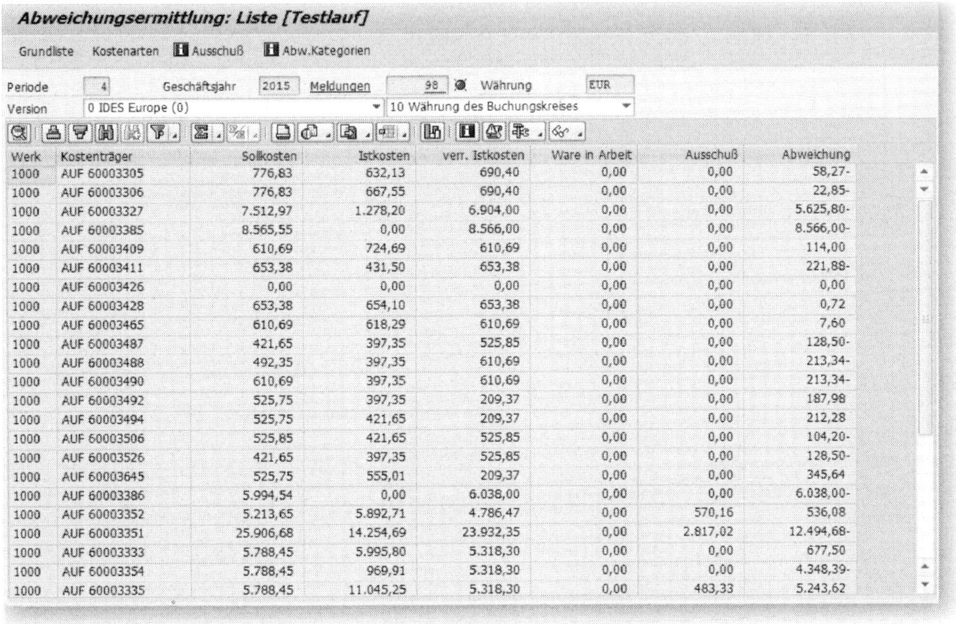

Abweichungsermittlung: Liste [Testlauf]

Grundliste Kostenarten Ausschuß Abw.Kategorien

Periode 4 Geschäftsjahr 2015 Meldungen 98 Währung EUR

Version 0 IDES Europe (0) 10 Währung des Buchungskreises

Werk	Kostenträger	Sollkosten	Istkosten	verr. Istkosten	Ware in Arbeit	Ausschuß	Abweichung
1000	AUF 60003305	776,83	632,13	690,40	0,00	0,00	58,27-
1000	AUF 60003306	776,83	667,55	690,40	0,00	0,00	22,85-
1000	AUF 60003327	7.512,97	1.278,20	6.904,00	0,00	0,00	5.625,80-
1000	AUF 60003385	8.565,55	0,00	8.566,00	0,00	0,00	8.566,00-
1000	AUF 60003409	610,69	724,69	610,69	0,00	0,00	114,00
1000	AUF 60003411	653,38	431,50	653,38	0,00	0,00	221,88-
1000	AUF 60003426	0,00	0,00	0,00	0,00	0,00	0,00
1000	AUF 60003428	653,38	654,10	653,38	0,00	0,00	0,72
1000	AUF 60003465	610,69	618,29	610,69	0,00	0,00	7,60
1000	AUF 60003487	421,65	397,35	525,85	0,00	0,00	128,50-
1000	AUF 60003488	492,35	397,35	610,69	0,00	0,00	213,34-
1000	AUF 60003490	610,69	397,35	610,69	0,00	0,00	213,34-
1000	AUF 60003492	525,75	397,35	209,37	0,00	0,00	187,98
1000	AUF 60003494	525,75	421,65	209,37	0,00	0,00	212,28
1000	AUF 60003506	525,85	421,65	525,85	0,00	0,00	104,20-
1000	AUF 60003526	421,65	397,35	525,85	0,00	0,00	128,50-
1000	AUF 60003645	525,75	555,01	209,37	0,00	0,00	345,64
1000	AUF 60003386	5.994,54	0,00	6.038,00	0,00	0,00	6.038,00-
1000	AUF 60003352	5.213,65	5.892,71	4.786,47	0,00	570,16	536,08
1000	AUF 60003351	25.906,68	14.254,69	23.932,35	0,00	2.817,02	12.494,68-
1000	AUF 60003333	5.788,45	5.995,80	5.318,30	0,00	0,00	677,50
1000	AUF 60003354	5.788,45	969,91	5.318,30	0,00	0,00	4.348,39-
1000	AUF 60003335	5.788,45	11.045,25	5.318,30	0,00	483,33	5.243,62

Abbildung 4.37: Ergebnisliste der Abweichungsermittlung

Neben den SOLL- und den ISTKOSTEN enthält die Liste noch eine Spalte mit den VERRECHNETEN ISTKOSTEN. Dies sind die Entlastungen, die, ausgelöst durch die Ablieferung der Auftragsgutmenge an das Lager, auf dem Auftrag verbucht wurden.

Außerdem werden Ihnen die Werte der ermittelten WARE IN ARBEIT sowie der Wert des AUSSCHUßes angezeigt.

Zu einer noch detaillierteren Darstellung gelangen Sie, indem Sie den Cursor auf einem Auftrag positionieren und über die LUPE das Detailbild zu diesem Auftrag aufrufen.

Ähnlich wie bei der Ermittlung der Ware in Arbeit werden auch die Abweichungen in diesem Schritt lediglich ermittelt und auf Auftragsebene fortgeschrieben. Die Verbuchung der Ergebnisse in den Rechenwerken FI und CO-PA erfolgt erst im anschließenden Schritt der Abrechnung.

4.2.4 Abrechnung (KO88/CO88/VA88)

Mit der Abrechnung schließen Sie Ihre Arbeiten des Monatsabschlusses in der Kostenträgerrechnung ab. Sie sorgt dafür, dass Ihre zuvor ermittelten Werte für Ware in Arbeit und Abweichungen gemäß der festgelegten Parameter in der Finanzbuchhaltung, der Profitcenter-Rechnung sowie im CO-PA fortgeschrieben werden.

Wann soll ich die Abrechnung durchführen?

Obwohl die Abrechnung als Teil der Monatsabschlussaktivitäten einmalig am Ende jeder Periode ausgeführt werden sollte, kann sie, um auch kurzfristig aktuelle Zahlen in FI und CO-PA zur Verfügung zu haben, selbstverständlich häufiger durchgeführt werden. Allerdings sollten Sie in diesem Fall die vorhergehenden Schritte Zuschlagsverrechnung, Abweichungsermittlung und Ermittlung von Ware in Arbeit ebenfalls durchführen, um bei jeder Abrechnung einen vollständigen Wertefluss zu gewährleisten.

Während der Laufzeit eines Fertigungsauftrags wird dieser mit Istkosten (durch den Verbrauch von Ressourcen) be- und mit Gutschriften (durch Ablieferungen der gefertigten Erzeugnisse an das Lager) entlastet. Mit jedem Wareneingang im Lager schreibt das System dem Auftrag den entsprechenden Wert der gelieferten Fertigerzeugnisse gut. Auf der anderen Seite sammelt der Fertigungsauftrag die Belastungen durch Istkosten. Diese entstehen durch auf den Fertigungsauftrag kontierte Materialverbräuche, verrechnete Eigenleistungen oder durch die Inanspruchnahme externer Leistungen (z. B. Lohnbearbeitung).

Am Ende der Laufzeit des Fertigungsauftrags werden die Belastungen im Allgemeinen nicht exakt der Höhe der gebuchten Entlastungen entsprechen und daher Fertigungsabweichungen verursachen. Durch die Abrechnung wird der so ermittelte Saldo des Fertigungsauftrags an ein Preisdifferenzenkonto der Finanzbuchhaltung (FI) und, falls die Komponente im Einsatz ist, auch in die Profitcenter-Rechnung (PCA) abgerechnet.

Haben Sie außerdem die Abweichungsermittlung nach unterschiedlichen Kategorien durchgeführt und die Ergebnisrechnung CO-PA im Einsatz, wird der Auftragssaldo zusätzlich – gegliedert nach der Zuordnung dieser Abweichungskategorien zu den Wertfeldern – in die Ergebnisrechnung (CO-PA) abgerechnet.

Solange ein Auftrag noch nicht den Status »technisch abgeschlossen« oder »endgeliefert« hat, wird der Auftragssaldo als Ware in Arbeit betrachtet und bei der Abrechnung auf den entsprechenden Konten im FI und in der PCA verbucht. Eine Abrechnung in die Ergebnisrechnung erfolgt in diesen Fällen nicht.

Customizing der Abrechnung

Für die Abrechnung ist kein sehr umfangreiches eigenes Customizing notwendig. Sie müssen lediglich darauf achten, dass das Abrechnungsprofil, das in der Auftragsart für Ihre Produktionsaufträge eingetragen ist, auf ein Ergebnisschema verweist, das Abweichungen den Wertfeldern des CO-PA zuordnet (sofern das Modul CO-PA bei Ihnen im Einsatz ist). Diese Zuordnung können Sie vornehmen, indem Sie im Customizing-Menü den Pfad CONTROLLING • PRODUKTKOSTEN-CONTROLLING • KOSTENTRÄGERRECHNUNG • AUFTRAGSBEZOGENES PRODUKTKOSTEN-CONTROLLING • PERIODENABSCHLUSS • EINZELFUNKTIONEN • ABRECHNUNG • ERGEBNISSCHEMA ANLEGEN aufrufen (Transaktion KE11).

Sie sehen zunächst den Bildschirm aus Abbildung 4.38. Legen Sie über den Button NEUE EINTRÄGE ein neues Ergebnisschema an, in dem Sie einen Schlüssel und eine Bezeichnung vergeben.

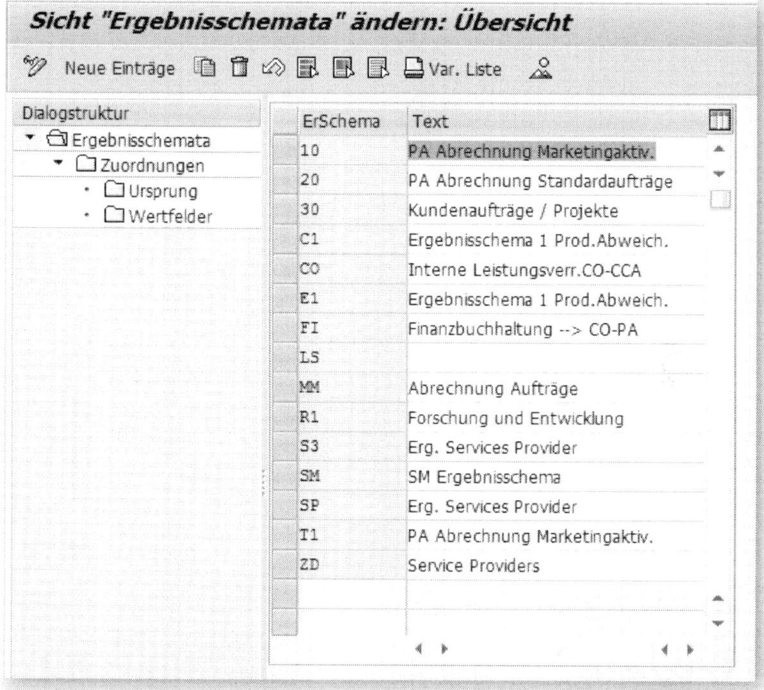

Abbildung 4.38: Ergebnisschem anlegen und bearbeiten

Nach dem Sichern gehen Sie zurück zum Ausgangsbild (Abbildung 4.38), markieren Ihr soeben angelegtes Schema durch Positionieren des Cursors und klicken im linken Navigationsteil auf den Eintrag ZUORDNUNGEN. Sie werden aufgefordert, Ihren ERGEBNISBEREICH anzugeben (Abbildung 4.39).

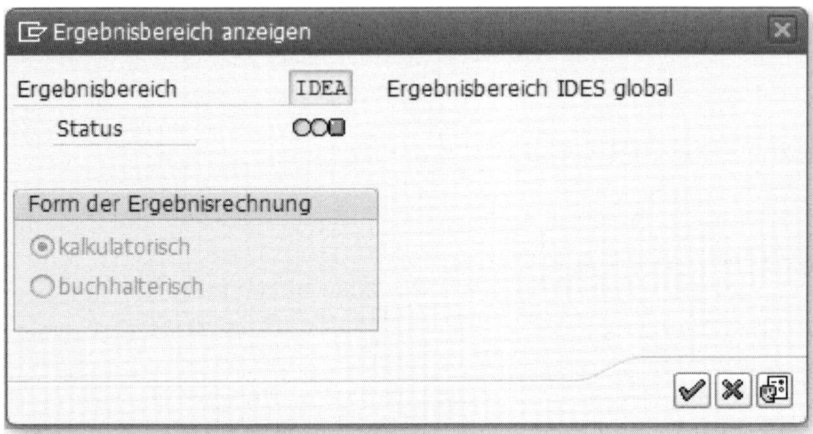

Abbildung 4.39: Abfrage Ergebnisbereich

Tragen Sie hier den Schlüssel Ihres Ergebnisbereichs ein, und bestätigen Sie mit dem grünen Haken. Sie sehen nun das Detailbild mit Ihren jeweiligen Zuordnungen.

Vergeben Sie in der Spalte TEXT zunächst nur eine Bezeichnung für Ihre Abweichungskategorie, und nummerieren Sie Ihre Zuordnungen, wie Sie es in Abbildung 4.40 sehen können.

Abbildung 4.40: Zuordnungen im Ergebnisschema

Markieren Sie nun die erste Zuordnung, und klicken Sie im linken Bild auf den Eintrag URSPRUNG. Markieren Sie im folgenden Bild im Bereich URSPRUNG die Kategorie ABWEICHUNGEN, und tragen Sie eine Ihrer ABWEICHUNGSKATEGORIEN ein (siehe Abbildung 4.41). Im oberen Teil können Sie im Feld KOSTENARTEN ein Intervall oder eine GRUPPE eintragen, die alle Ihre Kostenarten umfasst. Sie können den oberen Bereich aber auch frei lassen.

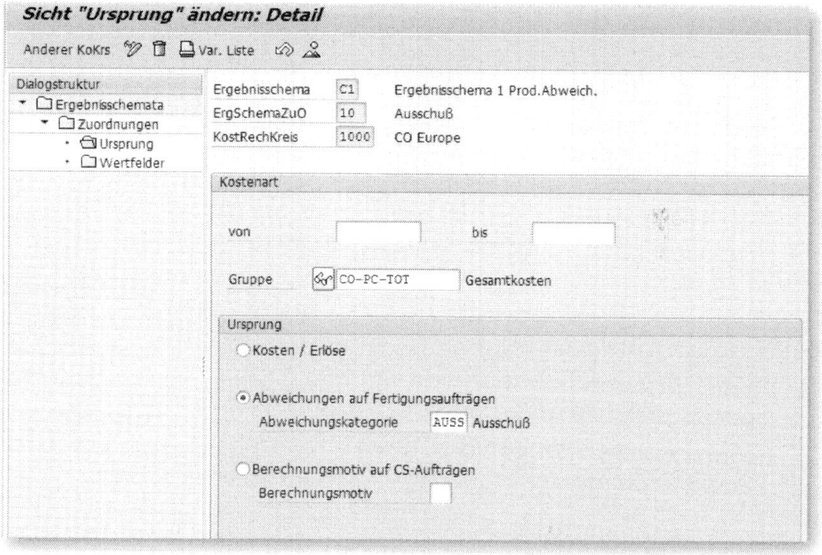

Abbildung 4.41: Ergebnisschema – Ursprung zuordnen

Nachdem Sie auf diese Weise Ihren Ursprung zugeordnet haben, wechseln Sie im linken Teil in den Eintrag WERTFELDER. Hier geben Sie an, in welches Wertfeld des CO-PA ihre zuvor definierte Abweichungskategorie abgerechnet werden soll (Abbildung 4.42).

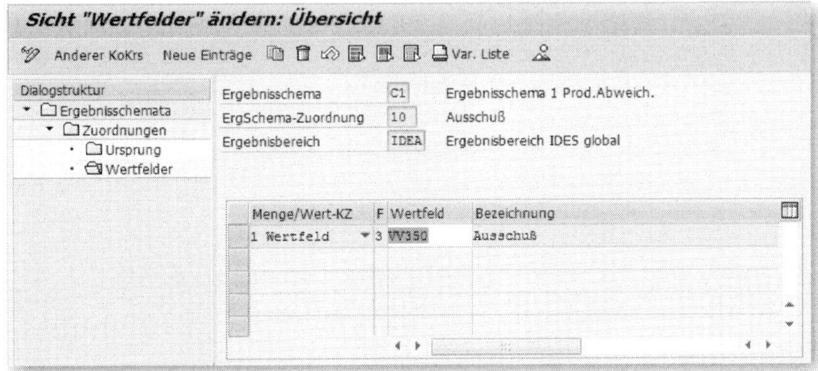

Abbildung 4.42: Ergebnisschema:Zuordnung Wertfeld

Im Feld MENGE/WERT-KZ geben Sie an, ob es sich bei dem Zieleintrag um ein Mengen- oder ein Wertfeld handelt. Bei Abweichungen handelt es sich immer um ein Wertfeld. In der Spalte FIX.. geben Sie an, ob nur fixe (1) oder variable (2) Anteile oder aber die Gesamtsumme (3) der Abweichungsbeträge in dieses Wertfeld geschrieben werden sollen. Zuletzt spezifizieren Sie den Schlüssel des Wertfelds in der Spalte WERTFELD. Sie müssen diesen Schritt für jede einzelne Zuordnung, also für jede der von Ihnen genutzten Abweichungskategorien vornehmen, um Ihr Ergebnisschema zu vervollständigen.

Anschließend tragen Sie dieses Ergebnisschema in Ihr Abrechnungsprofil ein. Sie erreichen die Pflege des Abrechnungsprofils ebenfalls im Customizing der Abrechnung.

Im Abrechnungsprofil müssen Sie das zuvor definierte Ergebnisschema eintragen und außerdem sicherstellen, dass die Option ABWEICHUNGEN AN KALK. ERGEBNISRECHN. aktiviert und dass das Ergebnisobjekt als erlaubter Empfänger definiert sind (Abbildung 4.43).

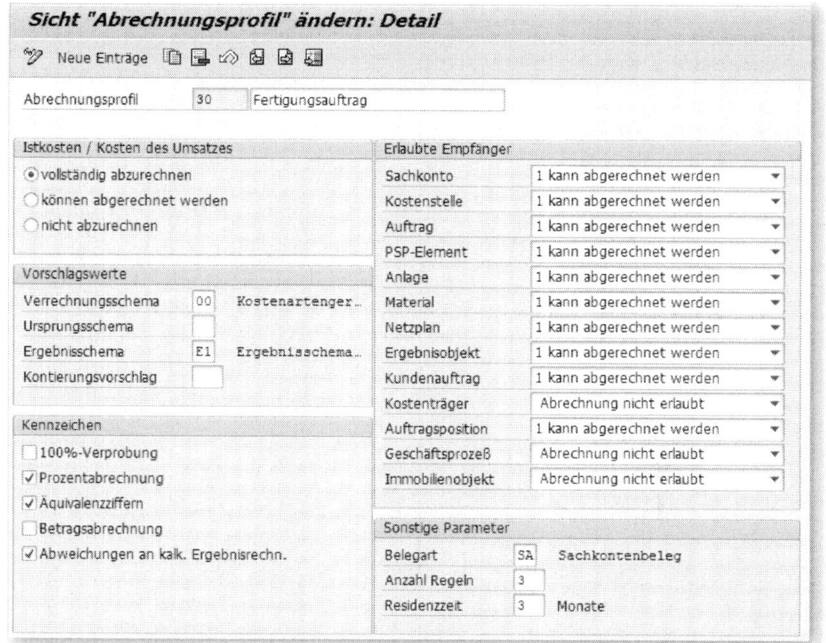

Abbildung 4.43: Abrechnungsprofil

Als letzten Schritt müssen Sie Ihr Abrechnungsprofil noch in die Auftragsart Ihrer Fertigungsaufträge eintragen.

Abrechnung ausführen

Um die Auftragsabrechnung zu starten, wählen Sie im Anwendungsmenü den Pfad RECHNUNGSWESEN • CONTROLLING • PRODUKTKOSTEN-CONTROLLING • KOSTENTRÄGERRECHNUNG • AUFTRAGSBEZOGENES PRODUKT-CONTROLLING • PERIODENABSCHLUSS • EINZELFUNKTIONEN • ABRECHNUNG oder die Transaktion `CO88` (für die Sammelverarbeitung). Wie bei allen Transaktionen im Rahmen des Periodenabschlusses haben Sie auch bei der Auftragsabrechnung die Option, zwischen der Einzel- und der Sammelverarbeitung zu wählen.

Treffen Sie anschließend im Selektionsbild Ihre Auswahl (siehe Abbildung 4.44).

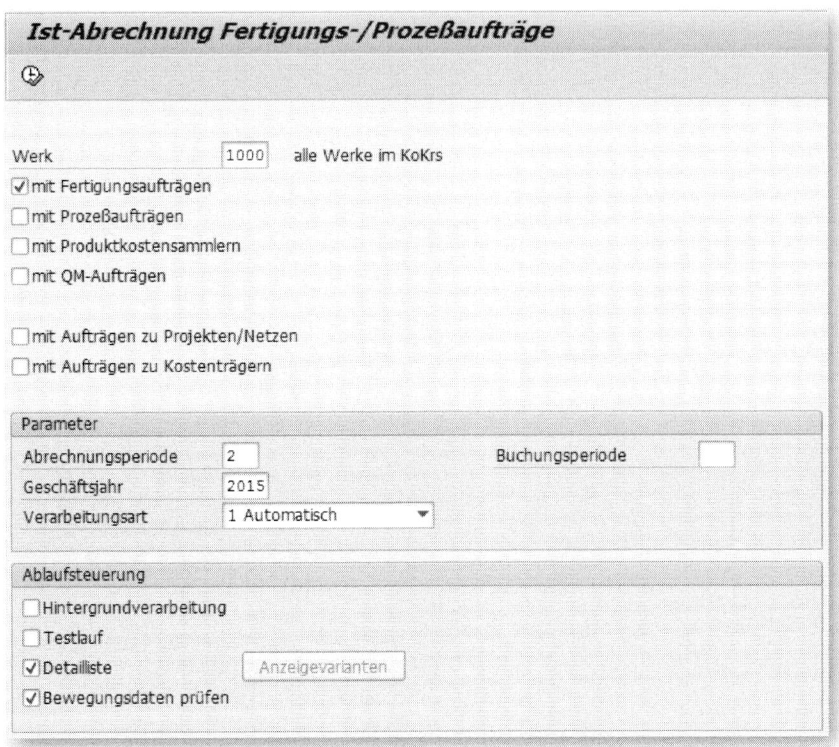

Abbildung 4.44: Auftragsabrechnung – Selektionsbild

Wie in den vorangegangenen Bearbeitungsschritten müssen Sie auch bei der Abrechnung zunächst das zu bearbeitende WERK und die Auftragsarten selektieren.

Die Optionen in den Bereichen PARAMETER sowie ABLAUFSTEUERUNG sind mit denen aus den vorhergehenden Verarbeitungsschritten identisch. Neu ist lediglich die Option BEWEGUNGSDATEN PRÜFEN. Ist dieses Kennzeichen gesetzt, werden Aufträge, bei denen es seit dem letzten Abrechnungslauf keine Veränderung gegeben hat, von der weiteren Verarbeitung ausgeschlossen, um auf diese Weise eine Laufzeitverbesserung zu erreichen.

Im Feld VERARBEITUNGSOPTIONEN reicht es für die Abrechnung der Fertigungsaufträge aus, die Verarbeitungsart `1 = Automatisch` auszuwählen.

Markieren Sie das Feld DETAILLISTEN im Bereich ABLAUFSTEUERUNG, um nach dem Ausführen eine Liste zu erhalten, die Ihnen zusätzlich zu den technischen Informationen Aussagen über die abgerechneten Werte und die Abrechnungsempfänger liefert.

Nach Durchführung der Abrechnung erhalten Sie zunächst eine Liste mit technischen Informationen, aus der Sie die Anzahl der verarbeiteten Aufträge (ABRECHNUNG AUSGEFÜHRT) sowie die ANZAHL und die Kategorie der aufgetretenen MELDUNGEN (WARNUNGEN, FEHLER) entnehmen können (siehe Abbildung 4.45).

Ist-Abrechnung Fertigungs-/Prozeßaufträge Grundliste

Selektion

Selektionsparameter	Wert	Bezeichnung
Werk	1000	Werk Hamburg
mit Fertigungsaufträgen	X	
Periode	002	
Buchungsperiode	002	
Geschäftsjahr	2015	
Verarbeitungsart	1	Automatisch
Buchungsdatum	28.02.2015	
Kostenrechnungskreis	1000	CO Europe

Ablaufsteuerung

Selektionsparameter	Wert
Ausführungsart	Abrechnung ausgeführt
Verarbeitungsmodus	Testlauf

Verarbeitung mit Fehlern abgeschlossen

Anzahl Meldun...	max. Meldungstyp	Fehlermeldungen	Warnmeldungen	Information
16		16		

Statistik

Verarbeitungskategorie	Σ Anzahl
Abrechnung ausgeführt	1
Keine Veränderung	59
Nicht relevant	
Unpassender Status	9

Abbildung 4.45: Ergebnisliste der Auftragsabrechnung

Durch Anklicken des PROTOKOLL-Buttons erhalten Sie eine detaillierte Aufstellung der Fehlergründe, die Sie bearbeiten sollten, bevor sie mit der Abrechnung fortfahren.

Über den Button für die DETAILLISTE gelangen Sie schließlich zu den tatsächlichen Abrechnungsergebnissen (siehe Abbildung 4.46), sofern Sie diese Option zuvor in der Ablaufsteuerung markiert haben.

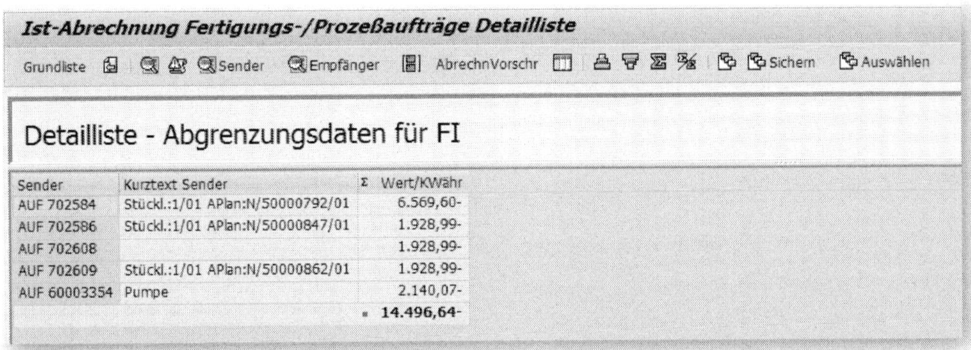

Sender	Kurztext Sender	Σ Wert/KWähr
AUF 702584	Stückl.:1/01 APlan:N/50000792/01	6.569,60-
AUF 702586	Stückl.:1/01 APlan:N/50000847/01	1.928,99-
AUF 702608		1.928,99-
AUF 702609	Stückl.:1/01 APlan:N/50000862/01	1.928,99-
AUF 60003354	Pumpe	2.140,07-
		■ **14.496,64-**

Abbildung 4.46: Detailliste der Ergebnisse der Auftragsabrechnung

Nachdem Sie die Abrechnung für jeden Ihrer Produktionsaufträge erfolgreich durchgeführt haben, sind Ihre Monatsabschlussarbeiten im Bereich der Kostenträgerrechnung beendet.

Sie haben nun alle Ihre Fertigungsaufträge auf einen periodischen Saldo von null gebracht und die Salden als temporäre Ware in Arbeit im FI ausgewiesen. Oder, im Fall endgelieferter Aufträge, der Wert Ihrer Lagerbestände wurde durch den Zugang der Fertigware erhöht und die Differenz aus Lagerzugang und Auftragskosten als Preisdifferenz im FI sowie als Produktionsabweichungen im CO-PA ausgewiesen.

4.3 Periodisches Produktkosten-Controlling

Wir haben bisher das auftragsbezogene Produktkosten-Controlling betrachtet, in dem der einzelne Fertigungsauftrag im Zentrum des

Interesses steht. Auf Ebene des Fertigungsauftrags werden auch die Monatsabschlussarbeiten durchgeführt und die Kosten analysiert.

Eine Alternative zum auftragsbezogenen Produktkosten-Controlling, bei dem jeder Fertigungsauftrag als eigenständiger Kostenträger betrachtet wird, stellt das *periodische Produktkosten-Controlling* dar. Hier werden die Fertigungskosten aller Kostenträger einer Periode, die zum gleichen Auswertungsobjekt (z. B. zum gleichen Material im Werk) gehören, auf einem eigenen Kostenträger gesammelt und summarisch ausgewertet. Einen solchen gemeinsamen Kostenträger bezeichnet SAP als *Produktkostensammler*. (Manchmal hört man auch die – zumindest phonetisch – fragwürdige Abkürzung »PKoSA«)

Produktkostensammler werden einerseits in der klassischen Serienfertigung eingesetzt, andererseits lassen sie sich aber auch in Ergänzung zu klassischen Fertigungsaufträgen nutzen. Dabei bildet sich eine Art »Arbeitsteilung« zwischen beiden: Während der Fertigungsauftrag die Aufgabe übernimmt, sich um die logistische Abwicklung der Fertigung zu kümmern (Bedarfsplanung, Termin- und Kapazitätsplanung und dergleichen), obliegt es dem zugehörigen Produktkostensammler, sämtliche kostenrelevanten Informationen mit Bezug zur Fertigung aufzuzeichnen und auszuwerten. Im Zuge dessen werden alle Fertigungsaufträge zum gleichen Material in einem Werk einem Produktkostensammler zugeordnet.

Die Entscheidung, ob Sie den Fertigungsauftrag oder den Produktkostensammler als Kostenträger wählen, wird in erster Linie von Ihren Controlling-Zielen abhängen. Wenn Sie das Kostenverhalten des einzelnen Produktionsauftrags analysieren wollen, führen Sie Ihre Kostenträgerrechnung wie gewohnt auf der Ebene des Fertigungsauftrags durch. Interessieren Sie sich jedoch hauptsächlich für den Kostenverlauf des Materials eines Werkes generell, wobei die einzelnen Fertigungsaufträge von nachgeordneter Bedeutung sind, wählen Sie den Produktkostensammler als geeignetes Analyseobjekt.

Am Periodenabschluss führen Sie die gleichen Arbeiten am Produktkostensammler durch, die Sie im vorangegangenen Abschnitt 4.2 bereits für den Fertigungsauftrag kennengelernt haben. Der einzige wesentliche Unterschied betrifft die Bewertung der Ware in Arbeit, die beim Produktkostensammler grundsätzlich zu Sollkosten erfolgt, während beim klassischen Fertigungsauftrag die Ware in Arbeit, wie gesehen, zu Istkosten ermittelt wird.

4.3.1 Customizing

Für die Arbeit mit einem Produktkostensammler sind im Customizing grundsätzlich die gleichen Schritte erforderlich wie für die Fertigungsaufträge. Die Einstellungen im ersten Bereich, zu erreichen über den Menüpfad CONTROLLING • PRODUKTKOSTEN-CONTROLLING • KOSTENTRÄGERRECHNUNG • PERIODISCHES PRODUKT-CONTROLLING • GRUNDEINSTELLUNGEN FÜR DAS PERIODISCHE PRODUKT-CONTROLLING, sind mit denen für das auftragsbezogene Produkt-Controlling identisch. Sie definieren hier Ihre Anforderungen für die Verrechnung von Gemeinkostenzuschlägen. Wenn Sie diesen Menüpunkt bereits im Rahmen des auftragsbezogenen Produkt-Controllings bearbeitet haben und das gleiche Zuschlagsschema auch für Ihre Produktkostensammler verwenden möchten, brauchen Sie hier nichts zusätzlich zu tun.

Im nächsten Abschnitt definieren Sie die Auftragsarten, die Sie für die Produktkostensammler nutzen möchten. Auch hier machen Sie die gleichen Einstellungen wie für Ihre Fertigungsaufträge.

Lediglich im Menüpunkt KOSTENRECHNUNGSRELEVANTE VORSCHLAGSWERTE JE AUFTRAGSART/WERK ÜBERPRÜFEN müssen Sie einige Einstellungen vornehmen, die von denen für das auftragsbezogenen Produkt-Controlling abweichen. Dies betrifft die Kalkulations- und Bewertungsvariante für die Produktkostenrechnung sowie den Abgrenzungsschlüssel (siehe Abbildung 4.47).

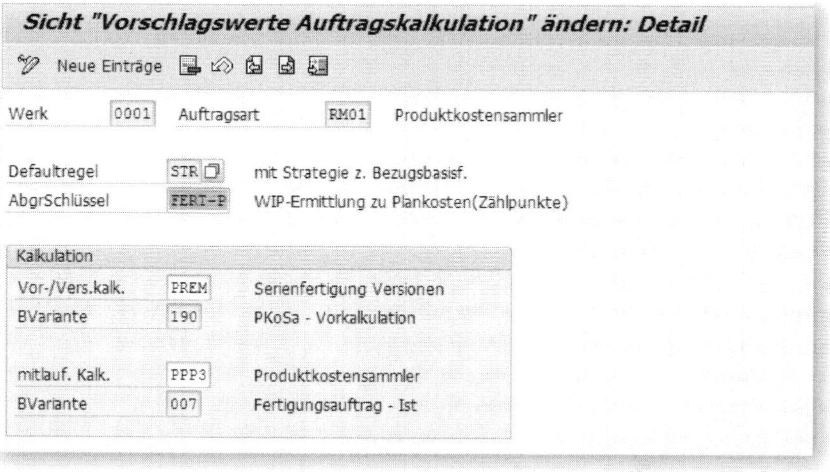

Sicht "Vorschlagswerte Auftragskalkulation" ändern: Detail

Neue Einträge

Werk 0001 Auftragsart RM01 Produktkostensammler

Defaultregel STR mit Strategie z. Bezugsbasisf.
AbgrSchlüssel FERT-P WIP-Ermittlung zu Plankosten(Zählpunkte)

Kalkulation

Vor-/Vers.kalk.	PREM	Serienfertigung Versionen
BVariante	190	PKoSa - Vorkalkulation
mitlauf. Kalk.	PPP3	Produktkostensammler
BVariante	007	Fertigungsauftrag - Ist

Abbildung 4.47 Einstellungen zu den werksabhängigen Kostenparametern für Produktkostensammler

Kalkulationsvariante

Bei der Definition der Kalkulationsvariante im Ist und Plan müssen Sie darauf achten, dass sich die von Ihnen gewählte Kalkulationsart explizit auf den Produktkostensammler bezieht. Im Standard ist hierfür die Kalkulationsart `19 = Produktkostensammler` für die Vorkalkulation ausgeliefert, die Bestandteil der Kalkulationsvariante PREM ist. Für die Istkalkulation können Sie die gleichen Einstellungen wie für Fertigungsaufträge übernehmen.

Abgrenzungsschlüssel

Der Abgrenzungsschlüssel, den Sie für den Produktkostensammler verwenden möchten, muss mit der Bewertungsmethode WIP zu Sollkosten verbunden sein. Sie benötigen daher unterschiedliche Schlüssel für Fertigungsaufträge und Produktkostensammler. Die weiteren Einstellungen zur Spezifizierung der Abgrenzungen sind dann wieder analog zu denen der Fertigungsaufträge vorzunehmen.

Um schließlich die Verbindung der Fertigungsaufträge zu den Produktkostensammlern herzustellen, müssen Sie die zugehörigen Fertigungsauftragsarten entsprechend kennzeichnen. Dazu rufen Sie im Customizing der Produktkostenrechnung die Definition der Auftragsarten auf. Sie erreichen diese im Einführungsleitfaden über den Menüpfad CONTROLLING • PRODUKTKOSTEN-CONTROLLING • KOSTENTRÄGERRECHNUNG • AUFTRAGSBEZOGENES PRODUKT-CONTROLLING • PRODUKTIONSAUFTRÄGE • KOSTENRECHNUNGSRELEVANTE VORSCHLAGSWERTE JE AUFTRAGSART/WERK PFLEGEN. Im Detailbild zur jeweiligen Auftragsart setzen Sie den Haken im Feld PRODUKTKOSTENSAMMLER, wenn Sie erreichen wollen, dass die Kosten zu Fertigungsaufträgen mit dieser Auftragsart und in diesem Werk auf einem Produktkostensammler fortgeschrieben werden (Abbildung 4.48).

Anschließend müssen Sie für den Produktkostensammler selbst noch eine eigene Auftragsart definieren, und zwar ebenfalls im Customizing unter dem Menüpunkt CONTROLLING • PRODUKTKOSTEN-CONTROLLING • KOSTENTRÄGERRECHNUNG • PERIODISCHES PRODUKT-CONTROLLING • PRODUKTKOSTENSAMMLER • AUFTRAGSARTEN ÜBERPRÜFEN.

Hier wählen Sie den Button NEUE EINTRÄGE.

Wichtig ist, dass die Auftragsart auf einen Auftragstyp mit der Ausprägung `5 = Produktkostensammler` verweist (siehe Abbildung 4.49). Als Abrechnungsprofil tragen Sie hier den gleichen Schlüssel ein wie für Ihre klassischen Fertigungsaufträge (im Beispiel nehmen wir das Standardprofil PP01).

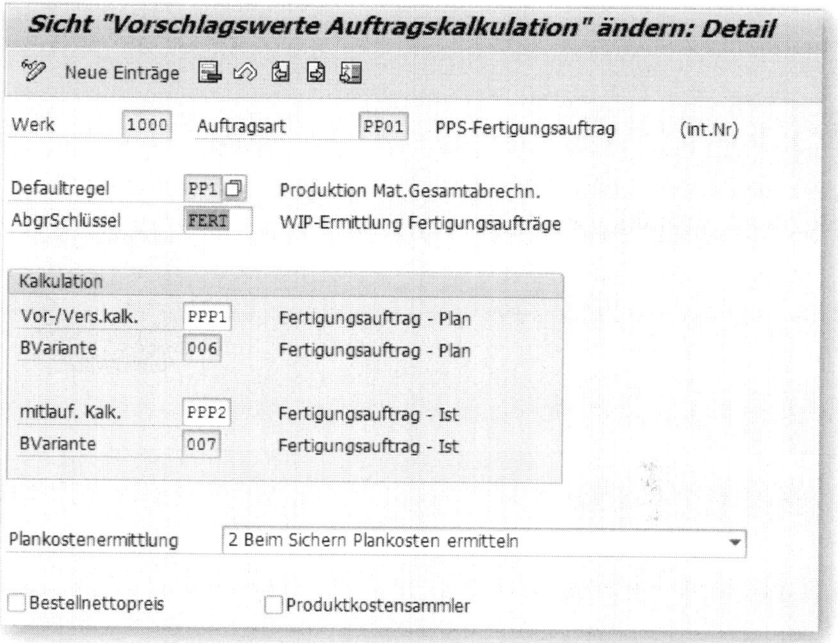

Sicht "Vorschlagswerte Auftragskalkulation" ändern: Detail

Neue Einträge

Werk 1000 Auftragsart PP01 PPS-Fertigungsauftrag (int.Nr)

Defaultregel PP1 Produktion Mat.Gesamtabrechn.
AbgrSchlüssel FERT WIP-Ermittlung Fertigungsaufträge

Kalkulation
Vor-/Vers.kalk. PPP1 Fertigungsauftrag - Plan
BVariante 006 Fertigungsauftrag - Plan

mitlauf. Kalk. PPP2 Fertigungsauftrag - Ist
BVariante 007 Fertigungsauftrag - Ist

Plankostenermittlung 2 Beim Sichern Plankosten ermitteln

Bestellnettopreis Produktkostensammler

Abbildung 4.48: Auftragsparameter zum Aktivieren des Produktkostensammlers

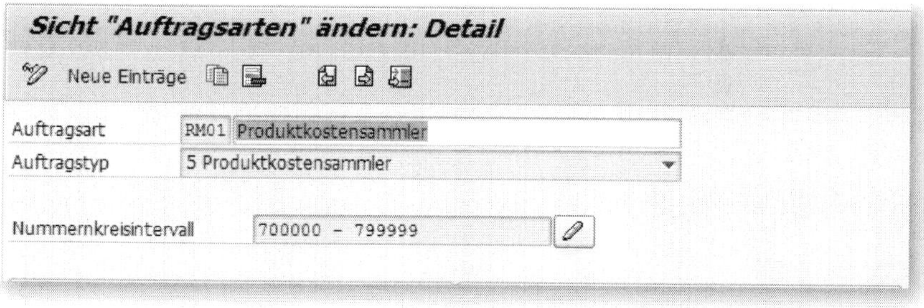

Sicht "Auftragsarten" ändern: Detail

Neue Einträge

Auftragsart RM01 Produktkostensammler
Auftragstyp 5 Produktkostensammler

Nummernkreisintervall 700000 - 799999

Abbildung 4.49 Auftragsart zum Typ »Produktkostensammler«

Nun fehlt Ihnen noch die Verbindung vom einzelnen Material zum zugehörigen Produktkostensammler. Diese wird im Anwendungsmenü hergestellt, indem Sie über RECHNUNGSWESEN • CONTROLLING • PRODUKTKOSTEN-CONTROLLING • KOSTENTRÄGERRECHNUNG • PERIODISCHES PRODUKT-CONTROLLING • STAMMDATEN • PRODUKTKOSTENSAMMLER • BEARBEITEN einen spezifischen Produktkostensammler anlegen. Alternativ erreichen Sie diese Funktion über die Transaktion KKF6N.

Zunächst definieren Sie, zu welchem Material und in welchem Werk dieser Produktkostensammler angelegt wird. Nachdem Sie anschließend den Button ANLEGEN gedrückt haben, erscheint ein Pop-up, in dem Sie Ihre Angaben weiter spezifizieren müssen (siehe Abbildung 4.50).

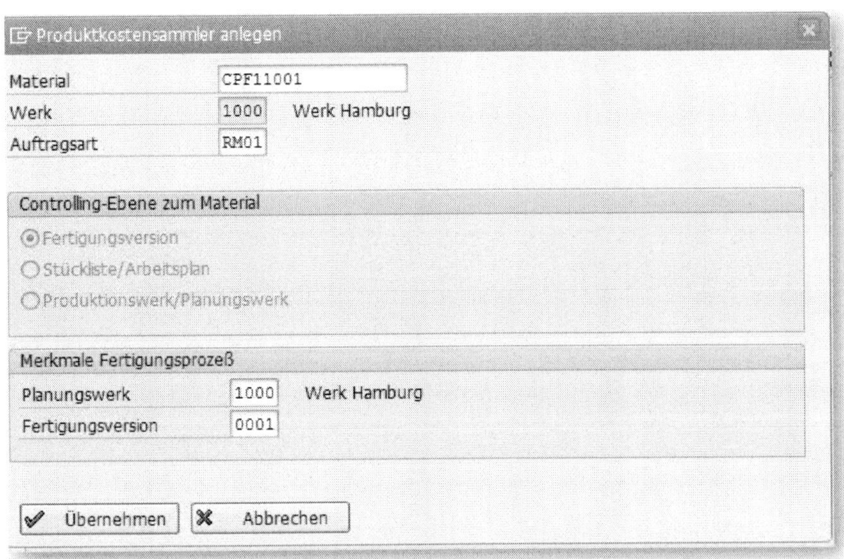

Abbildung 4.50: Spezifizierung der Controlling-Ebene (hier: Fertigungsversion) zum Produktkostensammler

Wählen Sie hier zunächst Ihre sogenannte *Controlling-Ebene*. Diese kennzeichnet die Detaillierungsstufe, die Sie wählen möchten, um Ihre Produktionskosten zu analysieren. Im Normalfall verwenden Sie dafür die `Fertigungsversion`; Sie können aber auch tiefer gehen, indem Sie die Kombination `Stückliste/Arbeitsplan` wählen und zu jeder Kombination, die zu diesem Material im Werk vorhanden ist, einen separaten Produktkostensammler anlegen.

Im unteren Bereich müssen Sie schließlich noch Ihre Fertigungsversion angeben. Nachdem Sie die notwendigen Eingaben gemacht haben, sichern Sie den Produktkostensammler für Ihr Material.

Von nun an werden alle Kosten, die auf Fertigungsaufträge zu diesem Material/Werk gebucht werden sollen, automatisch an den entsprechenden Produktkostensammler »weitergereicht«. Das bedeutet natürlich auch, dass Sie alle Arbeiten, die Sie zur Kostenanalyse benötigen, nun auf diesem durchführen.

Ansonsten sind die Arbeiten, die Sie für den Produktkostensammler durchführen, identisch mit denen für die klassischen Fertigungsaufträge, wie Sie sie in diesem Buch kennengelernt haben.

5 Zusammenfassung

Sie haben im Verlauf dieses Buches alle notwendigen Systemeinstellungen und Tätigkeiten gesehen, die Sie zum Aufbau und zur Durchführung einer aussagekräftigen Produktkostenrechnung benötigen. Angefangen bei den erforderlichen Organisationseinheiten »Buchungskreis« und »Kostenrechnungskreis«, einschließlich deren Integration ins CO-PA, über die Stammdaten der Kostenrechnung wie »Kostenstellen« und »Leistungsarten« bis hin zu den wesentlichen Stammdaten der Logistik »Materialstamm«, »Stückliste« und »Arbeitsplan« kennen Sie nun das gesamte Spektrum, auf das das SAP-System bei der Durchführung einer Produktkalkulation und bei der Kostenverfolgung von Fertigungsaufträgen zugreift.

Ferner haben Sie gesehen, wie Sie eine Produktkalkulation für ein einzelnes Material sowie für alle Materialien, beispielsweise eines Werkes, durchführen, und wie Sie Ihre Fertigungsaufträge im Rahmen Ihres Monatsabschlusses konsolidieren sowie die Resultate in die Finanzbuchhaltung sowie ggf. in das Ergebnis (CO-PA) abrechnen.

Ich hoffe, dass Sie dieses Buch mit dem Erkenntnisgewinn gelesen haben, den Sie sich von ihm versprochen haben, und bin sicher, dass Sie nun in der Lage sind, ein Produktkosten-Controlling, basierend auf dem Standardkostenansatz, für Ihr Unternehmen zu implementieren.

Sofern sie für Ihr Unternehmen Produktionsszenarien verwenden, die sich in einigen Punkten von dem hier dargestellten Szenario »Fertigungsaufträge mit Standardkostenansatz« unterscheiden, sollte Ihnen dieses Buch trotzdem von Nutzen sein, denn die grundlegenden hier exemplarisch aufgezeigten Konzepte wie Aufbau der Kalkulationsvariante, Elementeschema, Integration des PP-Mengengerüsts sowie Verrechnung von Gemeinkosten gelten auch für alle anderen denkbaren Anwendungsfälle wie Kundeneinzelfertigung, Projektfertigung oder die strenge Istkostenrechnung mittels des Material Ledgers. Diese Szenarien unterscheiden sich lediglich in Einzelheiten der Durchführung; das grundlegende Prinzip ist hingegen stets dasselbe.

6 Literaturverzeichnis

Bauer, Eric; Siebert, Jörg: Neues Hauptbuch in SAP ERP Financials,SAP PRESS; 2010.

Brück, Uwe: Praxishandbuch SAP-Controlling, SAP PRESS; 2009.

Dickersbach, Jörg Thomas; Keller, Gerhard: Produktionsplanung und -steuerung mit SAP ERP, SAP PRESS, 2010.

Eifler, Stefan: Schnelleinstieg in die SAP-Ergebnisrechnung, Espresso Tutorials; 2012.

Jordan, John: Product Cost Controlling with SAP, SAP PRESS; 2009.

Jordan, John: Production Variance Analysis in SAP Controlling, SAP PRESS; 2011.

Munzel, Renata; Munzel, Martin: SAP-Finanzwesen Customizing, SAP PRESS; 2012.

Munzel, Renata; Munzel, Martin: SAP Controlling – Customizing, SAP PRESS; 2011.

Siebert, Jörg; Munzel, Martin: Praxishandbuch Report Painter/Report Writer, SAP PRESS; 2012.

Schöb, Oliver: Ergebnisrechnung mit SAP, SAP PRESS; 2009

espresso tutorials

Sie haben das Buch gelesen und sind mit unserem Werk zufrieden? Bitte schreiben Sie uns eine Rezension!

Unser Newsletter

Wir informieren Sie über Neuerscheinungen und exklusive Gratisdownloads in unserem Newsletter.

Melden Sie sich noch heute an unter *http://newsletter.espresso-tutorials.com*

A Der Autor

Andreas Jansen hat Volkswirtschaftslehre an der Universität Bonn studiert. Anschließend war er einige Jahre als Sachbearbeiter im Rechnungswesen eines Energieversorgers tätig. Nach seiner Ausbildung zum SAP-Administrator arbeitete er für mehrere Beratungsunternehmen als SAP-Consultant mit dem Schwerpunkt »Controlling« in nationalen und internationalen Projekten. Heute bringt er seine Kenntnisse als SAP-Administrator für das Rechnungswesen bei einem mittelständischen Anlagenbauer ein.

B Index

A

B

C

D

E

L

M

N

O

P

R

S

T

U

V

C Disclaimer

Die in diesem Werk wiedergegebenen Gebrauchsnamen, Handelsnamen, Warenbezeichnungen usw. können auch ohne besondere Kennzeichnung Marken sein und als solche den gesetzlichen Bestimmungen unterliegen. Sämtliche in diesem Werk abgedruckten Bildschirmabzüge unterliegen dem Urheberrecht der SAP SE, Dietmar-Hopp-Allee 16, 69190 Walldorf.

In dieser Publikation wird auf Produkte der SAP SE Bezug genommen. SAP, R/3, SAP NetWeaver, Duet, PartnerEdge, ByDesign, SAP BusinessObjects Explorer, StreamWork und weitere im Text erwähnte SAP-Produkte und Dienstleistungen sowie die entsprechenden Logos sind Marken oder eingetragene Marken der SAP SE in Deutschland und anderen Ländern. Business Objects und das Business-Objects-Logo, BusinessObjects, Crystal Reports, Crystal Decisions, Web Intelligence, Xcelsius und andere im Text erwähnte Business-Objects-Produkte und Dienstleistungen sowie die entsprechenden Logos sind Marken oder eingetragene Marken der Business Objects Software Ltd. Business Objects ist ein Unternehmen der SAP SE. Sybase und Adaptive Server, iAnywhere, Sybase 365, SQL Anywhere und weitere im Text erwähnte Sybase-Produkte und -Dienstleistungen sowie die entsprechenden Logos sind Marken oder eingetragene Marken der Sybase Inc. Sybase ist ein Unternehmen der SAP SE. Alle anderen Namen von Produkten und Dienstleistungen sind Marken der jeweiligen Firmen. Die Angaben im Text sind unverbindlich und dienen lediglich zu Informationszwecken. Produkte können länderspezifische Unterschiede aufweisen.

Der SAP-Konzern übernimmt keinerlei Haftung oder Garantie für Fehler oder Unvollständigkeiten in dieser Publikation. Der SAP-Konzern steht lediglich für Produkte und Dienstleistungen nach der Maßgabe ein, die in der Vereinbarung über die jeweiligen Produkte und Dienstleistungen ausdrücklich geregelt ist. Aus den in dieser Publikation enthaltenen Informationen ergibt sich keine weiterführende Haftung.

Weitere Bücher von Espresso Tutorials

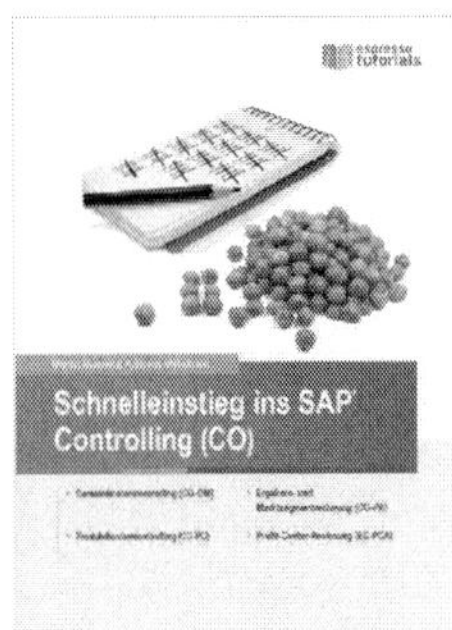

Andreas Unkelbach, Martin Munzel:

Schnelleinstieg ins SAP® Controlling (CO)

- Gemeinkostencontrolling (CO-OM)
- Produktcostencontrolling (CO-PC)
- Ergebnis- und Marktsegmentrechnung (CO-PA)
- Profitcenter-Rechnung (EC-PCA)

http://4004.espresso-tutorials.com

Stefan Eifler:

Schnelleinstieg in die SAP®-Ergebnisrechnung (CO-PA)

- Deckungsbeitragsrechnung erfolgreich aufbauen
- Wertefluss definieren, Planung optimieren
- Inklusive 5 Video-Tutorials

http://5001.espresso-tutorials.com

Martin Munzel:

New SAP® Controlling Planning Interface

- Introduction to Netweaver Business Client
- Flexible Planning Layouts
- Plan Data Upload from Excel

http://5011.espresso-tutorials.com

Robin Schneider:

Investitionsmanagement mit SAP®

- Planung, Budgetierung und Reporting
- Integration mit anderen SAP-ERP-Komponenten
- Investitionsmaßnahmen abrechnen
- Übersicht über das Customizing im Modul IM

http://5002.espresso-tutorials.com

Ingo Brenckmann & Mathias Pöhling:

The SAP® HANA Project Guide

- Delivering innovation with SAP HANA
- Creating a business case for SAP HANA
- Thinking in-memory
- Managing SAP HANA projects

http://5009.espresso-tutorials.com

Thomas Bauer, Ralf Pieper-Kaplan, Martin Munzel, Christian Sass, Eckhard Moos:

Planung mit SAP ERP, BW und BPC – das richtige Werkzeug auswählen

- Möglichkeiten der klassischen Planung in SAP ERP
- Renovierte Planung (EHP6) und Express Planning
- Gegenüberstellung von BW-IP und BPC
- Planung unter HANA mit PAK und Simple Finance

http://4038.espresso-tutorials.com

Paul Ovigele:

Reconciling SAP® CO-PA to the General Ledger

- Learn the Difference between Costing-based and Accounting-based CO-PA
- Walk through Various Value Flows into CO-PA
- Match the Cost-of-Sales Account with Corresponding Value Fields in CO-PA

http://5040.espresso-tutorials.com